Una historia de más de 5000 mundos

Una mirada al campo de los exoplanetas y a la posibilidad de vida extraterrestre en el universo

Dr. Alejandro Ruiz Rivera

Digital: ISBN 978-1-7635654-1-8
Pasta Blanda: ISBN 978-1-7635654-4-9
Pasta Dura: ISBN 978-1-7635654-5-6

NATIONAL LIBRARY OF AUSTRALIA

A catalogue record for this book is available from the National Library of Australia

Si está leyendo una versión impresa de este libro, le informamos de que existe una versión electrónica que enlaza muchos términos técnicos con la información de referencia pertinente en Internet. Si está leyendo una versión electrónica de este libro, tenga en cuenta que existe una versión impresa que luce mucho mejor en una estantería.

Tenga en cuenta que todos los enlaces de Internet proporcionados en este libro fueron funcionales al momento de su publicación. Sin embargo, el editor no puede garantizar la disponibilidad permanente de estos enlaces, ya que sus contenidos y direcciones pueden haber cambiado con el tiempo.

A mis amados sobrino y sobrina, Jacobo y Emma— dos de las estrellas más brillantes en mi cielo nocturno.

Índice

Prefacio

> "El espacio: la última frontera."
>
> — Capitán James T. Kirk, Star Trek, serie original (1966)

¿Qué es lo que tiene el espacio que cautiva nuestra imaginación? Desde los niños pequeños hasta los no tan jóvenes, pareciera que todos nos maravillamos con él. ¿Es quizás su inmensidad? ¿Es la posibilidad de que haya otros seres allá afuera preguntándose las mismas cosas que nos preguntamos nosotros aquí en la Tierra?

Mi fascinación con el espacio comenzó cuando mi tía Ligia me regaló un libro sobre el transbordador espacial de EE. UU. a la edad de cinco años. Ella trabajaba en una librería en mi ciudad natal, Cali, y ocasionalmente me dejaba escoger uno que otro libro, el cual me regalaba. La verdad, no estoy muy seguro si fueron esas deliciosas malteadas de fresa y el sándwich de jamón y queso que me compraba mi tía después de elegir un libro, o las conversaciones con ella mientras comíamos, lo que inspiró mi amor por los libros y la astronomía (y las malteadas). Me gustaría creer que no fue solo mi glotonería lo que me atrajo a los libros de ciencia, sino la curiosidad que mi tía despertó en mí; por eso, le estoy eternamente agradecido.

Sin embargo, el libro que me abrió los ojos a las maravillas del universo y al mundo de la astronomía fue *Cosmos*[1] de Carl Sagan. Este libro, también un regalo de mi tía, es un best-seller que ha inspirado y sigue inspirando a millones de personas.

Durante el mismo período, a finales de los años 80, se transmitía por televisión abierta la serie 'Cosmos', basada en ese mismo libro de Carl Sagan. Recuerdo vívidamente, como, después del colegio, me sentaba a almorzar y a escuchar las explicaciones de Carl Sagan sobre las leyes de Kepler, las sondas Voyager y la posibilidad de vida— sumergidores, flotadores y cazadores— en la atmosfera de Júpiter[2]. A bordo de su 'Nave de la Imaginación', Sagan embarcaba a su audiencia en un viaje a través del tiempo y el espacio, recorriendo la inmensidad del universo. A menudo considerado el mayor comunicador científico de todos los tiempos, Sagan no solo tenía la habilidad de explicar conceptos complicados de manera simple, sino que también tenía la extraordinaria capacidad de despertar la curiosidad en cualquiera que lo escuchara.

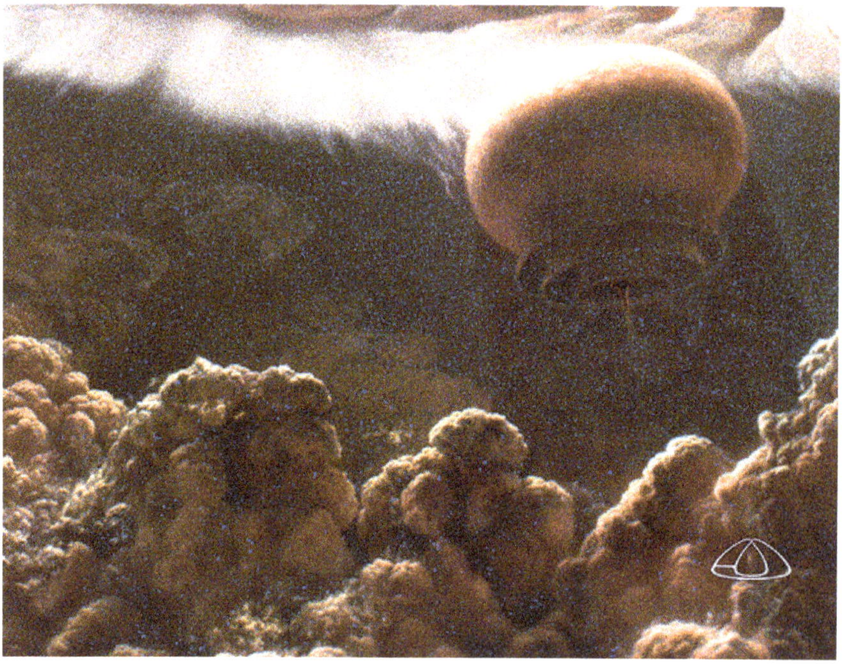

Fig. 0.1 Representación artística de un 'flotador' sobre nubes de amoníaco en Jupiter. Posibles formas de vida sugeridas por Carl Sagan en el libro y la serie de televisión Cosmos.

Aun siendo tan pequeño, me convertí en un ávido lector de libros de astronomía, y los científicos y astrónomos se convirtieron en mis héroes —un sentimiento que incluso todavía no puedo ocultar cada vez que conozco a un astrónomo. Dado que estos libros de divulgación científica a menudo hablan de la vida académica de investigadores y científicos, yo era uno de los pocos adolescentes que sabían lo que era un Doctorado y lo que se requería para conseguir uno. Obtener un título de Doctorado

(PhD) se convirtió en uno de mis sueños a largo plazo. Escribir mi propio libro sobre astronomía también estaba en esa lista de deseos (si, yo sé, era un niño extraño). Solo que no estaba seguro del orden específico en el que se cumplirían estos sueños, o si eran solo eso: sueños.

Pero no eran solo libros. Desde ese entonces, cada conferencia (organizadas por los grupos de astrónomos aficionados ANTARES y ASAFI más que todo) a la cual podía asistir (donde mi padre pacientemente me llevaba, transportándome por toda la ciudad, cuando era niño), artículo, documental, podcast, video de YouTube, película, conversación que he encontrado relacionado con la astronomía y ciencia en general, solo ha hecho que mi sed de conocimiento aumente y me ha vuelto más humilde ante los grandes interrogantes del universo.

Durante mi infancia, mi aspiración era convertirme en astrónomo profesional. Sin embargo, en Colombia, durante los años 80 y 90, como era el caso con muchos otros países en desarrollo, uno normalmente no crecía pensando que podría ganarse la vida reflexionando sobre las maravillas del universo. En cambio, crecí considerando qué carrera me proporcionaría lo suficiente para mí y mis seres queridos. Afortunadamente, para Colombia, esto ha cambiado un poco en los últimos años, donde al menos pregrados, maestrías e incluso doctorados en Astronomía están disponibles para aquellos que desean elegir seguir una profesión en estas áreas científicas.

Desafortunadamente, estas opciones no estaban disponibles para mí. Mi amor por la tecnología influyó en mi decisión de seguir una carrera en ingeniería electrónica, en la universidad de mis sueños: la Universidad del Valle (Univalle). Esta profesión parecía ser un poco más lucrativa. Además, más allá de la astronomía, la tecnología también me apasiona profundamente, en especial el impacto positivo que esta tiene en la sociedad.

Considero mis años de estudiante de ingeniería electrónica en la universidad como de los mejores de mi vida. Esta rama de la ingeniería requiere que sus estudiantes atiendan a muchos cursos de matemáticas y física. ¡Me sentía como un niño en una tienda de dulces! Tuve la oportunidad de aprender sobre la teoría de la relatividad, física cuántica, cálculo, álgebra lineal. También recuerdo con bastante agrado y cariño las muchas conversaciones intelectuales (y otras que no lo eran tanto) que tuve con mis compañeros de clase—a muchos de los cuales todavía tengo la fortuna de seguir llamándoles mis amigos— mientras tratábamos de resolver un ejercicio o abordar una práctica de laboratorio. Esos fueron realmente años que atesoro grandemente.

Después de graduarme como ingeniero electrónico, tuve la posibilidad de dedicar toda mi carrera profesional al sector tecnológico. En el 2007, mi esposa y yo decidimos emigrar a Australia en busca de mejores oportunidades. Ya estando en ese país, mi pasión por la tecnología eventualmente me llevó al mundo académico. Primero, cursé una Maestría en Ingeniería en telecomunicaciones. Luego, impulsado por el deseo de contribuir y generar nuevo conocimiento, y, siguiendo uno de los sueños de mi niñez, pude completar mis estudios de doctorado en ingeniería de telecomunicaciones.

Durante mis cuatro años de doctorado, y muy parecido a lo que sucede cuando describo mi trabajo en el sector de las tecnologías de la información, muy pocas personas me piden que explique en detalle la naturaleza de mi investigación o expresan un profundo interés en los temas que describo. Créanme que esto no se da por mi falta de pasión al compartir mis experiencias.

Por el contrario, tan pronto como la conversación se torna hacia mi interés por la astronomía, la actitud de las personas con las que estoy hablando cambia completamente. Desde que era un niño y empecé a explorar estos temas, siempre he notado que prácticamente todos con los que comparto dicho interés parecen estar supremamente interesados en estos temas. Solo basta con que alguien instale un telescopio en un parque o en una calle en alguna ciudad por la noche y se podrá observar cómo la gente se acerca para echar un vistazo y empezar a hacer preguntas sobre lo que han visto o no han visto.

Uno de los recuerdos más vívidos de mi juventud es el de estar hablando con un grupo de amigas de la escuela secundaria de mi prima. Ahí estábamos, cuatro jóvenes de 14 años discutiendo sobre cosmología y el destino del universo un miércoles por la tarde después de clases.

Prefacio

Mi crisis de los cuarentas no hizo que quisiera comprar un Ferrari (tampoco tenía el dinero para hacerlo) o tomar decisiones impulsivas (no obstante, mi esposa y yo nos trasladamos a Queensland después de haber vivido 12 años en New South Wales). Sin embargo, caí en la cuenta de que necesitaba volver a mi sueño de niño de estudiar astronomía. Fue entonces cuando decidí inscribirme en una maestría en Astrofísica.

Cuando compartía con extraños y amigos que estaba cursando esta maestría, y aun ahora después de haberme graduado, la gente muestra gran curiosidad por mis estudios y me hacen preguntas sobre el universo, los planetas y la posibilidad de vida extraterrestre. Su entusiasmo es evidente al tener la posibilidad de hablar con alguien que ha tenido la fortuna de tener una educación formal en estos temas. Solo los gestos de mi esposa evitan que monopolice las conversaciones. Especialmente porque he compartido estas historias con ella muchas veces durante todos nuestros años juntos.

Todos estos encuentros me convencieron de que era hora de perseguir mi otro sueño de la niñez: el de escribir un libro dedicado a temas de astronomía; y pues bueno, aquí estamos. Este libro es ese sueño hecho realidad y un intento por explicar en términos simples muchas de las preguntas que he tenido y que, con base en las muchas conversaciones que he sostenido a lo largo de todos estos años, muchas otras personas también parecen tener. Es también un homenaje a todos los investigadores y científicos que han dedicado y continúan dedicando sus vidas a perseguir sus sueños y pasiones y a aquellos que siguen siendo curiosos.

Para todos aquellos que comparten esta pasión por el universo, este libro está dedicado a ustedes.

Introducción

> “El espacio: La frontera final.”
>
> — Capitán James T. Kirk, Viaje a las Estrellas, la serie original (1966)

De todas las cosas en el mundo, lo que más me intriga, y quizás a la mayoría de la gente, es la posibilidad de la existencia de vida más allá de la Tierra. Por esta razón, la posibilidad de vida extraterrestre es uno de los principales temas de este libro. Sin embargo, la vida tal como la conocemos requiere un planeta, y hasta hace poco tiempo, la búsqueda de dicha vida estaba estrictamente limitada a los planetas dentro del sistema solar ya que eran los únicos de los que se tenía conocimiento. Sin embargo, todo cambió en 1992. Fue en este año cuando se detectó el primer planeta orbitando una estrella distinta al Sol y, por lo tanto, se confirmó la existencia de otros sistemas planetarios. Desde entonces, casi todos los días se anuncia el descubrimiento de un nuevo planeta extrasolar, o exoplaneta, como se les conoce. En abril del 2024, la NASA anuncio que se han detectado más de 5,600 exoplanetas o mundos y esta es precisamente la razón por la cual este libro este titulado: ***Una historia de más de 5000* mundos.** Este número creciente de exoplanetas descubiertos, solo aumenta nuestras posibilidades de encontrar vida más allá de la Tierra.

Los planetas, sin embargo, son un subproducto del proceso de formación estelar. En este libro, profundizaremos sobre la formación de estrellas y planetas, examinaremos diferentes técnicas para detectar, caracterizar y clasificar exoplanetas, y discutiremos la importancia de la búsqueda de inteligencia extraterrestre (SETI por sus siglas en inglés). Exploraremos temas como la Ecuación de Drake y la Paradoja de Fermi, y exploraremos los últimos avances en la detección de vida.

Antes de comenzar, es importante aclarar la diferencia entre los términos "hipótesis" y "teoría" en ciencia, ya que dichos términos serán usados con frecuencia a lo largo del libro.

En ciencia, contrario al lenguaje que usamos todos los días, la palabra "teoría" se refiere a una explicación sobre un fenómeno natural. Es una explicación que ha sido probada y confirmada a través de la observación y la experimentación. Esto no significa que dicha explicación no pueda cambiar en el futuro, sino que la explicación se ajusta a nuestra comprensión y capacidades de observación actuales. El aspecto más importante es que una teoría científica, puede y debe hacer predicciones comprobables de los fenómenos que explica. Para lograr esto, una teoría científica debe estar estructurada de tal manera que pueda ser potencialmente demostrada como falsa por un experimento o una observación. Los científicos se refieren a esta propiedad como la falsabilidad o refutabilidad de la teoría. Ejemplos notables de teorías científicas son: la teoría del Big Bang, la teoría de la relatividad y la teoría de la evolución.

Por otro lado, el significado de la palabra "hipótesis" en ciencia es equivalente al significado de la palabra "teoría" en el lenguaje cotidiano (un poco confuso. ¿Cierto?). En ciencia, una hipótesis es un intento de explicar un fenómeno. Sin embargo, una hipótesis suele ser un punto de partida. Tradicionalmente, se basa en observaciones, conocimientos previos y teorías existentes. Es una conjetura especulativa educada que aún necesita ser probada. Exploraremos muchas teorías e hipótesis, y esperamos que, usted, el lector, se interese en explorar estos temas todavía aún más.

Dos definiciones adicionales importantes a considerar, que también utilizaremos a menudo a lo largo del libro, tienen que ver con cómo los astrónomos expresan las distancias entre objetos en el espacio. El universo es tan vasto que las unidades de metro y kilómetro que usamos todos los días se quedan cortas al describir tales distancias. La primera de esas unidades es el año luz, definido como la distancia que la luz recorre en un año. La velocidad de la luz es la velocidad máxima en el universo, y es de aproximadamente 300,000 kilómetros por segundo. Por lo tanto, un año luz equivale a aproximadamente 9.46 trillones de kilómetros (un trillón es un 1 seguido de doce ceros). También es común que los astrónomos expresen la distancia que la luz recorre en una hora, como una hora-luz, en un minuto, como un minuto-luz, o en un segundo, como un segundo-luz. Por ejemplo, el Sol está ubicado a 8 minutos-luz de la Tierra, lo que significa que la luz requiere de 8 minutos para recorrer la distancia entre el Sol y la Tierra. Por otro lado, la Luna está mucho más cerca de la Tierra, a una distancia de aproximadamente 1.28 segundos-luz. Esto es importante porque las señales electromagnéticas que usamos para comunicarnos viajan a la velocidad de la luz, lo que nos recuerda que la comunicación no es instantánea, a pesar de lo que vemos en muchas películas de ciencia ficción.

La segunda unidad de distancia es el pársec, cuya definición requiere un par de elementos que se introducirán en el Capítulo 4, Métodos de Detección de Exoplanetas – Segunda Parte. Por ahora, mencionemos simplemente que un pársec equivale a 3.26 años luz o aproximadamente 30.86 trillones de kilómetros.

Por último, un billón equivale a mil millones (ósea un uno seguido de nueve ceros). Muy a menudo hablaremos de billones de kilómetros de distancia o billones de años de edad.

Con estas definiciones ya estamos listos para discutir conceptos astronómicos más profundos.

Introducción

Este libro, además de servir como una lectura entretenida para aquellas personas interesadas en estos temas, también podría ser utilizado como un libro de soporte en cursos introductorios o de fundamentos de astronomía para estudiantes, tanto de secundaria como de pregrados no científicos, dado el número de información incluida y la amplitud de las discusiones.

Para una referencia rápida, he incluido una sección **No Tengo Tiempo (NTT)** al comienzo de cada capítulo. Esta sección está diseñada para ofrecer a los lectores un resumen y una rápida referencia de los puntos claves que se discuten en el capítulo.

¡Empecemos!

Capítulo 1
Estrellas

"Y por encima de tu tumba, las estrellas nos pertenecerán."

— Coronel Miles Quaritch, Avatar (2009)

NTT

Para la Tierra, el Sol, su estrella madre, proporciona la energía necesaria para que exista la vida. Sin embargo, el Sol es solo una de muchas estrellas en el universo.

Nuestro entendimiento actual indica que las estrellas se forman cuando una enorme nube de gas y polvo en el espacio se contrae por la gravedad. Estas nubes están compuestas principalmente de gas de hidrógeno, el tipo de elemento más común en el universo, que forma los bloques de construcción de nuevas estrellas. A partir de un cierto umbral de masa inicial, una estrella comienza su etapa principal de vida convirtiendo hidrógeno en helio a través de un proceso llamado fusión. Una vez que la estrella ha consumido todo su hidrógeno, las capas externas de la estrella comienzan a expandirse. Las estrellas de masa baja y media se convierten en gigantes rojas, mientras que estrellas más masivas se convierten en supergigantes rojas.

Durante la etapa de gigante roja, las estrellas crecen tanto que cualquier planeta cercano que las orbite es engullido. Después de que dichas estrellas han terminado de expandirse, y si la estrella es de masa baja o media, estas expulsan su material al universo en forma de una nebulosa planetaria. En el centro de la nebulosa planetaria sobrevive una Enana Blanca. Las Enanas Blancas irradian toda su energía durante eones, eventualmente convirtiéndose en enanas negras. Desafortunadamente, los astrónomos no han podido observar enanas negras ya que no ha habido suficiente tiempo en la historia del universo para que las Enanas Blancas radien toda su energía.

En contraste, estrellas con masas muy altas explotarán después de su fase de supergigante roja. Estas explosiones son conocidas como supernovas, y están entre los eventos más brillantes del universo. Después de la explosión, los núcleos de estas estrellas se contraen aún más debido a su todavía alta masa restante. Los astrónomos estiman que para estrellas con masas iniciales entre 10 y 25 veces la masa del Sol, el núcleo se contrae hasta que se forma una estrella estable de neutrones. Las estrellas con masas iniciales superiores a 25 veces la masa del Sol se contraen todavía aún más, dejando atrás un agujero negro. La Figura 1.1 presenta una imagen clara y concisa del ciclo de vida de una estrella.

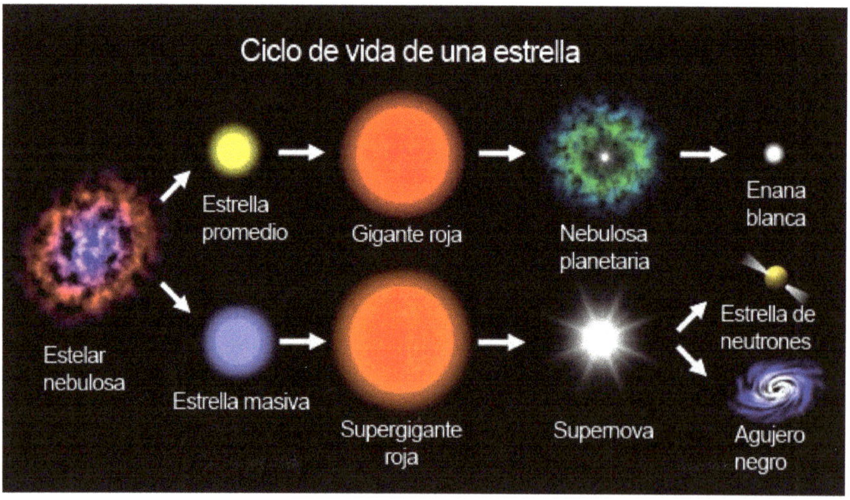

Fig. 1.1 El ciclo de vida de las estrellas. El destino de las estrellas está ligado a sus masas iniciales. Créditos: C.R. O'Dell & S.K. Wong & NASA.

Nuestra estrella madre – el Sol

Nuestro destino siempre ha estado ligado a las estrellas. Los usuarios del calendario Gregoriano han seleccionado la última noche de diciembre y el primer día de enero como un recordatorio de cuando nuestro planeta realiza una órbita completa alrededor de su estrella madre, el Sol. En esa noche, cuando el reloj marca las doce, lloramos, reímos y abrazamos a nuestros seres queridos mientras todos gritamos "¡Feliz Año Nuevo!".

A nivel más personal, nuestros padres usualmente marcan en los calendarios el día en que nacemos. Luego, cada vez que la Tierra da una órbita completa alrededor del Sol, celebramos nuestro cumpleaños y continuamos haciéndolo por el resto de nuestras vidas.

En muchos sentidos, el Sol se considera una estrella muy ordinaria. Ha estado brillando durante más de 4 mil millones (4 billones) de años y está compuesta por un 71% de hidrógeno, un 27% de helio y un 2% de todos los demás elementos combinados[1]. Aprenderemos que tal distribución de hidrógeno y helio no es inusual para otras estrellas.

Con un radio de 695,700 kilómetros, el Sol es tan enorme que podría contener 1.3 millones de Tierras en su interior. También es extremadamente pesado, con una masa de casi dos nonillones (es decir, un dos seguido de 30 ceros) de kilogramos. Nuestra estrella contiene el 99.8 por ciento de la masa de todo el sistema solar.

El sistema solar es parte de la Vía Láctea, nuestra galaxia local. Las galaxias son sistemas de estrellas, restos estelares, gas interestelar, polvo y materia oscura, todo esto unido por la gravedad. La Vía Láctea tiene un diámetro de 100,000 años luz y alberga aproximadamente 100 billones de estrellas (un billón es un 1 seguido de nueve ceros). El Sol está ubicado a unos 25,000 años luz del centro de la galaxia.[2, 3]

Fig. 1.2 ¡Usted está aquí! La Tierra órbita alrededor del Sol, una de las 100 billones de estrellas en la Vía Láctea. Créditos: The Universal Story por Aidan Zellner.

El Sol es crucial para la vida en la Tierra tal como la conocemos. El agua puede existir en forma líquida en la superficie de la Tierra en parte debido a su distancia al Sol. Es decir, decimos que la Tierra orbita al Sol en su *zona de habitabilidad* (HZ, por sus siglas en inglés), también conocida como la *zona Goldilocks* (hablaremos más sobre esto a lo largo del libro). Se ha estimado que la zona habitable del Sol está entre 0.95 y 1.15 unidades astronómicas[4]. Una unidad astronómica (AU, por sus siglas en inglés) es la distancia promedio que existe entre la Tierra y el Sol y equivale a 150 millones de kilómetros.

El agua puede permanecer líquida en la superficie de un planeta si el planeta está a la distancia adecuada de su estrella madre y este posee las condiciones adecuadas de presión y características atmosféricas.

En la Tierra, el Sol proporciona la energía necesaria para que esencialmente todos los organismos sobrevivan, con la notable excepción de la vida que se encuentra en el fondo de los océanos. La luz solar también es clave para que ocurran múltiples procesos químicos. El proceso químico más conocido es la fotosíntesis de las plantas, por el cual la energía obtenida de la luz se utiliza para convertir al dióxido de carbono y al agua, en azúcar y oxígeno.

Para nosotros los seres humanos, el Sol ha estado, y siempre estará—al menos para la mayoría de nosotros—en el cielo majestuosamente proporcionando su vital energía.

Muchas culturas antiguas, a menudo consideradas los primeros astrónomos,[5] han reconocido el papel del Sol como proveedor de la vida en la Tierra. Por ejemplo, el gran círculo amarillo en la bandera oficial del pueblo aborigen australiano representa al Sol, el proveedor de vida y protector.

Fig. 1.3 La bandera oficial aborigen australiana. El color negro simboliza a los pueblos aborígenes. El color amarillo representa el Sol, el renovador constante de la vida. El color rojo representa la tierra y su relación con las personas. El color rojo también representa el ocre, que es utilizado en ceremonias por los pueblos aborígenes.

Cualquier otra posible forma de vida en el universo muy probablemente también requerirá las condiciones adecuadas que provea su estrella central para prosperar. Pero, ¿cómo se formaron el Sol y todas las otras estrellas?

El ciclo de vida de las estrellas

Comenzaremos nuestra discusión hablando sobre lo que sabemos actualmente sobre el ciclo de vida de las estrellas. Pero, ¿cómo sabemos lo que sabemos? Comenzaremos respondiendo esa pregunta de inmediato. Los ciclos de vida de muchas estrellas duran miles de millones de años y las que mueren más rápido, las estrellas más masivas, viven durante millones de años. Esto significa que los seres humanos no pueden presenciar estos procesos de principio a fin durante sus vidas. La astronomía está llena de ejemplos como estos, donde los periodos de tiempo de los fenómenos en cuestión no están dentro de la vida de una persona, y, por lo tanto, en astronomía, es muy común el uso de analogías. Este es uno de los aspectos que más me atraen de esta disciplina: los enormes esfuerzos que astrónomos y comunicadores científicos deben hacer para explicar conceptos difíciles en términos simples.

Supongamos que queremos estudiar a los seres humanos desde el nacimiento hasta la muerte y hacernos una imagen de las diferentes etapas de sus vidas. Podríamos elegir un solo individuo y documentar la vida de esa persona a lo largo de los años. Por supuesto, esto no es necesariamente práctico o alcanzable. La esperanza de vida de un ser humano actualmente está alrededor de los 80 años. Eso serían muchos videos de YouTube o nuestra propia versión de El Show de Truman, una película bastante entretenida de los años 90 protagonizada por Jim Carrey. Sin embargo, si observamos a diferentes seres humanos de diferentes edades al mismo tiempo, podemos obtener una imagen bastante aceptable de cómo se comportan los seres humanos, y cómo estos lucen a lo largo de sus vidas. Imagina que estás viendo en el estadio un partido del equipo de fútbol más popular de Colombia: el América de Cali (esta es la opinión de millones de conocedores y amantes del futbol), donde hinchas de diversas edades se reúnen a ver a su equipo favorito.

Cuando llegas al estadio, portando un par de binoculares para observar el juego todavía aún mejor, te das cuenta de que, al frente de donde estás sentado, una madre ha llevado a su recién nacido al estadio. Cuando miras a tu derecha, te das cuenta de que hay algunos niños cerca de ti. Estos niños tienen tan solo dos, cuatro, seis y diez años. Sigues mirando y notas algunos niños mayores, tal vez de 16 años, juzgando por las incipientes barbas que comienzan a aparecer en sus rostros y sus actitudes de "me importa un rábano todo". Luego encuentras a varios adultos; algunos de ellos todavía bastante jóvenes, quizás de veintitantos años, pero también encuentras a algunas personas mayores. Una pareja en sus treintas, un grupo de amigos en sus cuarentas y cincuentas. Sigues mirando y encuentras personas en su edad dorada. Personas en sus sesentas, setentas e incluso ochentas. De este rápido ejercicio concluyes dos cosas: primero, que este equipo de fútbol atrae a personas de todas las edades, y segundo, que has visto el progreso de un ser humano a través de diferentes etapas desde que son bebés hasta una edad avanzada. Ahora estás listo para al menos identificar o incluso clasificar las diferentes fases que atraviesan los seres humanos a lo largo de sus vidas.

Fig. 1.4 Emblema del equipo de fútbol América de Cali, uno de los equipos más laureados de Colombia. Conocido cariñosamente como "la mechita" fue fundado en 1927, y es considerado por muchos, y de lejos, como el mejor equipo de fútbol del país.

Con esta simple pero útil analogía, puedes hacerte una idea de cómo los astrónomos estudian las estrellas en diferentes etapas de su ciclo de vida y como construyen una descripción precisa de sus vidas. Los astrónomos observan estrellas que literalmente están naciendo, otras que simplemente están ocupadas viviendo sus vidas, y otras que están muriendo. Incluso observan restos de estrellas después de sus muertes. Nosotros los seres humanos queremos entender lo que nos rodea, especialmente si esos objetos se relacionan con nosotros.

Formación de estrellas

El proceso de formación de estrellas sigue siendo un tema de investigación bastante activo. Sin embargo, algo de lo que los astrónomos tienen mucha evidencia es que la vida de una estrella comienza con nubes. Más específicamente, nubes moleculares gigantes (GMC, por sus siglas en inglés), o regiones de incubación estelar, como también se les conoce. Podemos observar una de esas regiones de formación estelar en una hermosa imagen publicada por la NASA en julio de 2022.

Fig. 1.5 Región de formación estelar NGC 3324 en la Nebulosa Carina capturada por el Telescopio Espacial James Webb (JWST). Créditos: NASA, ESA, CSA y STScI vía AP

La formación de estrellas es un proceso muy complicado que implica la comprensión de dinámicas de gas complejas e interacciones de campos magnéticos. La Teoría de la Formación Estelar[6] ha sido y sigue siendo el tema de muchas publicaciones, incluyendo libros y artículos de investigación.

Las nubes moleculares gigantes están compuestas de gas y polvo en las regiones del medio interestelar. Los astrónomos se refieren a todo lo que se encuentra entre las estrellas como medio interestelar (ISM, por sus siglas en inglés). El componente gaseoso del ISM consiste predominantemente de hidrógeno, el elemento más abundante y ligero del universo. Este elemento representa aproximadamente el 75 por ciento de la materia en el universo y fue creado a través de un proceso conocido como nucleosíntesis del Big Bang[7] durante las primeras etapas del mismo*.

Cuando hablamos del polvo presente en el medio interestelar hablamos literalmente de eso: polvo. En un libro muy entretenido y provocador titulado "Losing the Nobel Prize (Perdiendo el premio Nobel)"[8], el autor Brian Keating se refiere a este polvo como "el enemigo del astrónomo". Tal descripción no es sin justa causa. Este polvo oscurece la luz de los objetos que los astrónomos quieren observar y analizar, causando incertidumbre sobre la luminosidad de una respectiva fuente. Por esta razón, los astrónomos llaman *extinción* a la reducción de brillo debido a la absorción y dispersión de las partículas de polvo. Aún más, esta extinción también afecta de manera diferente a los distintos colores de la luz, haciendo más difícil para los astrónomos reconstruir el verdadero color—espectro—de una determinada fuente de luz. Valores de extinción necesitan ser incluidos en los cálculos y modelos para establecer con precisión las distancias, tamaños y temperaturas de los objetos celestiales. Por ejemplo, la importancia del polvo en la medición precisa de la constante de Hubble ha sido ampliamente discutida[9]. La constante de Hubble, nombrada en honor a Edwin Hubble(1889 - 1953), es una medida de la velocidad a la que el universo se está expandiendo. Uno de los métodos que los astrónomos utilizan para medir la constante de Hubble consiste en capturar la luz de objetos muy distantes, como supernovas, y calcular la distancia a la que se encuentran de nosotros, así como las velocidades a las que se están alejando. Otro método consiste en mediciones de la radiación de fondo de Microondas (CMB, por sus siglas en inglés), la huella térmica inicial dejada por el Big Bang. La discrepancia en los resultados obtenidos utilizando estos dos métodos ha sido descrita dramáticamente como "la crisis en cosmología" o la "tensión de Hubble".[10] Esto es algo que la comunidad científica todavía sigue debatiendo hasta la fecha.

Las nubes moleculares no tienen una densidad uniforme. Por el contrario,

---

* El helio y una pequeña cantidad de litio también fueron creados durante los primeros minutos después del Big Bang. Los elementos más pesados se crearon y continúan creándose como parte de los ciclos de vida de las estrellas.

algunas regiones son más densas que otras. Estas regiones, pequeñas regiones dentro de una región más grande, comienzan a experimentar un desequilibrio entre la fuerza de la gravedad y la presión térmica del gas, lo que resulta en la fragmentación de la nube en nubes más pequeñas. Las inestabilidades gravitacionales hacen que estas pequeñas nubes se conviertan en núcleos autogravitantes que comienzan a colapsar bajo su propio peso.

Estos colapsos, debido a inestabilidades gravitacionales, pueden desarrollarse durante millones de años. Sin embargo, un colapso también puede precipitarse por una onda de choque de una explosión altamente energética cercana, como una supernova. Exploraremos supernovas con más detalle un poco más adelante en este capítulo.

Independientemente del mecanismo que causa el colapso de una nube molecular, éste depende en gran medida de la temperatura inicial, la densidad promedio y la composición química de la nube original. Por ejemplo, para una nube de hidrógeno con una temperatura inicial de 10 Kelvin (-263 grados Celsius), la masa requerida para que una nube empiece a colapsar, es de aproximadamente ocho veces la masa del Sol.[11]

No siempre el destino de una nube es el colapso. Diferentes condiciones iniciales pueden causar que la nube se expanda en lugar de colapsar. Un ambiente con una temperatura de 10 Kelvin es realmente frío. La escala Kelvin se basa en el concepto del *cero absoluto*. La temperatura es una medida de la energía que posee una partícula en movimiento. En física, esta energía se conoce como energía térmica. En el cero absoluto, hay un movimiento nulo de partículas. El cero absoluto, que corresponde a -273 grados en la escala Celsius, es la temperatura más baja posible que puede existir.

Ahora, pueda ser que el lector recuerde sus clases de física durante la secundaria en donde se introduce el concepto de conservación del momento angular. El momento angular es un concepto fundamental en física; es una medida del movimiento de un objeto que gira alrededor de un eje fijo. Para aumentar el momento angular de un objeto, se puede aumentar su velocidad de rotación (qué tan rápido gira el objeto) o también se puede aumentar la masa del objeto en rotación, o la distancia a la que el objeto está del eje de rotación. Para un sistema que está aislado, es decir, un sistema cerrado que no está bajo la influencia de fuerzas externas, la cantidad total de momento angular se conserva con el tiempo.

El ejemplo típico es una bailarina de ballet girando. La bailarina se considera un sistema cerrado, asumiendo que ningún otro bailarín está ejerciendo fuerza sobre ella. Cuando una bailarina quiere girar más despacio, solo necesita estirar los brazos, aumentando efectivamente la distancia desde el eje de rotación hasta su propio centro. Como el momento angular total necesita ser constante, la velocidad de rotación debe disminuir. Por el contrario, si lo que la bailarina quiere es girar más rápido, recoge los brazos reduciendo la distancia entre su propio centro y el eje de rotación, lo que resultaría en una mayor velocidad de rotación.[12]

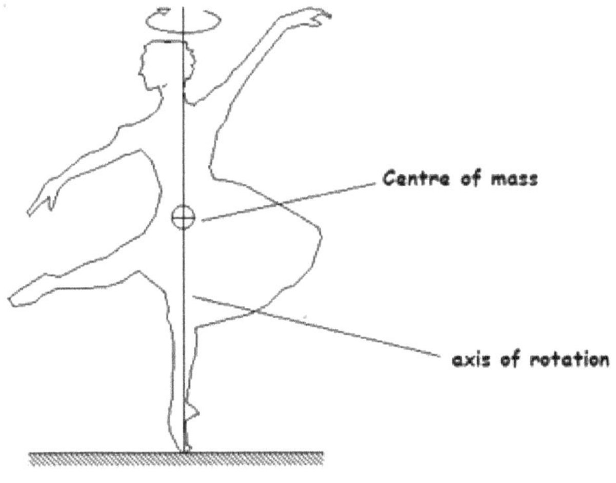

Fig. 1.6 Una bailarina aprovecha la conservación del momento angular para controlar su velocidad de rotación. Créditos: The Physics of ballet.

Esto es precisamente lo que ocurre en una nube molecular. A medida que la nube comienza a colapsar, su velocidad de rotación aumenta. Espero que el lector sepa exactamente que contestar la próxima vez que alguien le pregunte qué tienen en común las nubes moleculares en el espacio con bailarines de ballet dando vueltas.

El aumento de la velocidad hace que la nube se aplane, convirtiéndose efectivamente en un disco rotatorio plano, conocido como disco protoplanetario, con una protoestrella colapsante en su centro. La formación del disco es una forma de conservar el momento angular que se dirige hacia la estrella en el centro. Podemos observar el mismo proceso en el arte de girar pizza. Los cocineros aprovechan las fuerzas que actúan hacia afuera sobre un cuerpo que se mueve alrededor de un centro. Esta fuerza centrífuga empuja los bordes exteriores de la masa hacia afuera, estirándola y causando que se expanda en diámetro y se aplane.

Fig. 1.7 El aplanamiento de la masa de pizza. La forma final es el resultado de las fuerzas centrífugas que actúan hacia afuera sobre un objeto en rotación. Créditos: imagen obtenida de la Internet pública.

En este punto, la temperatura de la nube y el disco continúan aumentando debido a los efectos de la gravedad y la presión dentro del gas. La temperatura aumenta cuando la energía potencial gravitacional se transforma en energía térmica. Además, a medida que la nube se vuelve más densa, dado que la misma masa ocupa menos espacio físico, las partículas dentro de la nube comienzan a colisionar entre ellas con más frecuencia.

Estas colisiones hacen que la energía térmica aumente. Al mismo tiempo, el núcleo se vuelve extremadamente caliente, lo que resulta en un aumento de la presión hacia afuera dentro del gas. Para una estrella, la gravedad siempre está tratando de colapsar la materia en el núcleo, mientras que la presión intenta empujar la materia hacia afuera.

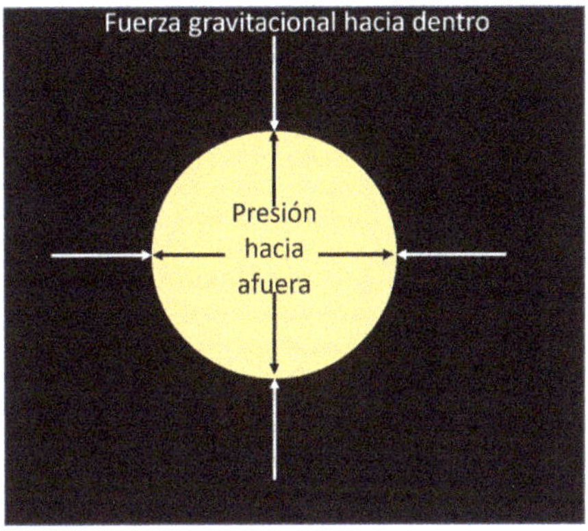

Fig. 1.8 La constante lucha entre la gravedad y la presión en una estrella. Créditos: imagen producida por el autor.

La nube molecular gigante se ha transformado ahora en una protoestrella, una estrella embrionaria, rodeada por un disco protoplanetario. Sin embargo, esta todavía no está lo suficientemente caliente como para que átomos de hidrógeno se fusionen y formen átomos de helio. Este proceso se llama fusión, y cuando esto sucede, la protoestrella se convierte oficialmente en una estrella y entra en lo que se conoce como la secuencia principal.

Estrellas en la pre-secuencia principal

Pueda que el lector este un poco impaciente (no lo culpo) y haya comenzado a preguntarse: ¿cuándo vamos a empezar a hablar de estrellas reales? ¿Esas que producen su propia luz? Por favor, le pido un poco de paciencia mientras discutimos una última etapa antes de que una estrella entre a la secuencia principal. El cuerpo celeste en esta etapa, la etapa entre una protoestrella y una estrella de la secuencia principal, es conocido como estrella T Tauri si la protoestrella en el centro del disco protoplanetario tiene una masa menor a dos veces la masa del Sol, o como estrella Herbig Ae/Be si la masa de la protoestrella está entre aproximadamente 2 y 10 veces la masa del Sol.[13] A pesar de que estas "estrellas bebé" o estrellas pre-secuencia principal, como se les conoce formalmente, aún no son lo suficientemente calientes como para iniciar fusión en sus núcleos, estas poseen calor residual de su formación y pueden ser capaces de reunir material del disco circundante, lo que puede contribuir al aumento en su luminosidad.

Estas estrellas bebé pueden ser vistas como estrellas jóvenes que acaban de entrar al kínder estelar. Al igual que niños en el kínder, hacen mucho ruido y son bastante activas. Estas estrellas exhiben frecuentes llamaradas, erupciones y fuertes vientos estelares. También muestran una alta variabilidad en su brillo y tienen campos magnéticos fuertes. A medida que el material circundante de la nube molecular original sigue cayendo hacia el centro, la temperatura continúa aumentando.

No todas las nubes moleculares terminan formando una estrella T Tauri o una estrella Herbig Ae/Be. A veces estas nubes colapsan, pero la masa inicial no es lo suficientemente grande o la temperatura no alcanza niveles suficientemente elevados y no ocurren reacciones nucleares. Tales objetos se conocen como enanas marrones y hablaremos un poco más sobre estos objetos en un momento.

Fusión nuclear

Bueno, finalmente. Para una estrella típica pre-secuencia principal (PMS, por sus siglas en inglés), cuando la temperatura del núcleo alcanza alrededor de 10 millones de Kelvin (aproximadamente 10 millones de grados Celsius también), comienza la fusión eficiente de hidrógeno. Sin profundizar demasiado, recordemos de nuestras clases de química en la secundaria la tabla periódica y cómo cada elemento tiene un pequeño número encima de su símbolo. Este número se llama número atómico y representa la cantidad de protones en el núcleo de un solo átomo del elemento. El hidrógeno es el elemento más ligero con solo un protón; por lo tanto, su número atómico es 1.

Fig. 1.9 El hidrogeno es el elemento más simple y abundante en el universo.

Cuando la fusión ocurre, a través de una serie de reacciones llamadas la cadena protón-protón, cuatro núcleos de hidrógeno se fusionan para formar un solo núcleo de helio. Aunque parte de la masa se convierte en energía, el átomo de helio resultante termina con dos protones, con dos siendo su número atómico.

Fig. 1.10 El helio es el segundo elemento más simple y abundante en el universo.

El momento en el que una estrella consigue iniciar el proceso de fusión de hidrógeno se le refiere como el *inicio de la secuencia principal* (ZAMS, por sus siglas en inglés). Por lo tanto, la secuencia principal representa un período en el que ocurre la fusión estable de hidrógeno en el núcleo de una estrella. La secuencia principal se representa como una línea diagonal casi recta en lo que se conoce como un *diagrama de Hertzsprung-Russell*,[14] o diagrama H-R para abreviar. El diagrama H-R es una herramienta extremadamente importante y útil en astronomía. Este diagrama, representado en la Figura 1.11, grafica el brillo, o luminosidad en unidades solares, de las estrellas cercanas en función de su temperatura en la escala Kelvin.

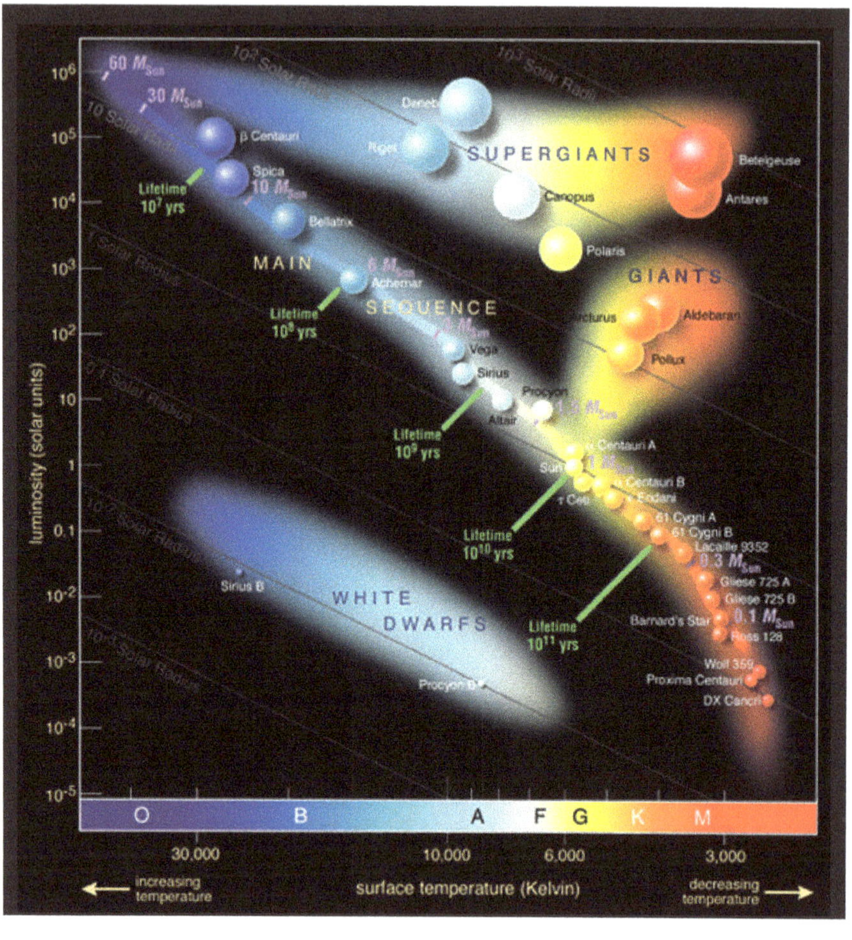

Fig. 1.11 El diagrama Hertzsprung-Russell o simplemente diagrama H-R.
Créditos: The cosmic perspective (p. 832)

Al igual que otros términos en astronomía donde los nombres no necesariamente se correlacionan con la naturaleza real de lo que describen (por ejemplo, una nebulosa planetaria no tiene nada que ver con planetas), la secuencia principal no es una secuencia en absoluto. Una estrella no comienza como un tipo determinado de estrella y luego evoluciona hacia otro tipo de estrella en esta secuencia. Las estrellas entran a la secuencia principal en un punto determinado dependiendo de la masa resultante al final de sus procesos de formación.

La masa resultante de una estrella está directamente relacionada con la masa de la nube molecular original. Las nubes moleculares no permanecen intactas durante su existencia y experimentan fragmentación debido a inestabilidades gravitacionales. Una nube molecular masiva producirá fragmentos más masivos que a su vez resultarán en estrellas más masivas. La masa inicial de la nube también determina cuánto tiempo tarda la nube en colapsar. O, en otras palabras, cuánto tiempo tarda una estrella en iniciar el proceso de fusión nuclear. Cuanto mayor es la masa, más corto es el tiempo de contracción. Por ejemplo, una nube molecular con una masa inicial de 15 veces la masa del Sol tardará "solo" 60,000 años en contraerse. Por el contrario, una nube con una masa inicial equivalente a la mitad de la masa del Sol tardará 150 millones de años en contraerse.[15]

La masa de una estrella es el factor más determinante en su temperatura; hay una relación intrínseca entre la masa y cuánta energía irradian las estrellas. Las estrellas más masivas son más luminosas ya que la fusión nuclear es más eficiente. Recordemos que la fusión nuclear es el resultado directo de la fuerza de gravedad ganando la batalla contra la presión del gas intentando expandir la estrella. Vale la pena señalar que los astrónomos distinguen entre brillo y luminosidad. La luminosidad es una medida intrínseca de la cantidad de energía emitida por un objeto, y el brillo es afectado por la distancia de nosotros hacia el objeto.

La definición de 'metales' en astronomía

Los astrónomos son personas extremadamente ocupadas. Deben dividir su tiempo entre la investigación, la enseñanza de cursos, la supervisión de estudiantes, la elaboración y contribución a artículos científicos, y la redacción de subvenciones y propuestas de observación para telescopios. Además, muchos de ellos sienten la obligación de realizar divulgación científica, ya que, para la mayoría de ellos, sus salarios provienen directamente del presupuesto público.

La divulgación pública beneficia a todos. Muchos científicos se sienten apasionados al hacerla ya que les ayuda a conectarse con el público. La divulgación también aumenta la conciencia y comprensión pública sobre temas específicos como el cambio climático, por poner solo un ejemplo. Aumentar la comprensión pública sobre fundamentos científicos puede llevar a votantes más informados y, potencialmente, a más fondos destinados a la investigación.

Con todas estas obligaciones, los astrónomos no pueden perder su tiempo en cosas triviales como nombrar elementos químicos uno por uno. Es por eso que, en astronomía, el término "metal" se refiere a cualquier elemento que no sea ni hidrógeno ni helio.

Dado que el hidrógeno y el helio son los elementos más abundantes en el universo por un gran margen, el uso del término "metal" ayuda a simplificar el lenguaje y la comunicación.

A pesar de que la siguiente figura es realmente una broma, no está tan lejos de la realidad. La imagen muestra la tabla periódica según los astrónomos.

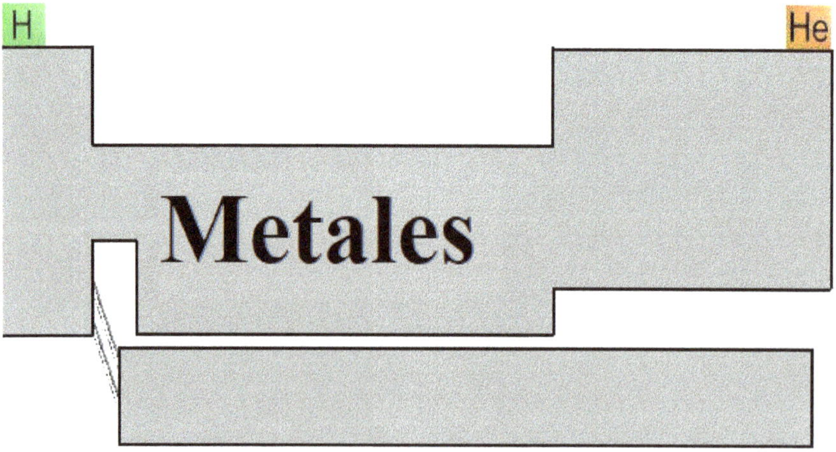

Fig. 1.12 Para los astrónomos, cualquier elemento que sea más pesado que el hidrogeno y el helio es considerado un metal. Créditos: imagen tomada de reddit.

Clasificación de estrellas

Población estelar

Las estrellas se pueden clasificar según su composición química. Esta clasificación es útil porque proporciona a los astrónomos una indicación de cuándo se formó una estrella en relación con la edad del universo.

Mencionamos que las estrellas fusionan elementos más ligeros en elementos más pesados en sus núcleos, siempre que las temperaturas y presiones sean lo suficientemente altas para hacerlo. El hidrógeno puede fusionarse en helio, el helio en carbono (como veremos más adelante en este capítulo), y así sucesivamente. Sin embargo, al principio, el universo era un entorno en donde solo estaban presentes el hidrógeno y el helio. Por lo tanto, las primeras estrellas—las estrellas de primera generación—que se formaron durante este tiempo, se formaron teniendo como materia prima únicamente esos dos elementos. En otras palabras, estas estrellas de primera generación reflejan una completa ausencia de elementos metálicos en su composición. Recuerde que los astrónomos consideran metales a todo lo que no sea hidrógeno y helio. Estas estrellas primordiales se conocen como estrellas de Población III.

Estrellas de población III

La lógica dictaría que los astrónomos deberían haber nombrado a estas estrellas primordiales como estrellas de Población I (ya que I viene antes que III), pero una vez más, nombrar cosas lógicamente en lugar de adherirse a razones históricas no es realmente algo por lo que se conozca al campo de la astronomía.

Las estrellas de Población III han sido puramente hipotéticas hasta ahora, ya que su existencia no ha sido confirmada. Se piensa que estas estrellas se formaron entre un millón y un billón de años después del Big Bang[16]. Podrían ser muy masivas, hasta varios cientos de veces la masa del Sol, debido a la ineficiente fragmentación de las nubes moleculares gigantes originales del universo temprano. Debido a sus grandes masas, es probable que estas estrellas también hayan sido muy calientes y capaces de emitir fotones de alta energía suficientes para ionizar doblemente los átomos de helio (átomos de helio a los que se les han extraído dos electrones), lo que da pistas sobre qué tipo de señales los astrónomos deben buscar en los espectros de las posibles estrellas candidatas de este tipo de población. El descubrimiento de tales objetos requiere instrumentos capaces de observar muy atrás en el tiempo, lo más cerca posible al momento del Big Bang. Aquí es donde entra en juego el Telescopio Espacial James Webb (JWST, por sus siglas en inglés), lanzado el 25 de diciembre del 2021 y considerado el telescopio más avanzado en la actualidad. Con un costo total de alrededor de 10 mil millones de dólares, este instrumento está ayudando a los astrónomos a confirmar y, muchas veces, a redefinir lo que sabemos sobre el universo.

En el 2023, un grupo de astrónomos con ayuda del JWST, indicaron que podrían haber encontrado evidencia de estas elusivas estrellas de Población III. En su artículo,[17] estos investigadores reportan haber observado fuentes de helio doblemente ionizado que se originaron entre 150 millones y un billón de años después del Big Bang. Aunque núcleos galácticos activos y agujeros negros cercanos (hablaremos de estos objetos en un momento) también podrían ser los responsables de la emisión de tales radiaciones, los investigadores han descartado estas fuentes. Sin embargo, los autores reconocen que se necesitan más observaciones para confirmar este hallazgo.

Estrellas de población II

Se cree que las estrellas de Población II se originaron alrededor de uno a dos billones de años después del Big Bang. Son las estrellas más antiguas que se pueden observar actualmente. A diferencia de las estrellas de Población III, las estrellas de Población II sí tuvieron acceso a elementos más pesados o metales, dispersos a través del medio interestelar por supernovas o procesos altamente energéticos resultantes de las muertes de las estrellas de Población III. Sin embargo, estos elementos más pesados no estaban disponibles en grandes cantidades en el momento en que se formaron estas estrellas. Por esta razón, la composición de las estrellas de Población II es pobre en metales, o, en otras palabras, su metalicidad (abundancia de metales) es baja. Las estrellas de Población II son menos masivas, con masas entre 8 y 40 veces la masa del Sol, principalmente porque la existencia de metales permitió un mayor enfriamiento y una fragmentación más pequeña de las nubes moleculares gigantes de las que provienen,[18] en comparación con las nubes moleculares gigantes de donde se originaron las estrellas de Población III. Se estima que la abundancia de metales en las estrellas de Población II es solo de una décima o una milésima parte de la del Sol.[19] Una de las estrellas de Población II más brillantes, cercanas y pobres en metales es HD 122563. Esta gigante roja, ubicada aproximadamente a 1,050 años luz de la Tierra, tiene una edad estimada de 12.6 billones de años.[20] El análisis espectral de HD 122563 ha revelado que la estrella tiene una milésima parte de abundancia de metales relativa al hidrógeno en comparación con el Sol.[21]

Estrellas de población I

En contraste con las estrellas de Población II, las estrellas de Población I son más jóvenes y más ricas en metales. Estas mayores metalicidades son el resultado de un entorno donde los elementos más pesados, resultado de explosiones de supernovas y nebulosas planetarias de las muertes de las estrellas de Población II, enriquecieron el material base del que se formaron estas estrellas más jóvenes. Nuestra estrella, el Sol, con "solo" 5 billones de años de edad, está categorizada como una estrella de Población I.

Las estrellas de Población I pueden tener hasta 10 billones de años de edad o incluso estarse formando hoy en día. En estas estrellas, los elementos pesados representan entre el uno y cuatro por ciento de la masa estelar total.[22]

La metalicidad de las estrellas puede jugar un papel fundamental en la aparición de vida compleja. Investigadores han demostrado cómo la metalicidad de una estrella está conectada con la capacidad de los planetas que la orbitan de desarrollar una capa de ozono.[23] Cuanto menor es la metalicidad, más amigable para la vida es la estrella. Similar a lo que sucede en la Tierra, una capa de ozono circundante podría proteger de la radiación ultravioleta de su estrella, a las células de posibles seres vivos que habiten en la superficie de un planeta.

Temperatura como clasificación estelar

Las estrellas también se clasifican según su temperatura aparente. A pesar de que la clasificación al respecto es bastante útil y simple (de la más caliente a la más fría), los nombres de las categorías, que son solo letras, no son intuitivos ni fáciles de usar. El esquema es el resultado de múltiples intentos de diferentes personas para crear un marco útil a lo largo de los años.

La secuencia de temperatura "O B A F G K M" o clasificación espectral, ayuda a los astrónomos a identificar y categorizar rápidamente las estrellas.

La luz está compuesta por ondas que viajan a través del espacio. Estas ondas de luz tienen características importantes que permiten a los científicos clasificarlas. Una de estas características es el concepto de longitud de onda. La longitud de onda de una onda de luz se define como la distancia medida en metros entre dos 'picos' (puntos altos) consecutivos o dos 'valles' (puntos bajos) consecutivos de una onda. Debido a lo pequeñas que pueden ser estas longitudes de onda si se expresan en metros, los científicos usan la unidad del nanómetro. Un nanómetro es una milmillonésima parte de un metro (1/1,000,000,000) y se abrevia como *nm*.

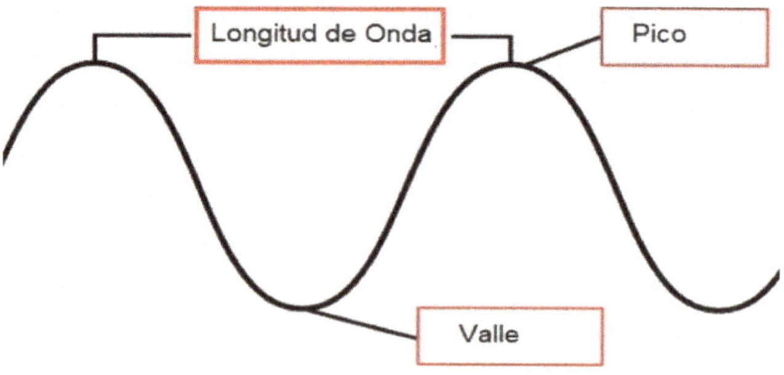

Fig. 1.13 La longitud de onda es la distancia medida en metros entre dos picos consecutivos o dos valles consecutivos de una onda de luz. Créditos: modificación del trabajo de Lumen.

Cuando la luz atraviesa un prisma, podemos observar sus diferentes componentes. Los astrónomos llaman a esto un *espectro de luz*, y se refiere al rango de longitudes de onda de la radiación electromagnética que podemos ver (espectro visible) y las que no podemos ver (radio, microondas, infrarrojo, ultravioleta, rayos X, rayos gamma).

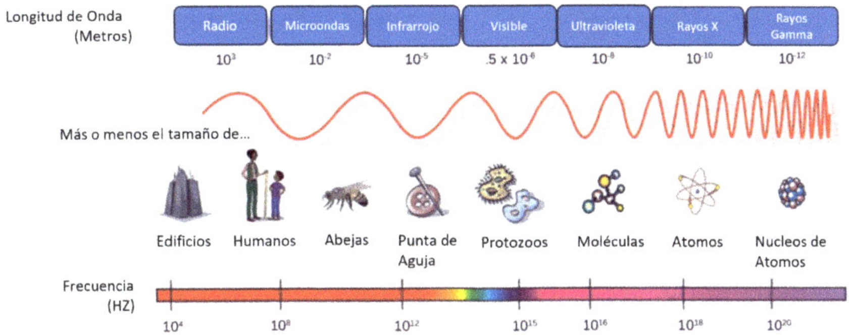

Fig. 1.14 El espectro electromagnético. La luz visible está en el rango entre 380 nm y 740 nm. Créditos: lumenlearning.com, modificación del trabajo hecho por NASA.

El espectro visible está en el rango entre 380 nm y 740 nm y se divide típicamente en siete colores principales: rojo, naranja, amarillo, verde, azul, índigo y violeta. Cada color corresponde a una longitud de onda diferente, siendo el rojo el de mayor longitud de onda y el violeta el de menor longitud de onda.[24]

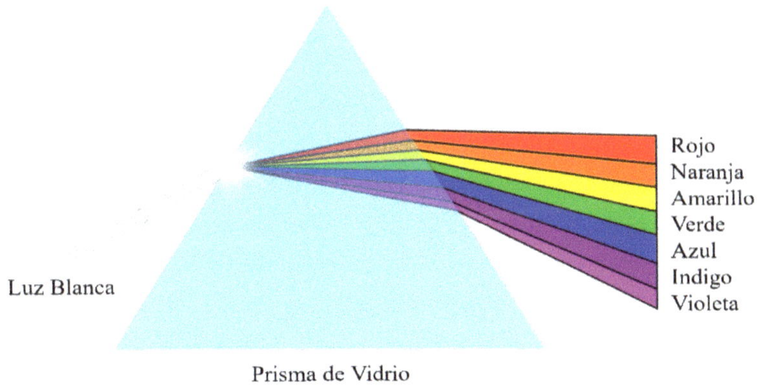

Fig. 1.15 La luz visible se descompone después de pasar a través de un prisma.

Hay una clara relación entre la temperatura y el color (longitud de onda). Para objetos que emiten radiación térmica, existe una longitud de onda pico en la que emiten con mayor brillo. Cuanto más alta es la temperatura, más corta es la longitud de onda pico. La secuencia "O B A F G K M" comienza con las estrellas más calientes, las estrellas azules 'O', y termina con las estrellas más frías, las estrellas rojas 'M' (también conocidas como enanas rojas).[25] El Sol es una estrella amarilla de tipo 'G' con una temperatura de aproximadamente 6,000 Kelvin (5,726.85 grados Celsius).

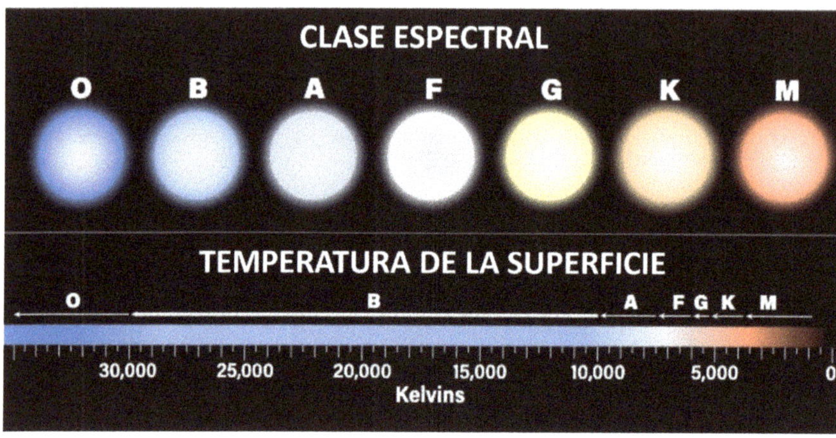

Fig. 1.16 Las estrellas se clasifican según sus colores (clase espectral), los cuales tienen una correlación directa con sus temperaturas. Créditos: Astronomy Magazine.

Los estudiantes de astronomía han ideado frases interesantes para recordar esta clasificación. Una común es “Oh Be A Fine Girl/Guy Kiss me” (Oh, sé una chica/chico agradable, bésame). Sin embargo, se han sugerido acrónimos más políticamente correctos como “Oh Boy, An F Grade Kills Me” (Oh, chico, una nota F me mata) o “Only Boring, Astronomers Find Gratitude Knowing Mnemonics” (Solo astrónomos aburridos encuentran gratitud al memorizar mnemónicos). Más recientemente, se han introducido tres nuevas categorías, L, T y Y, para incluir a las enanas marrones.

Enanas marrones

El término "enanas marrones", que se refiere a las estrellas que pertenecen a las categorías 'L', 'T' y 'Y', fue introducido por la fundadora y superestrella del instituto SETI Jill Tarter.[26] Las enanas marrones son estrellas fallidas o estrellas que no son lo suficientemente masivas como para poder fusionar hidrógeno. Sus masas varían entre 13 y 80 veces la masa de Júpiter. Las estrellas de clase 'L' tienen temperaturas entre 1,300 Kelvin (1,026 grados Celsius) y 2,200 K (1,927 grados Celsius), mientras que las estrellas 'T' tienen temperaturas entre 800 Kelvin (527 grados Celsius) y 1300 Kelvin (1026 grados Celsius). Las enanas 'Y' son los objetos cuasi-estrellas más fríos en el universo (que hasta ahora se tenga conocimiento). Estos objetos tienen temperaturas por debajo de los 800 Kelvin (527 grados Celsius). Incluso se han observado enanas marrones que exhiben temperaturas similares a la temperatura promedio de una habitación, de 27 grados Celsius (300 Kelvin).[27, 28]

Fig. 1.17 Una representación artística de una enana marrón. Créditos: NASA, ESA y JPL-Caltech.

Gigantes rojas

Al conocer la temperatura de una estrella, los astrónomos pueden inferir su masa. Esto es importante porque la expectativa de vida de una estrella está determinada por su masa. Dado que las estrellas masivas son más eficientes en consumir su suministro de combustible, sus vidas son más cortas. Los astrónomos suelen describir a las estrellas masivas como las que "viven rápido y mueren jóvenes", haciendo referencia a la exitosa canción "Live Fast, Love Hard, Die Young (vive rápido, ama con intensidad, muere joven)" de Faron Young en 1955; y esto es cierto. Estrellas que son muy masivas pueden agotar su combustible, o, en otras palabras, salir de la secuencia principal, en tan solo unos pocos de millones de años. Por otro lado, estrellas que son muy pequeñas pueden tardar más que la edad del universo en consumir todo su hidrógeno. Una estrella de masa media como el Sol tarda alrededor de 10 billones de años en abandonar la secuencia principal.

La masa de una estrella también determina en qué se convierte después de haber dejado la secuencia principal. Las estrellas de baja y media masa como el Sol se convierten en gigantes rojas una vez que han agotado su suministro de hidrógeno fusionando helio en sus núcleos. Las gigantes rojas tienen tamaños (radios) de entre 100 y 800 veces el tamaño del Sol. Similar a lo que sucedió al principio con la nube molecular original, la gravedad comienza a ganar la batalla contra la presión del gas. Estas estrellas tienen atmósferas que crecen y, en consecuencia, tienen radios más grandes. En esta etapa, el núcleo, que ahora está compuesto casi enteramente de helio, comienza a encogerse mientras que las capas externas comienzan a expandirse. A manera de ilustración, la Figura 1.18 muestra cómo el Sol crecerá en tamaño "devorando" a Mercurio y Venus, y poniendo a la Tierra en una posición bastante incómoda, donde la vida en el planeta ya no sería sostenible. [29]

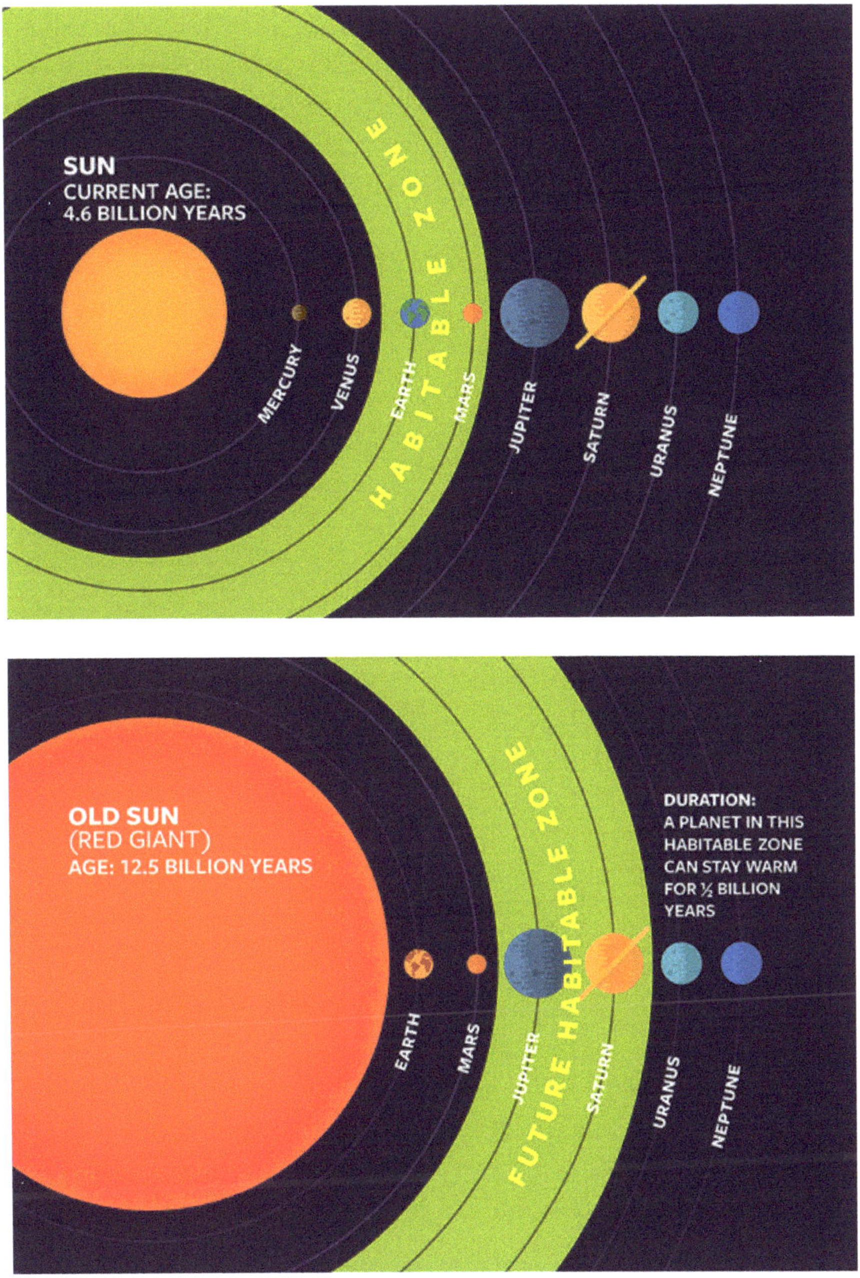

Fig. 1.18 La Tierra y Marte disfrutan de una posición privilegiada dentro de la zona habitable del Sol. Sin embargo, el Sol se convertirá en una gigante roja en un futuro no tan cercano, resultando en la “muerte” de Mercurio y Venus y redistribuyendo la zona habitable del sistema solar. Créditos: Wendy Kenigsburg.

Un fenómeno diferente, pero con resultados similares, una estrella consumiendo sus propios planetas, es lo que Kishalay De del Instituto Tecnológico de Massachussets (MIT, por sus siglas en inglés) y un equipo de investigadores observaron en mayo de 2020 y reportaron en su estudio como podemos observar en la siguiente la Figura 1.19[30, 31].

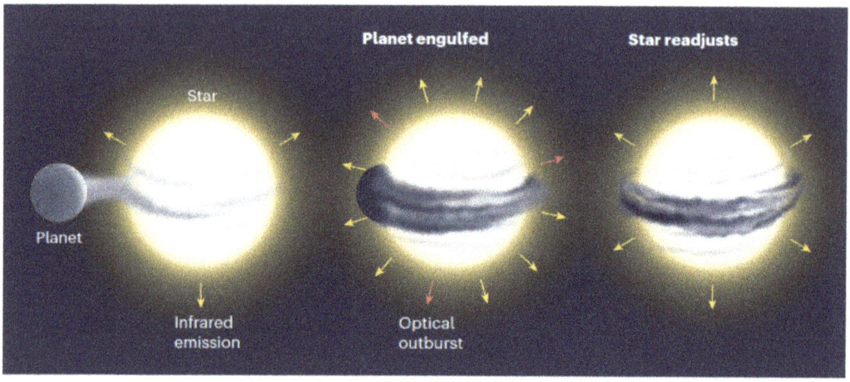

Fig. 1.19 Un planeta diez veces la masa de Júpiter se acerca demasiado a su estrella y es devorado, causando un aumento temporal en el brillo de la estrella.

En su estudio, los investigadores reportan haber detectado una eyección de masa luminosa de una estrella similar al Sol ubicada aproximadamente a 12,000 años luz de la Tierra que duró alrededor de 10 días. El estallido hizo que el brillo de la estrella aumentara más de 100 veces durante ese período de tiempo y luego disminuyera durante los siguientes seis meses.

Ese tipo de estallido se ha observado antes en fusiones de estrellas binarias; sin embargo, en este caso, la luminosidad óptica y la energía radiada, así como la forma en que la luminosidad se desvaneció después del pico observado, son indicativas del engullimiento de un planeta con una masa de diez veces la masa de Júpiter. Después de que el planeta fue "devorado", la estrella se reajustó y todo lo que quedó fue un rastro de polvo alrededor de la misma.

Volviendo al sistema solar, durante la fase de gigante roja, además de consumir algunos de sus planetas, el aumento de tamaño del Sol también ocasionará la reubicación de la zona habitable del sistema solar, empujándola más lejos. No se preocupe demasiado por esto, ya que no sucederá muy pronto. Se ha estimado que el Sol ha consumido la mitad de sus reservas de hidrógeno durante los primeros 5 billones de años de existencia. El Sol está en la mitad de su fase de secuencia principal y necesitará otros 5 billones de años para consumir todo su combustible. En otras palabras, vamos en la mitad de camino.

Así que duerma bien esta noche y continuemos con lo que le sucede a una estrella durante su fase de gigante roja. Durante esta fase, las capas exteriores se expanden, pero el núcleo sigue contrayéndose, y la temperatura sigue aumentando. Sin embargo, la estrella aún no ha terminado de fusionar hidrógeno. Este proceso ahora ocurre en la capa que rodea el núcleo. Por lo tanto, tenemos un núcleo de helio rodeado por una capa que fusiona hidrógeno. El núcleo es ahora tan denso que se experimenta una degeneración. Esta degeneración no tiene nada que ver con la moral o el comportamiento de la estrella, sino una forma de describir que la presión de degeneración de electrones evita que el núcleo se contraiga aún más. Esta presión es el resultado de la resistencia de los electrones a compartir el mismo espacio y es tan fuerte que contrarresta la fuerza gravitacional.

Cuando una estrella que tiene varias veces la masa del Sol ha consumido todo el helio en su núcleo, puede llegar a alcanzar temperaturas y presiones lo suficientemente altas como para desencadenar la fusión de elementos más pesados. Este proceso puede comenzar con la fusión de núcleos de helio en carbono, y luego los núcleos de carbono se fusionan para formar elementos más pesados como oxígeno, neón y magnesio. Sin embargo, no todas las estrellas son lo suficientemente masivas para lograr las condiciones necesarias para que se dé la fusión de carbono. Dichas estrellas terminarán sus vidas después de la combustión del helio.

Nébula planetaria

Para una estrella que tiene alrededor de ocho veces o menos la masa del Sol, la fusión de elementos más pesados (mayor número atómico) simplemente no ocurre. La estrella comienza a enfriarse y su expansión se detiene. Las capas exteriores de la estrella son expulsadas, formando una hermosa nebulosa planetaria como la que se observa en la Figura 1.20.

En el centro de la nebulosa planetaria se encuentra un objeto conocido como enana blanca, que es simplemente un nombre elegante para referirse al núcleo expuesto de la estrella original.

Fig. 1.20 La nebulosa planetaria del Ojo de Gato.
Créditos: Telescopio Espacial Hubble de NASA/ESA.

Las nebulosas planetarias no tienen nada que ver con planetas. Son simplemente gas y polvo calentados y expulsados que quedan después de la fase de gigante roja. El nombre se usa desde el siglo XVIII, cuando los astrónomos notaron que estos objetos tenían una apariencia redonda, similar a la de un planeta.

Enanas blancas y rojas

Las enanas blancas están hechas de material extremadamente condensado. Una enana blanca suele contener aproximadamente una vez y media la masa del Sol condensada dentro de un radio de alrededor de 10,000 kilómetros, o aproximadamente el tamaño de la Tierra. Si pudiéramos tomar una cucharadita de material de una enana blanca, ¡esta pesaría alrededor de 15 toneladas!

Como mencionamos anteriormente, el Sol tardará 10 billones de años en consumir todas sus reservas de hidrógeno.

Los astrónomos consideran estrellas de muy baja masa, tales como las enanas rojas (tipo M en la clasificación estelar), a aquellas con masas menores a la mitad de la masa del Sol. Para estas estrellas el proceso de consumir todo su combustible toma mucho más de 10 billones de años. Las enanas rojas pueden tardar billones de años en quemar todo su combustible de hidrógeno. Podemos verlas como las estrellas reservadas y cautelosas, aquellas que no quieren arriesgar y que gastan sus recursos de una manera muy conservadora. Llegan a vivir vidas largas y permanecerán hasta el final del universo.

Una vez que todo el combustible se ha consumido, las enanas blancas y las enanas rojas permanecen calientes, pero continúan emitiendo calor. La presión de degeneración de electrones reemplaza la presión del gas como la fuerza que actúa contra la gravedad, manteniendo estas estrellas estables durante eones. Se ha hipotetizado que después de un tiempo extremadamente largo, todo el calor sobrante de una enana blanca se irradiará hacia el espacio. Como ya no hay más calor ni luz emanando de estos objetos, las enanas se convertirán eventualmente en enanas negras. Independientemente de la incapacidad de observar tales objetos debido a la falta de radiación emitida, las enanas negras aún podrían ser detectadas gracias a los efectos producidos por sus campos gravitacionales. Sin embargo, se ha estimado que el tiempo para que una enana se convierta en una enana negra es de al menos cien millones de billones de años, lo cual es mucho más largo que la edad actual del universo. Por lo tanto, ninguna enana negra ha sido detectada ni será detectada en un futuro cercano.

Supernovas

El destino de las estrellas masivas, aquellas que tienen cinco veces o más la masa del Sol, es completamente diferente al de las estrellas de menor masa. Estas estrellas masivas son las rebeldes. Las que viven rápido y mueren jóvenes. Al igual que sus primas de baja masa, estas estrellas también fusionan hidrógeno en helio y posteriormente fusionan helio en carbono y oxígeno. La diferencia es que no se convierten simplemente en gigantes rojas como sus primas más pequeñas, sino en supergigantes rojas. Se cree que la supergigante roja más grande conocida es VY Canis Majoris, con un tamaño aproximadamente 1,800 veces el tamaño del Sol. Las considerablemente grandes atmósferas de estas estrellas masivas no son la única consecuencia de su gran masa inicial. La gravedad hace que los núcleos de estas estrellas continúen colapsando más allá de lo que puede colapsar el núcleo de una estrella de masa baja y media, alcanzando densidades y temperaturas aún más altas. Esto provoca una sucesión de secuencias de reacciones nucleares, eventualmente transformando todo el oxígeno del núcleo en neón y finalmente produciendo un núcleo de hierro. El hierro es el elemento más pesado que se puede producir a través del mecanismo de fusión. La fusión del hierro requiere más energía de la que se podría liberar después de fusionarse y, por lo tanto, la estrella para de generar energía, haciendo que todo el proceso llegue a su fin. Pero ahí es que empieza lo divertido. En este punto, la temperatura es tan alta que los núcleos de los átomos de hierro se destruyen, en un proceso conocido como fotodesintegración. Los átomos de hierro son literalmente descompuestos en protones y neutrones individuales. La energía requerida para lograr este proceso se toma de la energía térmica del gas restante, haciendo que la gravedad sea la ganadora ya que no hay suficiente presión para evitar el colapso adicional del núcleo de la estrella.

La densidad continúa aumentando, y los neutrones continúan siendo comprimidos, hasta el punto en que la fuerza que hasta ese momento permitía que esos neutrones se mantuvieran juntos, la fuerza nuclear fuerte, se vuelve repulsiva causando ondas de choque masivas hacia el exterior de la estrella. Estas ondas de choque eventualmente ocasionan una magnífica explosión conocida como Supernova. Las supernovas están entre los eventos más brillantes del universo. Son tan brillantes que pueden eclipsar completamente la luminosidad total de la galaxia de la que forman parte. El reporte más reciente de un evento de este tipo ocurrió en 1604 A.C con la supernova SN 1604 también conocida como la supernova de Kepler. Nombrada en honor al famoso astrónomo y matemático Johannes Kepler, esta supernova fue tan brillante que incluso era visible durante el día.

Sin embargo, no todas las supernovas se crean a través del mismo proceso. La supernova de Tipo Ia[32] es un tipo particular de supernova que puede ocurrir en un sistema estelar binario compuesto por una enana blanca y otro compañero estelar. En algún momento, la enana blanca comienza a robar material estelar de su vecino hasta que alcanza una masa equivalente a 1.4 veces la masa del Sol. Una vez que esto sucede, la enana blanca no puede sostener más su propio peso y explota. Las supernovas de Tipo Ia fueron fundamentales en el descubrimiento de la naturaleza de la expansión acelerada del universo en 1998 por dos equipos de investigación independientes,[33, 34] lo que llevó a la concesión del Premio Nobel de Física en el 2011.

Las supernovas no son solo útiles para permitirle a los seres humanos comprender el funcionamiento del universo; estos eventos son responsables de la producción de elementos más pesados que el hierro. En palabras del astrónomo y comunicador científico Carl Sagan, "estamos hechos de materia estelar". Una gran parte de los elementos en nuestros cuerpos, los cuerpos de otros animales, nuestro entorno, el sistema solar, se forjaron dentro del núcleo y las capas externas de una estrella durante su vida. Dependiendo de la masa estelar, los átomos de elementos como el carbono, oxígeno y hierro, que pueden estar presentes en las capas externas o en los núcleos de una estrella moribunda, son expulsados al universo por las explosiones de supernova. Con este material, se forman nuevas nubes moleculares, y a través de un proceso conocido como captura de neutrones, los protones y neutrones dentro de estas nubes recién formadas se combinan para formar elementos más pesados, incluido el oro.

La fusión de estrellas de neutrones, que discutiremos en un momento, también es el mecanismo por el cual se crean aproximadamente la mitad de los elementos que son más pesados que el hierro. La fusión de estrellas de neutrones son también la única fuente de elementos más pesados que el bismuto (Bi) y el plomo (Pb)[35]. A estas alturas, el lector muy probablemente este de acuerdo con la afirmación de Sagan.

Mi versión favorita de una tabla periódica de elementos químicos (todo el mundo tiene una versión favorita de tabla periódica, ¿cierto?) es producida por la NASA. [36] Esta tabla explica el origen de cada uno de los elementos. Solo el hidrógeno (H) y el helio (He) fueron creados durante el Big Bang, pero la mayoría, el 68%, de los elementos conocidos han sido creados principalmente por procesos relacionados con estrellas. Las colisiones de rayos cósmicos, la desintegración radiactiva y los elementos creados por el hombre son responsables del resto. Tengamos en cuenta que, si bien el Big Bang creó pequeñas cantidades de litio, la tabla de la NASA no refleja esto porque la mayor parte del litio que vemos hoy proviene de estrellas moribundas de masa baja.

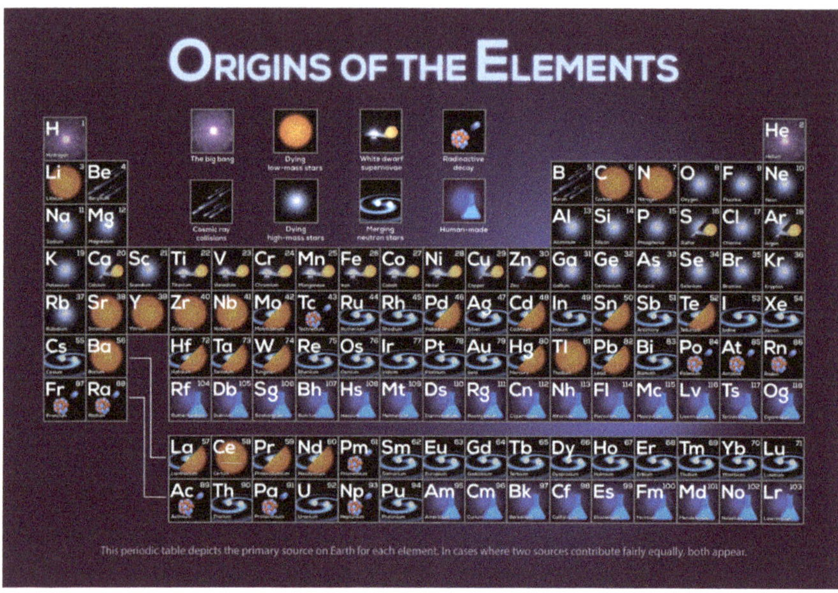

Fig. 1.21 Los orígenes de los elementos. Casi el 68% de todos los elementos conocidos se han producido como resultado de procesos relacionados con las estrellas. Créditos: Centro de Vuelo Espacial Goddard de la NASA.

Estrellas de neutrones

Una vez que una estrella ha explotado como supernova, ¿qué sucede después? Bueno, depende. Para estrellas cuya masa inicial es de entre 10 y 25 veces la masa del Sol, el núcleo sobreviviente tendrá una masa entre una y media a tres veces la masa del Sol y continuará contrayéndose bajo su propia gravedad. Esta contracción hace que los electrones se fusionen con los protones en los núcleos de los átomos, formando neutrones, un proceso conocido como captura de electrones. El espacio vacío dentro del átomo se reduce a escalas inimaginables. Se estima que el radio de tales núcleos es de aproximadamente entre 10 y 15 km, conteniendo más de una vez y media la masa del Sol. La materia en estos núcleos está tan comprimida que el número de partículas por centímetro cúbico es extremadamente grande. Lo que tenemos ahora es una estrella cuyo núcleo está totalmente conformado por neutrones; una *estrella de neutrones*. Un cubo de material de una estrella de neutrones del tamaño de un cubo de azúcar regular pesaría ¡más de mil millones de toneladas![37] A partir de este punto, la materia no se comprime más debido a la presión de degeneración de neutrones, que contrarresta los efectos de la gravedad. Similar a la presión de degeneración de electrones, la presión de degeneración de neutrones es el resultado de la resistencia de los neutrones a ocupar el mismo lugar. Esta resistencia crea una fuerza entre las partículas que contrarresta la atracción gravitatoria hacia el interior, manteniendo la estrella de neutrones estable.

Ahora, volvamos a los principios que discutimos cuando presentamos a nuestra bailarina de ballet giratoria. Como discutimos antes, cada vez que un objeto esférico en rotación, en este caso el núcleo de una estrella, reduce su radio debido al colapso gravitacional, su velocidad de rotación aumenta. Por lo tanto, las estrellas de neutrones giran increíblemente rápido. Su velocidad de rotación es tan alta que el tiempo que tardan en dar una rotación completa es del orden de milisegundos. Invito al lector a asimilar esto por un momento. Este es un objeto de 10 km de radio, o aproximadamente del tamaño de París o Sídney, completando una órbita alrededor de su centro en milisegundos (un segundo tiene mil milisegundos). La Tierra realiza una órbita completa alrededor de su centro en 24 horas y a eso lo llamamos un día. Otra característica interesante de las estrellas de neutrones son sus enormes campos magnéticos. Aunque la mayoría de las partículas dentro de una estrella de neutrones son neutrones, todavía quedan algunos protones y electrones. Debido a las altas temperaturas y presiones dentro de estas estrellas, protones y electrones se mueven a altas velocidades generando corrientes eléctricas que resultan en campos magnéticos fuertes. Si la Tierra se encuentra en la línea de visión de estos objetos, esa radiación electromagnética puede ser detectada. Esto se conoce como el "efecto faro", en el sentido de que, a medida que uno de estos objetos gira, la radiación electromagnética emitida aparecerá como una señal en los instrumentos en forma de pulsos de radiación provenientes de una fuente específica. Los astrónomos llaman a estos objetos *púlsares*.

Púlsares

Es justo decir que todos los púlsares son estrellas de neutrones, pero no todas las estrellas de neutrones son púlsares. A pesar de que todas las estrellas de neutrones tienen campos magnéticos fuertes, algunas veces los astrónomos no pueden detectar esos pulsos periódicos desde la Tierra si las estrellas no están correctamente alineadas, o si el campo magnético generado no es lo suficientemente fuerte o lo suficientemente cercano para ser detectado. En esos casos, estas estrellas de neutrones no pueden clasificarse como púlsares.

Fig. 1.22 Similar a un faro observado desde un barco distante (izquierda), la radiación electromagnética de un púlsar en rotación (derecha) se detecta en la Tierra. Créditos: imágenes generadas por DALL·E de OpenAI.

El descubrimiento de los púlsares es bastante interesante. En 1967, Jocelyn Bell Burnell, entonces estudiante de doctorado en la Universidad de Cambridge, detectó pulsos periódicos de emisiones de radio de fuentes específicas en el espacio con una regularidad asombrosa. Como esto era algo que nadie había encontrado antes, y dada la similitud con señales artificiales en términos de su periodicidad (como las señales electromagnéticas que los seres humanos usan para comunicarse), Jocelyn y sus colaboradores decidieron utilizar el acrónimo "LGM" o "little green man" (hombrecito verde) para designar su descubrimiento. No hay indicios de que realmente ellos pensaran que estas señales eran de naturaleza extraterrestre, y fue, muy probablemente solo una broma..., o quizás una estrategia para atraer la atención de los medios y del público en general hacia su descubrimiento.

La Dra. Bell Burnell debería haber recibido el Premio Nobel de 1974 por sus notables esfuerzos y descubrimiento. Sin embargo, su supervisor de doctorado, Anthony Hewish, y Martin Ryle, quien era el jefe del Grupo de Radioastronomía de Cambridge en ese momento, fueron galardonados con el premio. Esto ocurrió a pesar de que Jocelyn Bell fue la que manipuló el telescopio y analizó los datos que finalmente llevaron al descubrimiento de los púlsares. En una entrevista en el 2021, la Dra. Bell Burnell opinó:[38] "el hecho de que yo fuera una estudiante de posgrado y sobre todo una mujer, disminuyeron mis chances de recibir el Premio Nobel." En mi opinión, esta es una de las mayores injusticias que se han dado en la astronomía y en la ciencia en general.

Bueno. Ya me desahogué.

Las rotaciones de los púlsares son tan precisas que se han propuesto como el componente principal de una solución que permitiría un posible sistema GPS interplanetario. El sistema de navegación y sincronización basado en púlsares de rayos X, o la tecnología XNAV (por sus siglas en inglés), se introdujo en la década de 1980, y el desarrollo de la solución ha madurado bastante en los últimos 40 años[39, 40]. Básicamente, similar a cómo funciona el sistema GPS en la Tierra, las señales periódicas de rayos X de púlsares conocidos se utilizan para ayudar a determinar la ubicación de una nave espacial en el espacio exterior. Cuando las naves espaciales están bastante lejos de la tierra, no tienen el lujo de un sistema terrestre para guiarlas. Al construir una base de datos de púlsares conocidos que incluya sus frecuencias y ubicaciones, una nave espacial puede comparar todas las señales de rayos X recibidas y calcular con una precisión de hasta 2 kilómetros su ubicación actual. Ahora, una precisión de 2 kilómetros en la Tierra puede no parecer algo tan impresionante, pero en el espacio, donde las distancias son literalmente "astronómicas", 2 km es una estimación bastante aceptable. Todo esto era solo teórico hasta 1999, cuando el Laboratorio de Investigación Naval de EE. UU. lanzó un experimento satelital que demostró que los púlsares pueden ser utilizados por una nave espacial para orientarse. En noviembre de 2016, China lanzó un satélite experimental de navegación por púlsares, llamado XPNAV-1. Este, se enfocó en el púlsar del Cangrejo, que se encuentra a 6,500 años luz de la Tierra en la constelación de Tauro. El objetivo principal del experimento era verificar las capacidades del instrumento de rayos X a bordo del satélite. Adicionalmente, en junio del 2017, China lanzó el satélite Telescopio de Modulación de Rayos X Duros (Insight-HXMT), el primer satélite de astronomía de rayos X de la China. Los objetivos científicos de Insight-HXMT incluían la observación de fuentes interesantes de rayos X, como agujeros negros, estrellas de neutrones y estallidos de rayos gamma. Insight-HXMT también ha llevado a cabo demostraciones de tecnología de navegación por púlsares de rayos X con excelentes resultados.[41]

Fig. 1.23 Una impresión artística de una nave espacial utilizando un sistema de navegación por púlsares de rayos X. Créditos: Instituto de Física de Alta Energía de la Academia China de Ciencias

El desarrollo más reciente en el área de la navegación por púlsares tuvo lugar con la instalación del dispositivo Neutron Star Interior Composition Explorer (NICER) por parte de la NASA en la Estación Espacial Internacional en junio de 2017. El objetivo principal de NICER era medir el tamaño de los púlsares con el fin de tener una comprensión más clara de la materia extremadamente densa de la que están hechos. Como complemento, la NASA también desplegó el Explorador de Tecnología de Cronometraje y Navegación por Rayos X (SEXTANT, por sus siglas en inglés).[42] SEXTANT cronometró las señales de rayos X de cinco púlsares diferentes. Entre ellos, se encontraba el púlsar de milisegundos más cercano y brillante conocido, PSR J0437-4715, que está aproximadamente a 5,000 años luz de la Tierra en la constelación Dorado. Este púlsar tiene un período de solo 5.8 milisegundos, o, en otras palabras, gira sobre su propio eje más de 170 veces por segundo.

En palabras de un representante de la NASA, SEXTANT podría permitir que una nave espacial "... triangule su ubicación, en una especie de Sistema de Posicionamiento Global (GPS) celestial, utilizando señales de sincronización provenientes de estrellas muertas distantes". La misión fue capaz de seguir cada una de las señales provenientes de los púlsares observados alrededor de 5 a 15 minutos antes de posicionarse de manera autónoma hacia la siguiente fuente. Mientras orbitaba la Tierra, el dispositivo midió pequeñas diferencias en el tiempo de llegada de la señal y pudo calcular su propia posición en el espacio sin intervención humana.

Agujeros negros

Hemos visto que las estrellas de neutrones son extremadamente densas y que son el resultado final de estrellas con una masas iniciales entre 10 y 25 veces la masa del Sol. ¿Cuál es el destino de las estrellas con una masa inicial aún mayor a 25 veces la masa del Sol? La respuesta es sorprendente. Antes de entrar en ello, echemos un vistazo primero a un término muy famoso en física: la velocidad de escape. Esta es la velocidad a la que un objeto necesita moverse si quiere escapar (de ahí su nombre) de la atracción gravitatoria de una estrella, planeta, luna o cualquier otro cuerpo celeste sin ser atraído de vuelta a la superficie. En el caso de la Tierra, un objeto necesita alcanzar una velocidad de 11.2 km por segundo, o 40,320 kilómetros por hora. Esto significa que un objeto requiere una velocidad mínima de 11.2 kilómetros por segundo para escapar de la atracción gravitatoria de la Tierra.

La velocidad de escape para un determinado objeto celeste depende de la masa de este y de la distancia desde el centro de masa del mismo. Para simplificar, consideremos un planeta. Cuanto mayor sea la masa de un planeta, mayor será la velocidad de escape requerida. Sin embargo, la velocidad de escape también depende de la distancia a la que se encuentra el objeto que está intentando escapar del planeta. Si asumimos que el objeto que quiere escapar está en la superficie del planeta, cuanto más pequeño sea el tamaño del planeta, más cerca estará del centro de masa del planeta y mayor será la velocidad requerida para escapar en comparación con un planeta de mayor tamaño. Sorprendentemente, la velocidad de escape no está determinada por las propiedades del objeto intentado escapar. Uno podría esperar que escapar sea más difícil para un objeto más pesado, pero este no es el caso. Esto es un ejemplo clásico de cómo el sentido común a menudo no se alinea con los conceptos de la física. El concepto de velocidad de escape asume que el objeto que escapa tiene masa, ya que implica la conversión de energía potencial gravitacional (la energía que un objeto posee debido a su posición bajo la influencia de un campo gravitacional de un objeto masivo) en energía cinética (la energía que un cuerpo posee debido a su movimiento), siguiendo el principio de conservación de la energía.

En este escenario, cuanto más se aleje el objeto del objeto masivo, es decir, cuanto mayor sea su altitud, más energía potencial pierde el objeto y más energía cinética gana.

Hemos estado discutiendo cómo una estrella en sus etapas finales se contrae por su propia gravedad, cerrando cada vez más el espacio vacío entre los diferentes componentes de los átomos que componen su núcleo. En esencia, la masa del núcleo de una estrella permanece constante, pero su tamaño se reduce drásticamente. Tengamos en cuenta que una estrella de neutrones típica puede tener un radio del tamaño de una ciudad como Sídney, alrededor de 10 km, pero contiene la materia equivalente a una vez y media la masa del Sol. Lo que esto significa es que cuanto más se contrae el núcleo de una estrella, mayor es la velocidad requerida para escapar del campo gravitatorio de la estrella.

A finales del siglo XVIII, el físico Pierre-Simon de Laplace y John Michell, un filósofo natural inglés, formularon independientemente la misma pregunta: ¿puede una estrella tener una masa tan grande y un radio tan pequeño que la velocidad de escape supere la velocidad de la luz? ¿Pero por qué centrarse en la velocidad de la luz? Bueno, la mayoría de nosotros estamos conscientes—probablemente gracias a las películas de ciencia ficción—que la velocidad de la luz es la velocidad máxima en la naturaleza, una asombrosa velocidad de 300,000 kilómetros por segundo o 1.08 billones de kilómetros por hora.

Si existiese tal estrella, ¿cómo podríamos verla? Los fotones son las partículas fundamentales de las que está hecha la luz y no tienen masa. Por lo tanto, nos referimos a los fotones como partículas sin masa. Los fotones son producidos por una fuente de luz, como las estrellas, o reflejados por un planeta, un coche, un perro, otras personas, etc. Los fotones golpean los fotorreceptores en la parte posterior de nuestros ojos, lo que hace que estos generen señales eléctricas. Estas señales se envían a nuestros cerebros y luego se procesan, resultando en las imágenes que vemos.

Laplace y Michell hipotetizaron que, para una estrella cuya velocidad de escape fuese mayor que la velocidad de la luz, no se permitiría que los fotones escapasen y, por lo tanto, tales estrellas deberían ser completamente oscuras. Michell llamó a estos objetos teóricos: estrellas oscuras.

Con esa breve lección de historia, volvamos al momento después de que una estrella con una masa inicial de más de 25 veces la masa del Sol ha explotado como supernova. Similar al destino que enfrenta una estrella de neutrones, un núcleo muy denso sobrevivirá. El núcleo sobreviviente de estas estrellas masivas tendrá una masa total superior a tres veces la masa del Sol. Para las estrellas de neutrones—cuyo núcleo sobreviviente tenía aproximadamente una vez y media la masa del Sol—la presión de degeneración de neutrones es capaz de estabilizar el núcleo de estas, evitando que se contraigan aún más. Sin embargo, cuando el núcleo sobreviviente tiene una masa igual o mayor a una vez y media la masa del Sol, la presión de degeneración de neutrones no es suficiente para contrarrestar los efectos de la gravedad. El núcleo continúa contrayéndose, comprimiendo el material tan fuertemente que toda la masa del núcleo terminará contenida en un solo punto o singularidad, dando origen a un agujero negro. Similar al error que se obtiene en una calculadora al dividir entre cero, el término singularidad simplemente ejemplifica que no sabemos lo que sucede en el interior de un agujero negro. Lo más cercano que podríamos estar o incluso observar esta singularidad es el horizonte de eventos del agujero negro. En términos coloquiales, el horizonte de eventos se describe como los bordes del agujero negro. Cualquier cosa que pase a través del horizonte de eventos, incluso la luz misma, quedará atrapada para siempre, sin poder escapar.

Pero, un momento; ¿no acabamos de discutir cómo el concepto de velocidad de escape se basa en el principio de conservación de la energía en términos de la energía potencial gravitacional del objeto que intenta escapar siendo transformada en energía cinética? Para que un objeto tenga energía potencial, requiere masa, pero ¿no mencionamos que los fotones son partículas sin masa? ¿Cómo entonces, la luz (fotones) no puede escapar la atracción gravitatoria de un agujero negro? En el marco clásico newtoniano, donde la gravedad es una fuerza que afecta a objetos con masa, esto no tiene ningún sentido. Los fotones no deberían verse afectados por la gravedad debido a su falta de masa.

Según Isaac Newton (1643-1727), la gravedad es una fuerza universal cuya intensidad disminuye con el cuadrado de la distancia a medida que nos alejamos del objecto que origina la fuerza de gravedad. El término "universal" aquí se refiere a una fuerza que se extiende por todo el universo. La fuerza de gravedad debida a un objecto se puede sentir en todas partes, pero su intensidad depende de qué tan cerca o qué tan lejos está un objeto con una masa dada del origen de la fuerza. Sin embargo, Albert Einstein con su teoría de la Relatividad General redefinió el concepto de gravedad a principios del siglo XX. En la relatividad general, la gravedad se describe como la curvatura del espacio-tiempo causada por la presencia de masa o energía. Por lo tanto, cuanto más masivo es un objeto, más éste deforma el espacio-tiempo a su alrededor. Una forma típica de visualizar esto es imaginar una membrana elástica estirada sobre un marco de madera elevado.[43] Este tipo de aparato se representa en la siguiente figura y se conoce como pozo gravitacional.

Fig. 1.24 Un pozo gravitacional se utiliza comúnmente para explicar cómo un objeto con una masa determinada curva el espacio-tiempo. Créditos: Arbor Scientific.

La membrana elástica representa el espacio-tiempo. Si colocamos diferentes objetos sobre ella, podemos observar la deformación de la membrana. Por ejemplo, si comenzamos con una bola como las que se usan en un juego de billar, podremos ver cómo se deforma la membrana. Si luego retiramos la bola de billar y la reemplazamos con una bola de boliche (mayor masa), veremos una deformación mayor. Aún más, si colocamos ambas bolas juntas, veremos que la bola de billar será "atraída" hacia la bola de boliche.

Dado que los agujeros negros son extremadamente masivos, estos curvan el espacio-tiempo de tal manera que la luz queda atrapada en esa curvatura, impidiéndole escapar. Es por eso que, a pesar de que los fotones no tienen masa, estos aún están sujetos al enorme campo gravitatorio de un agujero negro.

La física de los agujeros negros es un campo de investigación emocionante. Estos objetos fueron puramente teóricos hasta principios de los años 70. Esto fue hasta que Thomas Bolton, un investigador de la Universidad de Toronto, declaró que había encontrado una "masa invisible que estaba devorando una estrella azul gigante" en la constelación de Cygnus.[44] El objeto, conocido como Cygnus X-1, es una fuente de rayos X ubicada a unos 11,000 años luz de la Tierra.

Desde entonces, los científicos han confirmado la existencia de agujeros negros de múltiples maneras, siendo *ondas gravitacionales* y *detección directa* las más emocionantes, al menos para el público en general.

Ondas gravitacionales

En el 2016, los científicos del Observatorio de Ondas Gravitacionales por Interferometría Láser (LIGO, por sus siglas en inglés) anunciaron la detección de ondas gravitacionales causadas por la fusión de dos agujeros negros. Las ondas gravitacionales fueron predichas por Albert Einstein en su teoría general de la relatividad hace más de un siglo. Las instalaciones de LIGO están ubicadas en Livingston, Luisiana, y consisten de dos brazos de 4 km de largo. LIGO fue construido bajo la premisa de que eventos astronómicos extremadamente violentos y energéticos producen ondas gravitacionales, las cuales, en principio, podrían ser detectadas. Ejemplos de tales eventos violentos y energéticos son la fusión de dos agujeros negros o la fusión de un agujero negro y una estrella de neutrones. Estas ondas se propagan a través del tejido del espacio mismo a la velocidad de la luz.

En LIGO, una luz láser se envía al instrumento y un divisor de haz divide la luz en dos haces idénticos que se envían a lo largo de los brazos de 4 kilómetros. Los haces de láser luego golpean un espejo ubicado al final de cada brazo y se reflejan de vuelta. Cuando los haces de luz regresan de su viaje de 4 kilómetros, se analizan los resultados.

LIGO toma ventaja de la propia naturaleza de la luz. La luz está compuesta por partículas llamadas fotones, como hemos discutido anteriormente. Sin embargo, como también se mencionó, la luz también se propaga como una onda; los físicos se refieren a esto como que la luz exhibe una *dualidad onda-partícula*. Una onda tiene picos y valles, y cuando dos o más ondas interactúan entre sí, generan patrones de interferencia.

Consideremos dos ondas: decimos que ha ocurrido una *interferencia constructiva* cuando los picos de las dos ondas (y los dos valles) coinciden, creando efectivamente una onda más grande. Por otro lado, si el pico de una onda coincide con el valle de la otra, se cancelan mutuamente; esto se conoce como *interferencia destructiva*.

Fig. 1.25 Las ondas crean diferentes patrones de interferencia cuando interactúan entre sí. Créditos: imagen producida por el autor.

Los instrumentos que combinan dos o más fuentes de luz para crear un patrón de interferencia son llamados *interferómetros*. En pocas palabras, LIGO es un gigantesco interferómetro.

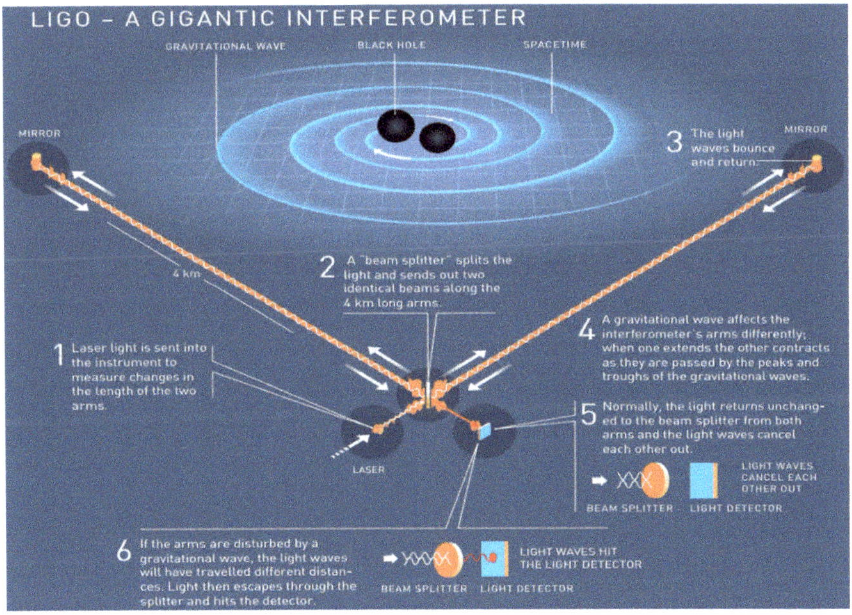

Fig. 1.26 Un gigantesco interferómetro. LIGO ha permitido el descubrimiento de las elusivas ondas gravitacionales. Créditos: LIGO.

En LIGO, si no hay ondas gravitacionales presentes, los detectores, que se encuentran en uno de los extremos de cada brazo, detectarán el haz de luz reflejado al mismo tiempo, lo que indica que ambos haces recorrieron la misma distancia. Esto da como resultado de que las ondas láser reflejadas se cancelen entre sí, generando un patrón de interferencia destructiva, y no se producirá ninguna señal. Sin embargo, las ondas gravitacionales causan que el espacio mismo se estire en una dirección y se comprima simultáneamente en una dirección perpendicular. Esto significa que, en presencia de ondas gravitacionales, uno de los brazos de LIGO se hace más largo y el otro más corto. Como la luz ahora requiere más o menos tiempo para rebotar después de golpear el espejo en el extremo de cada brazo, dependiendo de si está viajando a través del brazo más largo o más corto, se observará una señal resultante o un patrón de interferencia constructiva.

Esto por supuesto es más fácil decirlo que hacerlo. Medir variaciones tan diminutas en la señal resultante es un esfuerzo monumental. La señal medida el 14 de septiembre de 2015 tenía aproximadamente una milésima parte del tamaño de un protón. Se ha reportado que incluso el propio Einstein era escéptico sobre la capacidad de los humanos para poder medir ondas gravitacionales. Este asombroso logro fue reconocido con el Premio Nobel de Física en 2017 para Rainer Weiss, Barry C. Barish y Kip S. Thorne. Como siempre, estas tres extraordinarias personas son solo las caras visibles de un equipo gigantesco y extremadamente talentoso de científicos e ingenieros alrededor de todo el mundo.

El hecho de que ahora los astrónomos tengan la capacidad de detectar eventos usando ondas gravitacionales abre un capítulo completamente nuevo en la astronomía y marca el comienzo de la llamada era de la astronomía de *mensajeros múltiples*. En esta nueva era, los astrónomos ya no dependen solamente de un único mensajero, como lo es la luz (visual, rayos X, etc.), para extraer información del universo.

La ciencia ha demostrado entonces que los agujeros negros no son solo modelos matemáticos teóricos, sino objetos muy reales en el espaciotiempo. ¿Cuál es el más cercano de estos objetos a la Tierra? ¿Son los agujeros negros una amenaza para nuestra existencia? En las escalas del universo, los agujeros negros están más cerca de la Tierra de lo que podemos imaginar. Afortunadamente, esto no es algo por lo cual debamos desvelarnos.

Desde los años 60, los astrónomos saben que la mayoría de las galaxias, incluida nuestra propia galaxia, la Vía Láctea, tienen agujeros negros supermasivos en sus núcleos. Los astrónomos categorizan los agujeros negros como supermasivos cuando son del orden de cientos de miles, o incluso millones a miles de millones de veces la masa del Sol. El agujero negro conocido como Sagitario A* se encuentra a una distancia de tan "solo" 25,000 a 27,000 años luz de la Tierra, justo en el centro de nuestra galaxia. Este es, por lo tanto, uno de los agujeros negros más cercanos a la Tierra. Sin embargo, el agujero negro más cercano a la Tierra se encuentra en el sistema Gaia BH1, un sistema binario compuesto por una estrella de secuencia principal tipo G y un agujero negro. El agujero negro tiene una masa 10 veces mayor que la del Sol y está a una distancia de 1,500 años luz de la Tierra.[45]

Tradicionalmente, los agujeros negros se detectan a través de los efectos en sus alrededores. Las partículas que caen siguiendo una trayectoria espiral hacia el interior de los agujeros negros forman discos de acreción que los rodean. Estas partículas que caen están sujetas a fuerzas gravitacionales extraordinarias, lo que provoca que choquen, se froten y reboten unas con otras. Esto da como resultado un calentamiento por fricción que se manifiesta en forma de energía radiada, que puede ser detectada por los instrumentos de los astrónomos. Las temperaturas de los discos de acreción de los agujeros negros son tan altas que algunos agujeros negros pueden actuar como fuentes brillantes de rayos X, rayos gamma (ondas extremadamente energéticas con las longitudes de onda más pequeñas en la naturaleza) y luz visible.

Detección directa (bueno, algo así)

Toda esta descripción de cómo es un agujero negro suena bastante emocionante. Sin embargo, una imagen vale más que mil palabras, y una imagen es exactamente lo que logró el equipo del Telescopio del Horizonte de Sucesos (EHT, por sus siglas en inglés). El EHT es una red global de observatorios de radio sincronizados cuyas señales se combinan para crear efectivamente un telescopio del tamaño de la Tierra. Los radio-telescopios están ubicados en Francia, España, Groenlandia, Chile, Estados Unidos, México y el Polo Sur. En abril de 2019, el equipo del EHT reveló la primera imagen de un agujero negro. Específicamente, la imagen del agujero negro supermasivo en el centro de M87, localizado a 2.5 millones de años luz de la tierra.

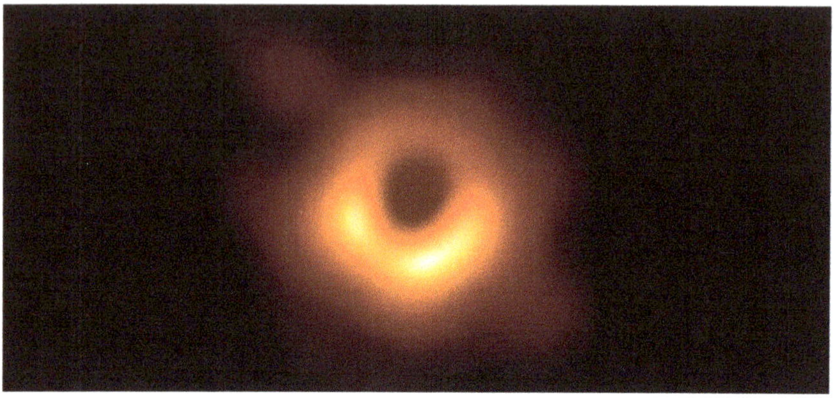

Fig. 1.27 Imagen del horizonte de eventos del agujero negro supermasivo en el centro de la galaxia M87. Créditos: Colaboración EHT.

La imagen es el resultado de décadas de trabajo de muchas personas talentosas alrededor del planeta. ¿Cómo es posible tener efectivamente un telescopio del tamaño de la Tierra? Mencionamos antes que las señales se pueden combinar para crear una sola señal utilizando la técnica llamada interferometría. Por supuesto, esto no es una tarea fácil y requiere una precisión extrema. El equipo del EHT está compuesto por literalmente cientos de científicos e ingenieros de 80 institutos de todo el mundo. Se utilizaron relojes atómicos en cada ubicación del telescopio para sincronizar las diferentes señales. Estos relojes atómicos son tan precisos que no se desincronizarían ni un segundo en diez millones de años. El esfuerzo fue inmenso desde el punto de vista de la ingeniería, requiriendo el desarrollo de técnicas especiales de procesamiento de señales digitales, así como análisis y almacenamiento de datos. Los datos de observación se recopilaron durante cinco noches, del 5 al 11 de abril de 2017. Los ingenieros del EHT han estimado que el volumen total de datos recopilados fue de aproximadamente 4 petabytes (el prefijo peta significa un 1 seguido de 15 ceros). [46]

Para poner esto en perspectiva, Eric Schmidt, ex CEO de Google, ha estimado que el tamaño de la Internet es de aproximadamente cinco mil petabytes. Esto significa que el EHT recopiló una cantidad de datos en cinco días que equivale al 0,1% de todos los datos en Internet. Esto puede no parecer mucho, pero tengamos en cuenta que la Internet ha existido durante 40 años.

Recordemos que cualquier cosa que haya caído en un agujero negro quedará atrapada para siempre. Por lo tanto, para ser claros, la imagen tomada es una imagen de la materia brillante que rodea el agujero negro en el centro de M87. La materia que está cayendo a través del horizonte de eventos alcanza velocidades cercanas al 30% de la velocidad de la luz[47] (los astrónomos llaman a estos tipos de velocidades, velocidades relativistas).

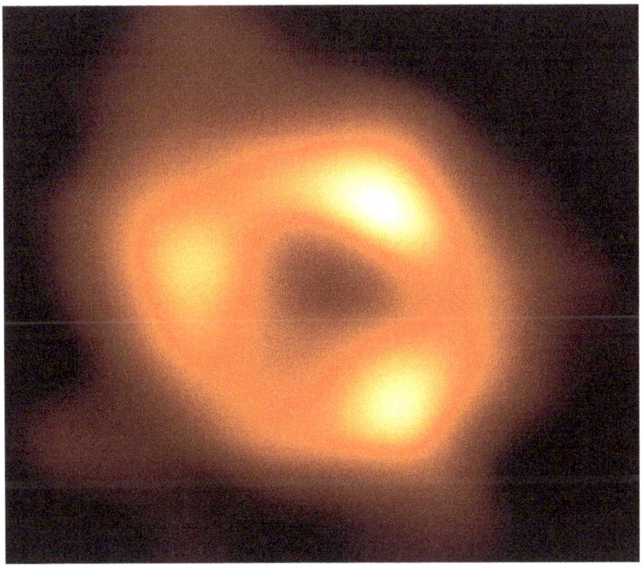

Fig. 1.28 Imagen del agujero negro supermasivo en el centro de nuestra propia galaxia, la Vía Láctea. Créditos: Colaboración EHT.

En mayo de 2022, el equipo del EHT repitió la hazaña. Esta vez, se reveló la primera imagen de Sagitario A*, el agujero negro supermasivo en el corazón de nuestra galaxia. Sagitario A* tiene una masa estimada de "solo" 4,2 millones de masas solares. Esto significa que la masa de Sagitario A* es tan solo una pequeña fracción del agujero negro previamente fotografiado en el centro de M87, él cual tiene una masa de 6,5 billones de veces la masa del Sol.

Mientras estaba escribiendo este capítulo (marzo del 2023), se anunció un asombroso agujero negro ultra masivo, casi 33 mil millones de veces más masivo que el Sol.[48] Este monstruo, que habita en el centro de la galaxia Abell 1201, ubicada a unos 2.7 billones de años luz de la tierra, fue detectado utilizando el Telescopio Espacial Hubble. Su detección fue posible debido a la gran curvatura de la luz causada por su enorme masa. La masa de este objeto está muy cerca del límite teórico de 53 billones de masas solares para un agujero negro.

Núcleos galácticos activos y cuásares

¿Por qué los agujeros negros supermasivos habitan el centro de las galaxias? Esta es todavía un área de investigación bastante activa. Sin embargo, algunas de las posibilidades incluyen que se hayan formado como resultado del colapso gravitacional de gigantescas nubes de gas de donde se formaron originalmente las galaxias poco después del Big Bang. Otras hipótesis indican que podrían ser el resultado de la fusión de muchos agujeros negros más pequeños a lo largo de millones o miles de millones de años, o la fusión de agujeros negros supermasivos cuando las galaxias colisionan.

Los agujeros negros supermasivos y ultra masivos dan lugar a lo que los astrónomos llaman Núcleos Galácticos Activos (AGN, por sus siglas en inglés). Los AGN son regiones extremadamente energéticas de algunas galaxias causadas por la acreción de materia en estos agujeros negros. La energía liberada por estos eventos es tan poderosa que pueden eclipsar a toda la galaxia en la que reside el AGN.

El tipo de AGN más extremadamente luminoso es el de las Fuentes de Radio Cuasi-Estelares (Cuásares). Estos son objetos que se encuentran a distancias enormes de la Tierra y se caracterizan por la intensa energía que irradian a lo largo de todo el espectro electromagnético, desde ondas de radio hasta rayos X. Los cuásares están entre los objetos más luminosos del universo, típicamente miles de veces más brillantes que toda la Vía Láctea.

Fig. 1.29 Una concepción artística de un agujero negro actuando como una poderosa fuente de rayos X. Créditos: NASA/JPL-Caltech.

A pesar de tener conocimiento de que casi todas las galaxias grandes poseen un agujero negro supermasivo en sus centros, la mayoría de los agujeros negros que los astrónomos han identificado son realmente los restos de estrellas masivas.[49] Estos objetos son un testimonio de que ni siquiera algo tan majestuoso como una estrella es inmortal.

En este capítulo, hemos discutido cómo las estrellas, al igual que los seres vivos, nacen, viven su existencia y eventualmente mueren. Desde nuestro punto de vista, las estrellas crean las condiciones necesarias para que los planetas emerjan y la vida florezca. La vida tal como la conocemos necesita un planeta, como la Tierra. Ya sean que los consideremos hijos o hermanos de las estrellas, los planetas son esenciales para la vida. En el próximo capítulo, exploraremos el proceso de formación de estos objetos y cómo las estrellas determinan sus destinos.

Capítulo 2
Planetas

> "En nuestra galaxia solamente, hay billones de estrellas, cada una un sol en su propio sistema solar. Y la mayoría de esos soles tienen planetas, por lo que es razonable pensar que de estos cientos de billones de exoplanetas que existen en nuestra galaxia, al menos uno de ellos tiene el potencial de soportar vida."
>
> — Augustine, The Midnight Sky (2020)

NTT

Nuestros antepasados notaron noche tras noche que ciertas luces en el cielo no se comportaban como las demás. Cinco de esas luces eran "extrañas", y se movían de manera perceptible contra el fondo del cielo. Estas luces recibieron el nombre de "planētēs" o errantes en griego antiguo; hoy en día llamamos a esas luces, planetas.

Hemos pasado de saber de la existencia de tan solo cinco planetas a saber que hay miles. Con la degradación de Plutón de planeta a planeta enano en el 2006, solo conocemos con certeza de la existencia de ocho planetas en el sistema solar. Los otros miles de planetas de los que ahora tenemos conocimiento están ubicados en diferentes sistemas planetarios y orbitan alrededor de otras estrellas; estos objetos son conocidos como planetas extrasolares, o simplemente exoplanetas.

Lo que es común para todos los planetas es su origen. Los planetas son una consecuencia del proceso de formación estelar. Al estudiar estrellas muy jóvenes, los astrónomos han observado discos protoplanetarios y han obtenido información sobre el proceso de formación de planetas en tiempo real.

El lugar donde se forma un planeta en relación con su estrella determina su composición final. Los planetas que se forman más cerca de la estrella o en el lado interno de la línea de hielo, donde las temperaturas caen entre 150 y 170 Kelvin (-123 a -103 grados Celsius), suelen ser rocosos. Ejemplos de estos en el sistema solar son Mercurio, Venus, la Tierra y Marte. Los planetas que se forman en el lado externo de la línea de hielo y lejos del calor de la estrella suelen ser planetas gigantes gaseosos. Júpiter, Saturno, Urano y Neptuno pertenecen a esa categoría.

El modelo de acreción del núcleo es actualmente la hipótesis más aceptada de formación planetaria. Este modelo establece que los objetos pequeños se acumulan gradualmente—acretan— debido a la gravedad, creando objetos más grandes a través de colisiones. Después de que los planetas han terminado de formarse, estas colisiones continuan ocurriendo; hoy en dia incluso. Al principio de la formación del sistema solar, las colisiones eran más frecuentes y fueron responsables de una gran cantidad de cosas que observamos aún hoy en día, incluyendo el origen de la Luna.

Actualmente, pedazos de otros mundos, que provienen de regiones pobladas por objetos que son fragmentos de planetas o los restos de planetas fallidos, continúan visitándonos, evidenciando la naturaleza siempre cambiante y dinámica de los cielos.

Fig. 2.1 Etapas de la formación de un sistema planetario. Una nube molecular se contrae y se aplana a medida que aumenta su velocidad de rotación. Una estrella se forma en el centro y el material sobrante puede dar origen a la formación de planetas. Créditos: Bill Saxton/NRAO/AUI/NSF

¿Qué es un planeta?

En el mundo acelerado en el que vivimos, encontramos consuelo al saber que algunas cosas permanecen constantes a lo largo de los años. Una de esas constantes es la fascinación y el asombro que inspira el cielo nocturno; un sentimiento compartido por muchos de nosotros. Este ha sido el caso desde que los humanos comenzaron a recorrer la Tierra. Hasta hace poco, antes de que las luces de la ciudad oscurecieran las maravillas del cielo nocturno, las personas podían observar un mar de estrellas e incluso nubes de gas brillantes. Ahora tal privilegio está reservado solo para aquellos en regiones remotas y aisladas.

Mientras contemplaban el cielo nocturno, nuestros antepasados notaron que la mayoría de las luces que observaban eran estáticas. Durante mucho tiempo, la gente pensó que el cielo era invariable, inmutable y, posiblemente, eterno. Sin embargo, notaron que, de todas las luces estáticas, había cinco luces que, observadas noche tras noche, parecían estar "errando" entre las demás. Para diferenciar esas cinco luces del resto, nuestros antepasados se referían a ellas como las luces "errantes". En griego antiguo, "errantes" se escribe como "planētēs", una palabra que ha sobrevivido al paso del tiempo. La palabra "planētēs" ha tenido muy poca variación a lo largo de los años en muchos idiomas: en inglés, “planet”, en español, “planeta”, en alemán, “planet”, y así sucesivamente. Hoy día estas cinco luces errantes son conocidas como los planetas clásicos, y estos son: Venus, Júpiter, Marte, Mercurio y Saturno. Estos son los planetas que son lo suficientemente brillantes, debido a su proximidad o tamaño, y se pueden ver sin la necesidad de usar un instrumento óptico.

Para los griegos antiguos, estas cinco entidades errantes eran deidades que merecían ser adoradas. Seres divinos que podían caminar libremente por los cielos. No obstante, creo que ya no quedan muchos adoradores de planetas (personalmente no conozco a ninguno, pero quizás el lector sí).

Las otras luces, las "estáticas", son estrellas y galaxias que, de hecho, también se están moviendo. Sin embargo, las distancias a las que estos objetos están de nosotros son tan grandes que no podemos percibir un cambio en su posición noche tras noche a simple vista. Por el contrario, los planetas en el sistema solar están lo suficientemente "cerca" de la Tierra lo que hace que podamos notar su movimiento en períodos de tiempo más cortos.

Eventualmente, el número de planetas en el sistema solar pasó de cinco a nueve (incluyendo la Tierra) con el descubrimiento de Neptuno en 1610, Urano en 1781 y Plutón en 1930.

Dependiendo de la edad del lector, probablemente haya crecido escuchando a su profesor o profesora decir:

"Un planeta es un cuerpo celeste que órbita alrededor del Sol y hay nueve de ellos."

Si naciste después del 2006, tu profesor o profesora habría dicho algo así como:

"Un planeta es un cuerpo celeste que orbita una estrella y hemos descubierto cientos de ellos. En el sistema solar hay ocho planetas..."

De las afirmaciones anteriores se habrán notado dos cosas: primero, solíamos decir que había solo nueve planetas; ese ya no es el caso. Esos cientos y ahora miles de planetas adicionales son lo que llamamos planetas extrasolares o exoplanetas para abreviar. Un exoplaneta es un planeta que orbita una estrella que no es el Sol. Hablaremos más sobre cómo los astrónomos son capaces de detectar esos planetas y algunos bastante exóticos que se han encontrado hasta ahora en los capítulos siguientes.

Segundo, ¿qué pasó en el sistema solar? ¿Alguien hizo explotar un planeta, de tal manera que terminamos solo con ocho? Por supuesto que no. Hasta donde yo sé, nadie ha creado hasta ahora un arma tipo Estrella de la Muerte,* como la que sale en las películas de La Guerra de las Estrellas (Star Wars); Sin embargo, alguien, en algún lugar, debe estar intentando crear tal arma, estoy seguro que sí.

---

* Una estación espacial del tamaño de la Luna capaz de destruir planetas enteros.

Fig. 2.2 La Estrella de la Muerte. El arma más poderosa del Imperio, capaz de destruir planetas enteros. Créditos: Star Wars.

Lo que pasó es que los seres humanos decidieron cambiar la definición de lo que es considerado un planeta. Es común resaltar las características de las cosas para poder clasificarlas. La categorización es una forma de simplificar lo que encontramos en nuestro mundo cotidiano y, en general, en el universo. Al crear categorías, podemos reconocer patrones, lo que nos ayuda a entender la naturaleza y el origen de objetos, personas, animales, etc. A menos que el lector haya estado viviendo en una caverna aislado de la sociedad durante los últimos 17 años, estoy seguro de que ha oído hablar de la degradación de Plutón. El antiguo planeta, descubierto en 1930, fue "degradado" a la categoría de planeta enano el 24 de agosto de 2006 por la Unión Astronómica Internacional (IAU, por sus siglas en inglés). Incluso, el 24 de agosto de cada año, es el día en el que se "conmemora" la degradación de Plutón.

Fig. 2.3 El día de la democión de Plutón es "celebrado" el 24 de agosto de cada año. Créditos: imagen obtenida de la Internet pública.

Según la IAU, un cuerpo celeste se considera un planeta cuando cumple con los siguientes tres criterios:[1]

1. El objeto orbita el Sol (o su estrella central). Todos los objetos orbitan el Sol, pero algunos de ellos no lo hacen directamente, como es el caso de las lunas que orbitan sus planetas.
2. El objeto tiene suficiente masa para mantener una forma y tamaño estables durante largos períodos de tiempo. En otras palabras, un objeto para ser considerado un planeta debe ser redondo. Una forma redonda indica que la atracción gravitatoria es la misma en todas las direcciones.
3. El objeto ha sido capaz de "limpiar su vecindario" en su órbita alrededor del Sol.

El número tres es lo que causó que Plutón fuera "degradado". Plutón no ha podido eliminar otros cuerpos de tamaño comparable (excluyendo sus propios satélites) de su órbita alrededor del Sol. Plutón se encuentra en lo que se llama el *Cinturón de Kuiper*, una región en forma de disco que se extiende aproximadamente de 30 a 50 AU del Sol. Una unidad astronómica (AU por sus siglas en inglés) es la distancia promedio a la que la Tierra se encuentra del Sol y equivale a 150 millones de kilómetros. La región del Cinturón de Kuiper lleva el nombre del astrónomo estadounidense-holandés Gerard Kuiper (1905-1973), quien en 1951 predijo su existencia. Esta región está poblada por muchos objetos pequeños y helados de tamaño comparable a Plutón y otros cuerpos más pequeños conocidos como objetos del Cinturón de Kuiper (KBOs, por sus siglas en inglés). Plutón comparte su órbita alrededor del Sol con muchos de esos objetos del Cinturón de Kuiper, por lo tanto, no cumple con el criterio número tres de la Unión Astronómica Internacional.

La razón principal para degradar a Plutón es que hay otros cinco planetas enanos en el Cinturón de Kuiper, y hay una alta probabilidad de la existencia de muchos más. Por ejemplo, se cree que Tritón, la luna más grande de Neptuno, fue uno de estos objetos que perteneció al Cinturón de Kuiper en el pasado. Tritón, que es más grande que Plutón, actualmente orbita Neptuno de manera retrógrada (rotando en la dirección opuesta a la que el planeta gira sobre su eje). Esto, sumado a una órbita altamente inclinada de aproximadamente 23 grados, sugiere que Neptuno capturó a Tritón del Cinturón de Kuiper interior.[2] Tritón es importante en la búsqueda de vida en el sistema solar, como exploraremos en en el capítulo 7.

Personalmente, creo que, dada la posibilidad de la existencia de decenas de objetos de tamaño similar o mayor que Plutón en el Cinturón de Kuiper, no es práctico considerarlos como planetas. Tal enfoque potencialmente nos llevaría a tener decenas de planetas en el sistema solar. Imaginen a los pobres niños teniendo que memorizar todos esos nombres en la escuela.

Fig. 2.4 Los niños en las escuelas tendrían que memorizar miles de nombres de planetas. Pensemos en ellos por favor. Créditos: meme obtenido de la Internet pública.

¿Le importa a Plutón esto? En absoluto. Plutón continuará existiendo, rotando, orbitando, etc., como lo ha estado haciendo durante miles de millones de años. La clasificación de las cosas es, hasta donde sabemos, solo un concepto humano. Es posible que seres extraterrestres (si existen) tengan una definición diferente de lo que es un planeta.

La misión New Horizons[3] llegó a Plutón en el 2015 y proporcionó unas fotos increíbles. New Horizons es la primera misión en volar hacia el sistema de Plutón (Plutón y su planeta enano compañero Caronte) y el Cinturón de Kuiper.

Fig. 2.5 Plutón aquí completamente ajeno al hecho de que los humanos ya no lo consideren un planeta. Créditos: NASA/Misión New Horizons.

New Horizons proporcionó una visión detallada de las características actuales de las atmósferas de Plutón y Caronte, así como detalles de sus superficies. Las diversas características observadas, que incluyen montañas hechas de agua y hielo y evidencia de actividad tectónica en Caronte, entre otros descubrimientos, demuestran la diversidad y actividad geológica en estos mundos distantes.[4] Lo más importante es que estas observaciones solo ayudaron a confirmar el estatus de Plutón como planeta enano.

Pero no se sienta demasiado desanimado por la noticia de que ya no hay nueve planetas en el sistema solar. Los astrónomos han estado observando anomalías en la órbita de objetos que residen en el sistema solar exterior, específicamente, objetos que se encuentran más allá de la órbita de Neptuno. Estos objetos trans-neptunianos (TNO, por sus siglas en inglés), como se les conoce, exhiben una serie de patrones anómalos que no han podido explicarse por la influencia gravitacional de Neptuno ni atribuirse a dinámicas residuales de la formación del sistema solar. Sin embargo, estas anomalías parecen sugerir la existencia de un planeta masivo aún por descubrir, conocido como Planeta Nueve (P9), cuya influencia gravitacional podría estar jugando un papel activo en esta región trans-neptuniana.[5]

Simulaciones recientes y análisis estadísticos apuntan con una alta confianza[6] a la existencia del Planeta Nueve. Estas simulaciones también sugieren que este planeta tendría una órbita altamente elongada, una masa de aproximadamente cinco veces la de la Tierra y una distancia media de 500 AU del Sol. Su órbita altamente elongada significa que a este planeta le tomaría entre 10,000 y 20,000 años completar una órbita completa alrededor del Sol. Por lo tanto, anímese. Después de todo, podríamos terminar con nueve planetas en el sistema solar.

Fig. 2.6 Una concepción artística del hipotético Planeta Nueve el cual estaría ubicado más allá de la órbita de Neptuno. Créditos: NASA/Caltech/R. Hurt (IPAC).

Hemos visto lo que hoy en día se considera un planeta, según la Unión Astronómica Internacional. Debo admitir que esta definición es bastante académica, o, en otras palabras, aburrida. Sin embargo, una de mis definiciones favoritas es la que declara que los planetas son simplemente los restos derivados del proceso de formación estelar.

Discos protoplanetarios

En el Capítulo 1, discutimos cómo nuestro entendimiento actual indica que las estrellas se forman cuando una nube molecular, también conocida como nebulosa, se contrae. Describimos cómo las inestabilidades gravitacionales hacen que el gas y los granos de polvo colapsen gravitacionalmente. Las nebulosas no son uniformemente densas y, por el contrario, muchas regiones son más densas que otras. En cada una de esas regiones, el material es empujado gravitacionalmente hacia el centro, formando eventualmente una estrella. Sin embargo, el material que no se ha utilizado para construir la estrella, los restos, también se agrupan en regiones conocidas como *zonas de coagulación*.

Similar al concepto de disco protoestelar, que se refiere a la estructura en forma de disco presente antes de que la estrella esté completamente formada, también podemos hablar de un disco protoplanetario. Un disco protoplanetario es un disco que rodea a la protoestrella donde se puede encontrar gas y polvo residual. Desafortunadamente, estos discos son bastante oscuros en el sentido de que no reflejan mucha de la luz de la protoestrella y, por lo tanto, son difíciles de observar en la porción de luz visible del espectro. Además, las partículas de polvo y gas reciben la luz de su joven estrella y la reemiten en longitudes de onda milimétricas y submilimétricas. Debido a las propiedades de la atmósfera de la tierra, la luz de estas longitudes de onda solo puede ser observada en la Tierra en ubicaciones secas y de gran altitud. El vapor de agua en la atmósfera impide que estas longitudes de onda lleguen al suelo. Cuanto menor sea la altitud de un lugar dado, mayor es la densidad de la atmósfera y, por lo tanto, mayor la concentración de agua presente. Esto hace que sea extremadamente difícil detectar y observar estas longitudes de onda milimétricas y submilimétricas en lugares ubicados a altitudes bajas.

Por el contrario, en lugares secos y ubicados a una gran altitud, la densidad de la atmósfera es menor y no hay mucho vapor de agua en el aire. Tales condiciones hacen menos probable que las señales milimétricas/submilimétricas sean absorbidas por la atmósfera de la Tierra, permitiendo que lleguen a los instrumentos de observación. Es por esta razón que el observatorio Atacama Large Millimeter/submillimeter Array

(ALMA) fue construido en el Desierto de Atacama y la razón por la cual este instrumento es la herramienta ideal para que desde el suelo se puedan observar discos protoplanetarios. El Desierto de Atacama se encuentra a 2,500 metros sobre el nivel del mar y es el desierto más seco del mundo–sin contar los ubicados en los polos. Algunas áreas del Desierto de Atacama reciben menos de 1 milímetro de lluvia por año. El observatorio ALMA es un interferómetro compuesto por antenas de 12 metros separadas por 16 kilómetros entre sí y observa en longitudes de onda entre 0.316 y 3.57 milímetros (mm).

¿Han podido los astrónomos observar discos protoplanetarios? Claro que sí. En la Figura 2.7,[7] podemos ver algunas de las imágenes capturadas por el observatorio ALMA como parte del proyecto de investigación de estructuras de discos a alta resolución angular del Programa Grande (DSHARP[8], por sus siglas en inglés). DSHARP es un sondeo en la longitud de onda de 1.25 mm de 20 discos protoplanetarios cercanos, brillantes y grandes. Los astrónomos llaman *sondeo* a un período sistemático y exhaustivo de observación de una porción significativa del cielo. El objetivo de DSHARP es caracterizar las diferentes subestructuras a pequeña escala presentes en los materiales de los discos y determinar su papel en el proceso de formación de planetas.

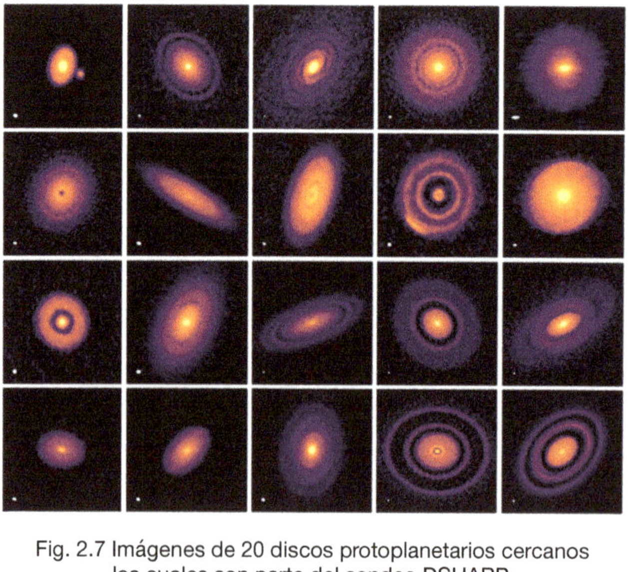

Fig. 2.7 Imágenes de 20 discos protoplanetarios cercanos los cuales son parte del sondeo DSHARP.

Todas estas imágenes muestran un punto brillante en el centro de los discos. El brillo de este punto puede indicar la existencia de una protoestrella (una estrella donde aún no ha comenzado la fusión) o una estrella joven, dependiendo de la etapa de evolución del disco y de la edad del objeto central. Por otro lado, los espacios que se observan en los discos podrían ser una indicación de la presencia de uno o más planetas en formación o protoplanetas. A medida que un planeta en formación acumula material, su campo gravitacional crece, interactuando con el material en el disco. Aunque los espacios en los discos protoplanetarios también podrían ser el resultado de otros procesos como campos magnéticos, turbulencia, o gas siendo evaporado por la intensa radiación de una estrella cercana —un proceso conocido como *fotoevaporación*—, en su mayoría se deben a que un protoplaneta está en el proceso de despejar su órbita y estableciendo su presencia en el naciente sistema planetario. ¡Aprende Plutón; así es como se hace!

Pero, ¿cómo puede llegar a ocurrir todo este proceso de formación de un planeta? ¿Pueden todas esas piezas de polvo y gas juntarse y formar un planeta de tamaño completo? Primero, necesitamos hablar sobre qué tipos de planetas los astrónomos han observado y algunos ejemplos de esos tipos de planetas aquí, en nuestro propio vecindario, el sistema solar. Los astrónomos dividen los planetas del sistema solar en dos grandes categorías: planetas rocosos y gigantes gaseosos. Los planetas rocosos están más cerca de su estrella, el Sol. Enumerados por su proximidad al Sol, estos son: Mercurio, Venus, Tierra y Marte. Más alejados, tenemos los gigantes gaseosos, Júpiter, Saturno, Urano y Neptuno.

En comparación con la masa total de un planeta, los planetas rocosos tienen atmósferas delgadas o inexistentes, mientras que los gigantes gaseosos tienen atmósferas extremadamente gruesas, tan gruesas que constituyen la mayor parte de su masa total. Por ejemplo, la atmósfera de Júpiter representa del 96 al 97 por ciento de la masa del planeta, lo cual equivale a entre 305 y 308 veces la masa de la Tierra. En comparación, Marte, que es un planeta rocoso con una masa de solo el 10 por ciento de la masa de la Tierra, tiene una atmósfera muy delgada o prácticamente inexistente.

Modelos de formación planetaria

Entonces, ¿cómo se forman los planetas? Actualmente, las dos hipótesis más aceptadas son el modelo de *Inestabilidad del Disco* y el modelo de *Acreción del Núcleo*.

El modelo de Inestabilidad del Disco sigue un enfoque "de arriba hacia abajo", o, en otras palabras, los planetas se forman grandes y luego comienzan a contraerse. El modelo indica que se forman grumos densos de gas en el disco protoplanetario original. Estos grumos densos de gas o regiones más densas producen estructuras autogravitantes (similares al proceso de formación estelar en las nubes moleculares). Estas estructuras autogravitantes continúan colapsando bajo su propia gravedad. Sus núcleos, sin embargo, son sólidos debido a la sedimentación de polvo dentro del gas; los gigantes gaseosos podrían haberse formado de esta manera.

Una analogía visual útil para entender esto (aunque no completamente exhaustiva, ya que el proceso es mucho más complejo) es imaginar un poco de azúcar (partículas sólidas) en un vaso de agua (un fluido). Si el azúcar se revuelve con una cuchara, ya no se podrán distinguir las partículas de azúcar en el agua. Después de un tiempo, algunas de las partículas se disolverán en el agua, pero otras se sedimentarán en el fondo, similar a cómo el núcleo sólido de un gigante gaseoso se sedimenta en el centro del planeta.

El modelo de inestabilidad del disco tiene algunas desventajas. Por ejemplo, no explica la formación de pequeños planetas rocosos como la Tierra. Además, en la mayoría de los discos protoplanetarios que los astrónomos han tenido la oportunidad de observar, los planetas masivos no están presentes en las regiones más cercanas a la estrella central. Los planetas masivos que se han observado cerca de su estrella central se encuentran típicamente en sistemas más evolucionados.

¿Han considerado los astrónomos un modelo que explique mejor lo que observan y cómo se forman los planetas rocosos? Definitivamente. Déjenme presentarles el *modelo de Acreción del Núcleo*. Contrario al modelo de Inestabilidad del Disco, este esquema asume un enfoque "de abajo hacia arriba". El modelo asume que granos de polvo sólido microscópicos y partículas de hielo colisionan y se adhieren, formando partículas más grandes de tamaño centimétrico. A través del mismo mecanismo, partículas del tamaño de un centímetro colisionan y se adhieren para formar objetos de entre 1 y 1000 kilómetros de tamaño los cuales se conocen como *planetesimales*. Nuevamente, la gravedad hace que estos planetesimales se adhieran, formando *embriones planetarios*. Estos embriones planetarios eventualmente evolucionan hacia núcleos planetarios o protoplanetas. Todo este proceso puede tardar entre cien mil años y un millón de años. La formación de gigantes gaseosos ocurre cuando las condiciones permiten que la masa del núcleo planetario crezca lo suficiente —potencialmente entre cinco y diez veces la masa de la Tierra— para que puedan acumular el gas residual en el disco protoplanetario. Cuanto más masivo es el núcleo, más gas pueden acumular. Esto se debe a un término sobre el que ya hemos hablado, la velocidad de escape. Las moléculas de gas tienen masa, y cuanto mayor sea la masa del núcleo de un planeta, mayor será la velocidad a la que necesitarán moverse las moléculas de gas que rodean el núcleo para escapar de la atracción gravitacional del planeta, y eventualmente poder escapar al espacio. Es decir, cuanto más masivo es el núcleo, más difícil es para las partículas de gas el poder escapar y, por lo tanto, son más las moléculas de gas que puede retener el planeta, lo que resulta en una atmósfera más gruesa. La formación de planetas gigantes gaseosos generalmente toma en promedio entre cinco y diez millones de años. Cualquier gas restante se disipa, y las partículas de polvo sobrantes pueden ser dispersadas por la radiación de la estrella, destruidas como resultado de colisiones, pueden convertirse en parte de otros planetesimales, o incluso caer a la estrella central debido al fuerte campo gravitacional de la misma.

El modelo de acreción del núcleo explica muy bien el origen de los planetas terrestres y gigantes gaseosos. En pocas palabras, un planeta con un núcleo más masivo acumulará más gases, resultando en una atmósfera gruesa, mientras que un planeta menos masivo no acumulará tanto gas, causando que termine con una atmósfera más delgada o incluso sin atmósfera. Sin embargo, a pesar de compartir un proceso de formación similar según el modelo de acreción del núcleo, los planetas rocosos y los gigantes gaseosos no están hechos de los mismos materiales. Los astrónomos usan elementos químicos para describir la composición de planetas, estrellas y cualquier otro objeto en el universo. Esto no es una tarea fácil, dado el número de elementos químicos en el universo. Es bastante común, entonces, clasificar los planetas en función del porcentaje de metales (cualquier elemento que no sea hidrógeno y helio, como fue discutido en el Capítulo 1) presentes en sus estructuras internas.

La línea de hielo

Como hemos estado discutiendo, los planetas rocosos normalmente se encuentran cerca de su estrella, mientras que los planetas gigantes gaseosos están más alejados; cuanto más cerca se está de la estrella central, más caliente es. A estas altas temperaturas, las moléculas de agua no pueden permanecer en forma líquida ni sólida. Además, el viento solar de la estrella recién nacida expulsa esas moléculas, junto con moléculas de helio e hidrógeno, hacia otras regiones del sistema planetario. Por lo tanto, los planetas rocosos internos están hechos de metales y rocas. En las regiones exteriores, el clima es diferente. La temperatura disminuye considerablemente a mayor distancia de la estrella central. Esto posibilita que el agua permanezca congelada, permitiendo que los planetas gigantes contengan partículas de hielo que se comportan como rocas. Los planetas gigantes, entonces, están hechos de metales, rocas y hielo. Este componente extra de hielo ayuda a que los planetas gigantes sean más masivos que los planetas rocosos interiores, aumentando su masa total y permitiéndoles retener el gas que rodea sus núcleos. La distancia a la cual ocurre esta distinción de temperatura respecto a la estrella central se llama la *línea de escarcha*, *línea de nieve* o *línea de hielo*.

Pero, ¿dónde se encuentra esta línea de hielo? Bueno, depende de la estrella. Cuanto más caliente es, más lejos estará esta línea. Por lo general, se encuentra a una distancia donde la temperatura cae entre 150 y 170 Kelvin (-123 grados Celsius a -103 grados Celsius). En el sistema solar, esta línea de hielo está situada aproximadamente entre 4.5 a 5 unidades astronómicas,[9] que es aproximadamente la distancia entre el Sol y Júpiter. A esta distancia, compuestos como agua, dióxido de carbono, monóxido de carbono, amoníaco y metano pueden condensarse en granos de hielo sólido, que pueden acumular debido a la gravedad, creando objetos más grandes. Los objetos más grandes también se fusionan suavemente si se mueven lentamente o por impacto fuerte si sus velocidades no son tan lentas.

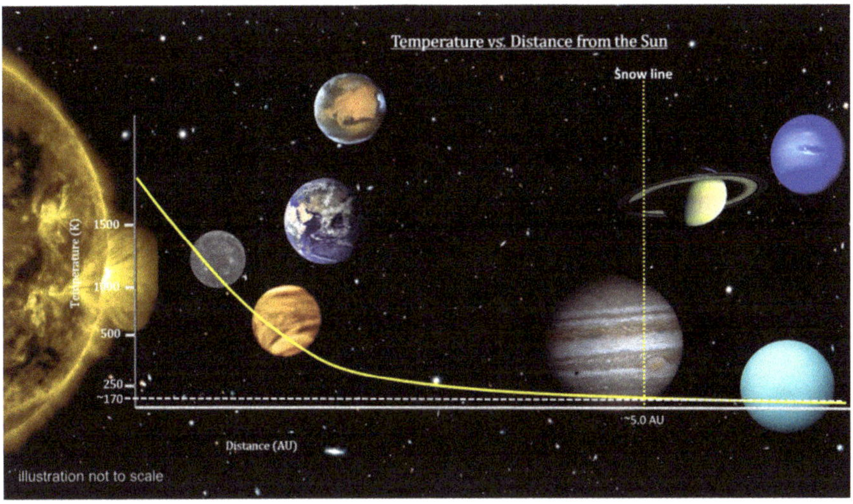

Fig. 2.8 En nuestro sistema solar, la línea de hielo se encuentra a aproximadamente a cinco unidades astronómicas del Sol.

Evidencia visual que apoya el modelo de Acreción del Núcleo fue recopilada por la nave espacial de la misión New Horizons[10] el 1 de enero de 2019. ¡Lo sé! La ciencia no toma vacaciones y, desafortunadamente, muchos científicos tampoco. Ese día, la nave espacial capturó una imagen del Objeto del Cinturón de Kuiper 2014 MU69, o Arrokoth (palabra nativa americana que significa 'cielo'). El objeto, una roca espacial con forma de muñeco de nieve ubicada en el Cinturón de Kuiper, es el objeto más lejano jamás visitado por una nave espacial. Arrokoth es un cuerpo de 36 kilómetros de longitud. Su edad, basada en el número de cráteres de impacto en su superficie, se ha estimado en más de 4 billones de años.

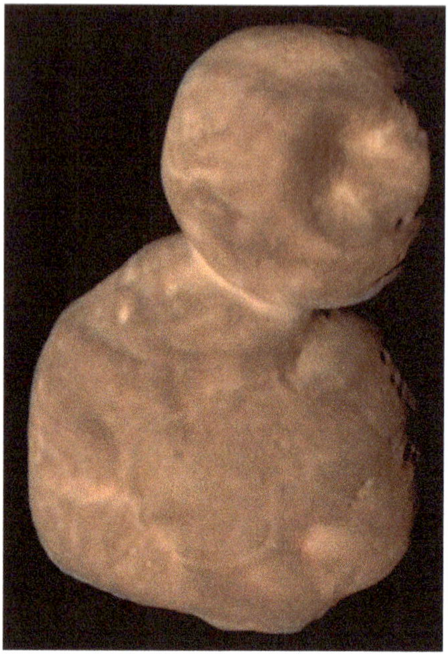

Fig. 2.9 Arrokoth (palabra nativa americana que significa 'cielo') se asemeja a un muñeco de nieve. El objeto es el resultado de la acreción por impacto suave. Créditos: NASA/ Johns Hopkins/ Southwest Research Institute/ Roman Tkachenko.

Arrokoth está compuesto por dos lóbulos principales, cada uno de los cuales se habría formado por la agregación de partículas de polvo al comienzo del sistema solar. El cuello, o la unión entre los dos lóbulos, está bien definido y es suave, lo que apoya la idea de que los objetos que antes estaban separados giraban lentamente antes de que la gravedad los uniera en una colisión suave. A pesar de que este descubrimiento no ratifica al 100% el modelo de Acreción del Núcleo, estoy seguro de que los partidarios de este modelo no se sintieron decepcionados con estos hallazgos. Arrokoth es extremadamente valioso, ya que se considera un objeto que ha estado presente en el sistema solar desde sus inicios. Estar tan lejos de otros planetas y del propio Sol le ha permitido ser poco perturbado. Objetos como estos son reliquias sobrevivientes que pueden ayudar a los astrónomos a comprender mejor el origen del sistema solar.

Migración Tipo-I y Tipo-II

¿Está decidido entonces? ¿Están los astrónomos cien por ciento seguros de que así es como se forman los planetas en todo el universo? ¡De ninguna manera! Un problema importante con el modelo de acreción del núcleo es que, según simulaciones, los planetas gigantes gaseosos habrían necesitado entre 10 millones y 1,000 millones de años si estos se formaran mediante la acreción gradual de material. El problema principal aquí es que parece ser que una nebulosa planetaria solo dura alrededor de 10 millones de años. Así que, esencialmente, pareciera no haber suficiente tiempo para que los gigantes gaseosos acumulen sus enormes masas en tan poco tiempo. Sin embargo, la presencia de ciertos tipos de vórtices en el disco protoplanetario (vórtices anticiclónicos) podría explicar cómo un planetesimal puede aumentar el ritmo a la que el gas se acumula en el núcleo.[11] Por supuesto, se necesitan más observaciones y simulaciones para validar esta idea.

El segundo problema es el hecho de que el modelo de acreción del núcleo predice la formación de planetas gigantes gaseosos a grandes distancias de la estrella central. Sin embargo, múltiples observaciones han confirmado la presencia de planetas gigantes cerca de su estrella. Los astrónomos incluso tienen un nombre para esos planetas: *Júpiteres calientes*. Hablaremos con más detalle sobre ellos en el Capítulo 5. Entonces, ¿cómo se explica esto? La respuesta actual es: migración. Los planetas pueden formarse donde el modelo de acreción del núcleo lo predice, pero durante sus vidas, pueden migrar hacia el interior, más cerca de la estrella, o hacia el exterior, incluso más lejos de donde se formaron originalmente. Cuando los planetas aún se están formando, hay mucho gas a su alrededor. Los planetas más pequeños interactúan con ese gas, lo que hace que pierdan momento angular. Como resultado, el planeta puede migrar hacia adentro, hacia la estrella central. Esto se conoce como *migración de Tipo I*.[12] Si la interacción es suficiente para dispersar el gas, el planeta se salva de una muerte horrible y permanece en una órbita estable.

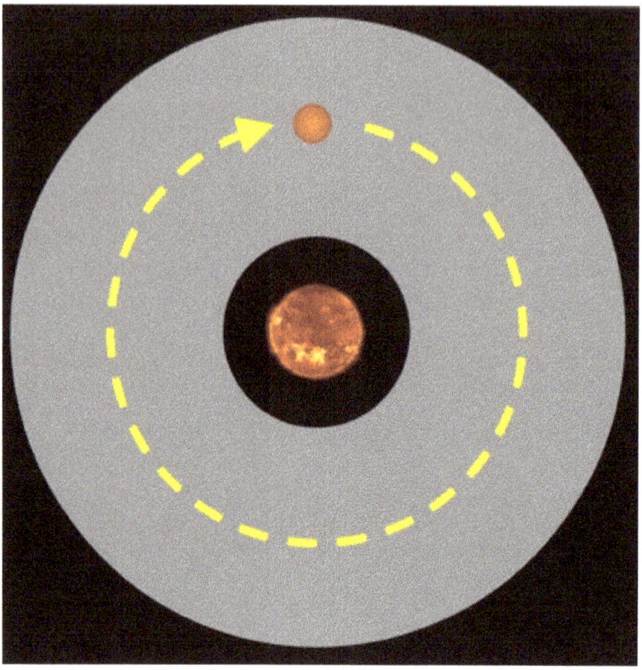

Fig. 2.10 Migración de Tipo I. El planeta está incrustado en el disco de gas y no puede crear un espacio claro. Créditos: @AstroPhil2000.

Los planetas más grandes experimentan algo diferente. Planetas del tamaño de Saturno, pueden perturbar aún más el gas circundante hasta el punto de crear espacios claros en el disco protoplanetario. Esto significa que el planeta efectivamente divide el disco en un disco interior, más cercano a la estrella, y un disco exterior, más alejado de la estrella. Si el planeta está más cerca del disco interior, el cual está migrando hacia la estrella, entonces el planeta compartirá el mismo destino y migrará hacia el interior. Si el planeta está más cerca del disco exterior, el cual se está alejando de la estrella, el planeta también migrará hacia el exterior, alejándose de la estrella. Este tipo de migración se conoce como *migración de Tipo II.*[13]

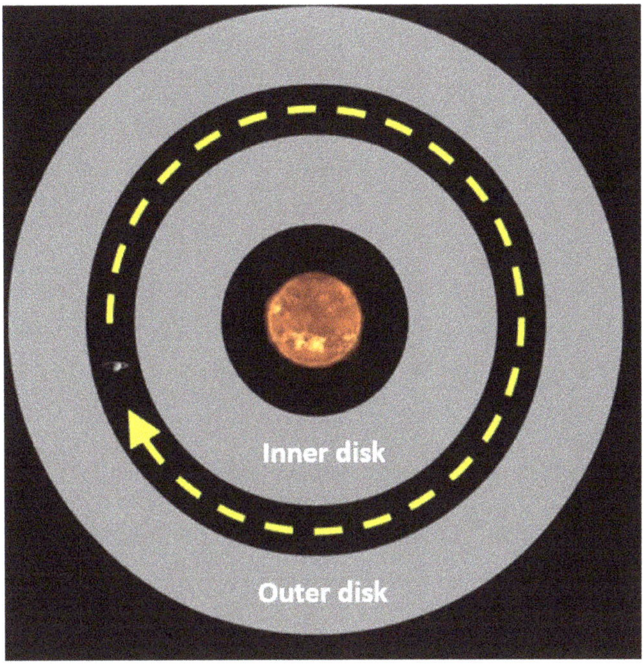

Fig. 2.11 Migración de Tipo II. Si un planeta es lo suficientemente grande puede causar un espacio claro en el disco de gas. La dirección de la migración depende de la ubicación del planeta. Créditos: @AstroPhil2000.

La migración de Tipo II es bastante importante en el campo de los exoplanetas. Los Júpiteres calientes son la categoría a la que pertenece el primer planeta extrasolar orbitando una estrella de secuencia principal descubierto en 1995. El descubrimiento de un gran planeta orbitando muy cerca de su estrella fue tan sorprendente que sus descubridores dudaron en reportar sus hallazgos. Esto también es evidencia de que los planetas deben "detener la migración" en algún momento; de lo contrario, los astrónomos no estarían observando estos Júpiteres calientes. Los mecanismos sugeridos para detener la migración planetaria incluyen, por ejemplo, que el planeta entre en un espacio en el disco de acreción interno. Tal espacio podría haberse formado como resultado del viento estelar o del campo magnético estelar. Por otro lado, fuertes interacciones de marea entre el planeta y su estrella central podrían afectar la distancia de la estrella y la excentricidad—qué tanto se desvía una órbita de ser circular—hasta que la órbita del planeta se vuelve estable.[14]

Tales mecanismos individuales, o una combinación de ellos, pueden detener la migración del planeta a cierta distancia.

Pero, ¿qué sucede después de que los planetas terminan de migrar? ¿Después de que se estabilizan las órbitas de los objetos de un sistema planetario y se termina el proceso de formación? Bueno, al igual que cuando alguien termina un proyecto manual, como la construcción de una maqueta, quedan restos, sobrantes. Pedazos de cartón sin usar aquí, hojas de papel allá. Así por el estilo. Similarmente, los astrónomos deberían poder observar evidencia de tales materiales sobrantes en el sistema solar; bueno, de hecho, sí lo hacen.

Fig. 2.12 Después de terminar el ensamblaje de una maqueta se puede observar cierto material sobrante. De la misma manera, hoy día, los restos de la formación del sistema solar pueden también observarse. Créditos: imagen generada por DALL·E de OpenAI.

El material sobrante de la formación del sistema solar

Muchas de las propiedades que hoy día el sistema solar exhibe son testimonio de los procesos de formación planetaria y evidencian su caótico comienzo. Dos regiones en particular, el cinturón de asteroides y el Cinturón de Kuiper, pobladas por objetos que varían en tamaño desde pequeñas rocas hasta planetas enanos, nos recuerdan que el sistema solar era un lugar muy diferente durante sus inicios. En estas regiones, la formación de planetas no pudo completarse, posiblemente debido a las perturbaciones gravitacionales de planetas más grandes y completamente formados.

El Cinturón de asteroides

El *cinturón de asteroides*, una región entre las órbitas de Marte y Júpiter, se encuentra aproximadamente entre dos y tres unidades astronómicas del Sol, lo que significa que está ubicado en el lado interno de la línea de hielo del sistema solar. Los objetos en esta región son de naturaleza rocosa, siendo Ceres el más grande conocido, con 940 kilómetros de diámetro.

Los cinturones de asteroides no son una característica exclusiva de nuestro sistema planetario. En 1983, astrónomos descubrieron una estructura que se asemeja a un cinturón de asteroides alrededor de la estrella Fomalhaut, una estrella joven ubicada a unos 25 años luz de la Tierra. Sin embargo, tuvieron que pasar 40 años para que otros astrónomos pudieran obtener una imagen real de este cinturón. En marzo de 2023, investigadores de la Universidad de Arizona en Estados Unidos, utilizando el Instrumento de Medio Infrarrojo (MIRI) en el telescopio más avanzado hasta la fecha, el Telescopio Espacial James Webb (JWST), pudieron obtener una imagen[15] de este cinturón de asteroides revelando un disco interno extendido, un espacio interno, un cinturón intermedio y una estructura dentro de una región libre de asteroides. Esta región libre de asteroides se conoce como el espacio de Kirkwood (o región KBA, por sus siglas en inglés) que también está presente en el sistema solar.

Fig. 2.13 Imagen del primer cinturón de asteroides fuera del sistema solar capturada en el 2023, cuarenta años después de su descubrimiento. Créditos: NASA/ESA/CSA/A. Pagan/A. Gáspár

El Cinturón de Kuiper

La segunda región, el Cinturón de Kuiper, está ubicada mucho más allá de la línea de hielo, incluso más allá de la órbita de Neptuno, bastante distante del Sol. Los objetos en esta región están compuestos principalmente de roca y hielo, con estructuras que probablemente consisten de un núcleo rocoso envuelto por un manto helado. Los más grandes de estos objetos son los dos planetas enanos, Plutón y Eris , con diámetros de 2,377 y 2,326 kilómetros, respectivamente.

Fig. 2.14 El cinturón de asteroides y el Cinturón de Kuiper. Restos de la formación de planetas rocosos internos y gigantes gaseosos externos. Créditos: NASA.

Incluso todavía más lejos del Sol, a distancias de entre 2,000 y 200,000 AU (0.32 a 3.2 años luz), los investigadores también encuentran evidencia de la formación del sistema solar.

La nube de Oort

La estructura similar a una nube, conocida como la nube de Oort, es una región donde reside un grupo de objetos helados débilmente ligados al Sol. La nube lleva el nombre del astrónomo holandés Jan Oort (1900-1992), quien propuso la idea en 1950.

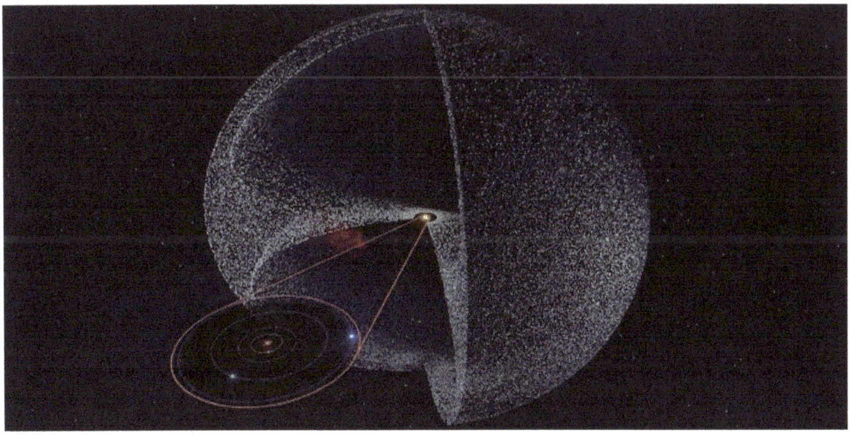

Fig. 2.15 La Nube de Oort. Una capa esférica de objetos helados que rodean al Sol. Créditos: NASA.

Se estima que la Nube de Oort tiene 4.6 billones de años y se originó después de la formación de los planetas a partir del disco protoplanetario primordial. Esta nube en forma esférica está compuesta por billones de objetos de más de 1 kilómetro y miles de millones con diámetros de 20 kilómetros. Estos objetos se formaron como parte del mismo proceso que creó los planetas y planetas menores y estaban mucho más cerca del Sol de lo que están actualmente. La mayoría de estos objetos estas formados de agua, metano, etano, monóxido de carbono y hielos de cianuro de hidrógeno. El concepto de la Nube de Oort tiene como objetivo explicar el origen de cometas que presentan un período largo.

Cometas

Los cometas son cuerpos helados formados a partir de la nebulosa solar original en las regiones exteriores. Muchos de estos objetos helados fueron absorbidos por los planetas gigantes, mientras que algunos de ellos fueron expulsados del sistema solar en formación o se mantuvieron en reservorios más allá de la órbita de Neptuno. Usualmente referidos como "bolas de nieve sucias", están compuestos principalmente de gases congelados como vapor de agua, monóxido de carbono y dióxido de carbono, rocas y polvo sobrantes de la formación del sistema solar. Sus órbitas son altamente elípticas y solo son visibles cuando están más cerca del Sol, cuando su proximidad hace que comiencen a derretirse, mostrando las populares colas de gas y polvo por las que los cometas son conocidos. La cola de gas,[16] que puede alcanzar longitudes de millones de kilómetros, está compuesta por partículas cargadas causadas por los campos magnéticos del viento solar. La cola de polvo está compuesta por partículas de polvo que son liberadas del núcleo del cometa por los gases que se escapan.[17, 18]

Los cometas de período corto, también llamados cometas eclípticos, tienen órbitas más cortas que están alineadas cerca del plano de la eclíptica—el plano orbital de la Tierra alrededor del Sol—a una distancia de 50 AU del Sol y se cree que tienen su origen en el Cinturón de Kuiper. Por otro lado, objetos conocidos como cometas de período largo, o cometas isotrópicos, como también se les conoce, tienen órbitas de miles de AU con respecto al Sol y están distribuidos isotrópicamente, es decir, sus órbitas no están alineadas con ningún plano específico; la región donde se originan dichos cometas de periodo largo es la nube de Oort.

Fig. 2.16 El cometa Hale-Bopp, fotografiado en marzo de 1997. Los cometas usualmente exhiben dos colas: la cola de gas (azul) y la cola de polvo (amarilla). Créditos: Loke Kun Tan.

Las interacciones gravitacionales de estos objetos con los gigantes gaseosos al inicio del sistema solar causaron que algunos de ellos fueran dispersados en órbitas elípticas extremadamente amplias. Algunos incluso fueron expulsados del sistema solar hacia la inmensidad del espacio. Los que quedan están débilmente sujetos a la atracción gravitacional del Sol y eventualmente, debido a interacciones gravitacionales con estrellas cercanas, nos visitan en forma de cometas de período largo. Este es el caso del cometa Halley, que tiene un período de 76 años y fue visible por última vez desde la Tierra en 1986. No se olviden de marcar sus calendarios para su próxima visita en el 2061.

Fig. 2.17 El cometa Halley fotografiado en 1986. Se espera que sea visible nuevamente desde la Tierra en el 2061. Créditos: NASA

Astrónomos han detectado *exocometas* o cometas que orbitan estrellas distintas al Sol. Estos han sido detectados indirectamente cuando el polvo o gas presente en su cola extendida transita frente al disco estelar de su estrella central.[19] Sin embargo, investigadores han sugerido utilizar imágenes directas en la parte infrarroja del espectro para detectar estos objetos, dada la gran superficie óptica y la temperatura relativamente alta de una cola cometaria activa.[20] Desafortunadamente, la tecnología actual es incapaz de distinguir la luz infrarroja del cometa de la luz infrarroja de la estrella. Futuros avances en técnicas de detección directa (como discutiremos en el Capítulo 4) podrían permitir tal distinción.

La formación de la Luna

Estructuras como el cinturón de asteroides, el Cinturón de Kuiper y la nube de Oort evidencian un pasado caótico donde colisiones e interacciones gravitacionales entre cuerpos completamente formados y restos de otros, eran la norma. Los astrónomos se refieren a esta etapa de colisiones constantes como el periodo de Intenso Bombardeo Temprano, y se cree que ocurrió durante los primeros 500 millones de años de la historia del sistema solar. A lo largo de este período, el sistema solar aún se estaba formando, y los escombros de planetesimales y restos de la formación de planetas de tamaño completo orbitaban el Sol. Las órbitas no estaban lo suficientemente definidas, y debido a la influencia gravitacional de Júpiter y Saturno, existían muchos asteroides y cometas. Los astrónomos ven evidencia de esta era en los múltiples cráteres presentes hoy en día en las superficies de los diferentes objetos en el sistema solar; la Tierra no fue inmune a esto.

Una hipótesis muy popular indica que la Tierra primitiva, hace 4.5 billones de años, estaba en lo suyo cuando un objeto con una décima parte de la masa de la Tierra, o aproximadamente la masa de Marte, la impactó. El impactador, llamado *Theia*, causó que grandes fragmentos de la Tierra fueran lanzados al espacio. Una fracción de todos esos escombros quedó en órbita alrededor de la Tierra y eventualmente se convirtió en nuestra luna. Esta es la descripción de la hipótesis del gran impacto o gran splash, planteada por el Dr. William K. Hartmann y el Dr. Donald R. Davis en un artículo publicado en 1975 en la revista Icarus,[21] y actualmente, la hipótesis más aceptada que explica el origen de nuestra luna. La figura a continuación muestra una ilustración artística del propio Dr. William K. Hartmann. Hartmann, un hombre de muchos talentos, dibujó esta imagen en un intento de visualizar el gran impacto y lo que sucedió después.

La hipótesis del Gran Impacto ha tenido algunos competidores como es mencionado en el libro de Dana Mackenzie, *El Gran Impacto o Cómo se formó Nuestra Luna* (*The Big Splat or How Our Moon Came to Be.*[22]). El autor Dana hace un recuento bastante entretenido y cautivador del Gran Impacto y otras hipótesis que alguna vez fueron populares. Como se describe en el libro de Dana, la principal hipótesis sobre el origen de la Luna durante la última parte del siglo XIX es conocida como el *modelo de captura*. Esta hipótesis fue propuesta por el Capitán Thomas Jefferson Jackson (1866-1962). La hipótesis de Jackson plantea que la Luna se formó en otro lugar en la nube de gas solar original y fue "capturada" cuando estuvo en proximidad con la Tierra. Aunque es un argumento razonable para otros planetas y sus pequeñas lunas en relación con sus tamaños, esta hipótesis no logra explicar cómo un objeto tan masivo como la Luna, en comparación con su planeta anfitrión, podría haber sido frenado lo suficiente para ser capturado. Además, la Tierra y la Luna son demasiado similares, tan similares que es bastante improbable que la Luna se haya formado en otro lugar.

Fig. 2.18 Un planeta del tamaño de Marte impacta la Tierra primitiva hace 4.5 billones de años. Pintura de William K. Hartmann tal como apareció en la portada de la revista Natural History en 1981.

Otra hipótesis interesante, la *Hipótesis de la Fisión*, fue propuesta por George Darwin (1845-1912), el segundo hijo del eminente Charles Darwin, en el siglo XIX. Darwin comenzó a trabajar en la Hipótesis de la Fisión alrededor de 1878 y continuó añadiéndole detalles a lo largo de toda su vida. La hipótesis argumenta que la Tierra y la Luna fueron una vez parte de una "masa común", como explicó el propio Darwin en un artículo publicado en 1879. La idea principal es que, en sus primeros días, la velocidad de rotación de la Tierra era mucho mayor que la actual, lo que causó que un fragmento del planeta fuera expulsado al espacio. Este fragmento es lo que ahora conocemos como la Luna. Sin embargo, el plano orbital de la Luna solo está inclinado 5.1 grados. Si la Hipótesis de la Fisión fuera correcta, esperaríamos que la Luna tuviera una inclinación similar a la del eje terrestre (23.5 grados). Además, análisis de la composición química de las muestras lunares traídas por los astronautas de las misiones Apolo indican una falta de volátiles, sustancias que tienen un punto de ebullición bajo y se vaporizan o subliman fácilmente a temperaturas relativamente bajas. Estos volátiles están presentes en las rocas en la superficie de la Tierra, lo que indica que la Luna no se formó a partir del mismo material que la superficie terrestre ni bajo las mismas condiciones.

Meteoroides, meteoros, and meteoritos

El Periodo de Intenso Bombardeo Temprano puede ser cosa del pasado, pero esto no significa que rocas no continúen estrellándose en contra de las superficies de los planetas. Estas rocas se denominan de manera diferente según la ubicación del objeto en un momento dado. Los astrónomos llaman a las rocas en el espacio *meteoroides*. Los meteoroides pueden variar en tamaño desde granos de polvo (0.01 milímetros) hasta pequeños asteroides (10 metros). El origen de estas rocas puede variar desde piezas de cometas, asteroides o incluso otros objetos celestes como lunas o planetas. Un asteroide puede chocar con otro, romperse y formar meteoroides.

Cuando los meteoroides entran en la atmósfera de un planeta y se queman, se les denomina *Meteoros*. Para un observador en la superficie del planeta, estos objetos asemejan a estrellas cayendo del cielo. Es por eso que los meteoros son conocidos coloquialmente como "estrellas fugaces" o "estrellas cayendo". Muchas personas piden deseos al ver una de estas "estrellas". Dejo al lector juzgar la efectividad de tal práctica.

Fig. 2.19 Un asteroide choca con otro y se rompe, formando meteoroides.
Créditos: NASA/JPL-CALTECH.

Fig. 2.20 Un meteoro o estrella fugaz, como se le conoce coloquialmente.
Créditos: imagen obtenida de la Internet pública.

Finalmente, si la roca no se quema completamente y una parte de ella llega a la superficie del planeta, a dicho objeto se le denomina como *meteorito*. Podemos ver un ejemplo de un meteorito en la Figura 2.21.[23]

Fig. 2.21 El meteorito de Hoba. El meteorito más grande conocido en el mundo. Créditos: info-namibia

El meteorito de Hoba se estrelló en la Tierra hace unos 80,000 años y, dado su peso de 50 toneladas, aún permanece en el mismo lugar, a unos 20 km al oeste de Grootfontein, Namibia. Esta roca masiva de 2.7 x 2.2 metros y una altura de 1 metro, fue descubierta en 1920 y se estima que tiene entre 200 y 400 millones de años. El meteorito está compuesto principalmente de hierro (82%) y níquel (16%) con algunos otros elementos.

Asesinos de planetas

Los astrónomos denominan a los asteroides de más de 1 kilómetro como los "*Asesinos de planetas*". Estos asteroides impactan aproximadamente cada 600,000 años, potencialmente causando daños masivos con terribles consecuencias para la vida de un planeta. La hipótesis más aceptada para la extinción de los dinosaurios es el impacto de un asteroide.[24] Hace sesenta y cinco millones de años, un asteroide, que se cree tenía entre 10 y 15 kilómetros de diámetro, causó lo que se conoce como *el impacto de Chicxulub*. La colisión generó una explosión de aproximadamente 100 millones de megatones que devastó la región del

Golfo de México, dejando un cráter de entre 180 y 200 kilómetros. Este evento llevó a la expulsión de grandes cantidades de polvo, ceniza, azufre y otros aerosoles a la atmósfera, bloqueando efectivamente la luz solar y causando un invierno prolongado con efectos ecológicos severos.[25]

Más recientemente, en la madrugada del 30 de junio de 1908, sobre la cuenca del río Podkamennaya Tunguska (Siberia Central), testigos presenciales vieron lo que describieron como una "bola de fuego, tan brillante como el sol" y luego sintieron una poderosa explosión. Este evento, conocido como el *Evento de Tunguska,* causó que ochenta millones de árboles fueran derribados y muchos arbustos se quemaran. La hipótesis más plausible de lo que causó tal devastación es un cometa o un meteorito similar a un asteroide que explotó a una altitud de 5 a 10 kilómetros.[26]

Fig. 2.22 Árboles derribados causado por la poderosa explosión en Siberia Central, fotografiados durante una de las expediciones científicas en la década de 1920. Créditos: Leonid Kulik.

El Evento de Tunguska es tan memorable que las Naciones Unidas han declarado el 30 de junio de cada año como el *Día Internacional del Aste-*

roide[27] con el objetivo de "aumentar la conciencia pública sobre el peligro del impacto de asteroides".

Un chiste bastante popular (atribuido al escritor de ficción estadounidense Larry Niven) cuenta que "Los dinosaurios se extinguieron porque no tenían un programa espacial"; afortunadamente, nosotros los seres humanos sí lo tenemos.

Fig. 2.23 Debido a la falta de un programa espacial, los dinosaurios no pudieron prevenir el impacto del asteroide que eventualmente se cree causó su extinción. Créditos: imagen generada por ChatGPT de OpenAI.

El 24 de noviembre del 2021, la NASA lanzó la misión de Prueba de Redireccionamiento de Asteroides Doble (DART, por sus siglas en inglés). El propósito de esta misión (aparte de vengar la muerte de los dinosaurios) era el de investigar y demostrar un método de desvío de asteroides. Específicamente, el método de desvío consistía en cambiar el movimiento del asteroide en el espacio "a través de un impacto kinético".[28] Los objetivos de esta misión fueron el asteroide Didymos y su pequeña luna Dimorphos. La misión fue un éxito total; el impacto ocurrió el 26 de septiembre de 2022. El equipo de DART confirmó que el impacto acortó la órbita de Dimorphos alrededor de Didymos en 32 minutos. Esto puede no parecer mucho, pero la misión fue una demostración increíble de la capacidad de la humanidad para alterar el curso de un asteroide potencialmente peligroso.

Fig. 2.24 Impresión artística de la misión DART mostrando como la luna pequeña del asteroide Didymos es impactada. Créditos: NASA/Johns Hopkins Applied Physics Lab.

Aunque rocas colisionando con otras rocas a veces puede resultar en consecuencias trágicas (pregúntenles a los dinosaurios), este afortunadamente parece ser el mecanismo que causó la formación de potencialmente millones planetas.

Comenzamos este capítulo discutiendo la cantidad de planetas conocidos. El primer planeta orbitando una estrella de secuencia principal distinta al Sol fue descubierto hace casi 30 años, y hoy en día, tenemos la certeza de la existencia de más de 5,600 exoplanetas. Esto significa que los planetas no son solo una característica especial y rara de nuestro sistema solar. Los planetas parecen estar por todas partes en el universo; por lo tanto, nuestras posibilidades de encontrar vida más allá de la Tierra han aumentado significativamente.

En los próximos dos capítulos exploraremos cómo se detectan esos planetas que no forman parte del sistema solar y los avances tecnológicos que hacen del campo de los exoplanetas, uno de los campos de la astronomía más emocionantes en la actualidad.

Capítulo 3
Métodos de detección de exoplanetas – Primera parte

> "Sí, y nuestra misión es ***encontrar*** un planeta que pueda albergar a las personas que viven en la Tierra en este momento. ¿De acuerdo?"
>
> — Cooper, Interestelar (2014)

NTT

Con el paso de los años, nuestra comprensión ha evolucionado y pasamos de creer que los únicos planetas en el universo son los planetas en el sistema solar a saber con certeza de que hay miles de planetas en el universo. Los astrónomos han detectado hasta la fecha más de 5,600 planetas. Esos planetas, que no orbitan el Sol, se conocen como exoplanetas. Apoyándose en el trabajo de figuras históricas como Copérnico, Kepler y Galileo, los científicos contemporáneos han ideado técnicas o métodos para descubrir esos planetas. Las técnicas más exitosas hasta la fecha son los métodos de *velocidad radial* y de *tránsito*.

Métodos de detección de exoplanetas - Primera parte

La técnica de la velocidad radial aprovecha el efecto Doppler, que podemos experimentar en el sonido de la sirena de una ambulancia que se acerca o se aleja. De manera similar, la longitud de onda y la frecuencia de la luz de una estrella se ven afectadas cuando la estrella se mueve hacia nosotros o se aleja de nosotros. Para la luz de una estrella que se mueve hacia nosotros, las ondas se comprimirán. Los astrónomos dicen entonces que la luz de la estrella se desplaza hacia la parte azul del espectro de luz, o se desplaza hacia el azul. Por otro lado, la luz que proviene de una estrella que se aleja de nosotros se estirará, resultando en que la fuente de luz de la estrella se desplace hacia el lado rojo del espectro de luz o que se desplace hacia el rojo. Debido a efectos gravitacionales, la presencia de un planeta puede afectar a una estrella ocasionando que esta se acerque o se aleje de nosotros. Al analizar los espectros de las estrellas, se puede inferir la presencia de planetas, ya que los planetas afectan las velocidades radiales de las estrellas que orbitan.

La magnitud del cambio en las velocidades radiales medidas de una estrella permite a los astrónomos determinar con cierta certeza la masa del planeta que orbita la estrella y cuánto tiempo tarda en dar una órbita completa. El método de velocidad radial también ayuda a determinar la forma de la órbita alrededor de la estrella del planeta.

Por otro lado, el método de detección más exitoso, la técnica de detección por tránsito, toma ventaja de cómo un planeta que pasa frente a su estrella —transita— causa una disminución en el brillo que los instrumentos reciben de la luz de la estrella. Al medir esta disminución, se puede determinar una estimación del tamaño del planeta. Además, al cuantificar la duración del tránsito (o eclipse como también se le conoce), también se puede calcular la distancia promedio a la que el planeta se encuentra de su estrella. Incluso, una forma más precisa de medir el período de la órbita del planeta es medir el tiempo entre tránsitos consecutivos.

Cuando el método del tránsito se combina con mediciones de velocidad radial, este método puede contribuir a la comprensión de la composición interna de un planeta. Esto se logra calculando la densidad y la gravedad superficial del planeta.

El método de tránsito, cuenta con un impresionante 75% del número total de planetas descubiertos, y, junto con la técnica de velocidad radial con un 19%, son las técnicas líderes en la búsqueda de exoplanetas.

Sin embargo, estas técnicas favorecen el descubrimiento de planetas grandes y de período corto, ya que dichos planetas causan efectos gravitacionales más grandes en su estrella y pueden atenuar y afectar más la luz de las estrellas que orbitan la cual es recolectada por nuestros instrumentos.

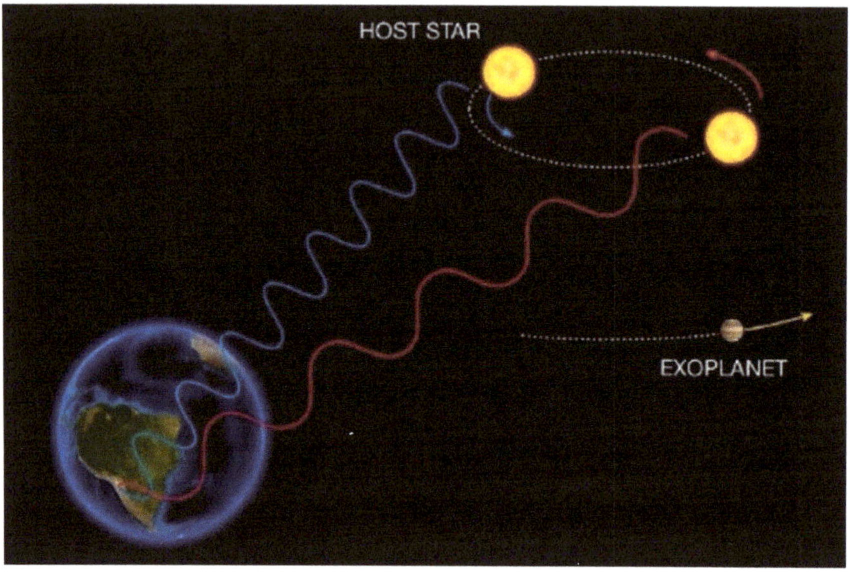

Fig. 3.1 Método de velocidad radial. La presencia de un planeta afecta la luz estelar que recibimos. Créditos: European Southern Observatory.

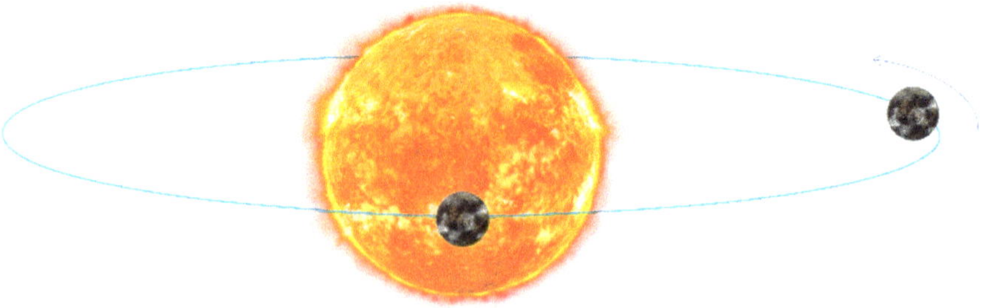

Fig. 3.2 La técnica de detección por tránsito. La luz de la estrella se atenúa cuando el planeta pasa frente a la estrella. Créditos: imagen producida por el autor.

Planetas extrasolares (Exoplanetas)

El lector se debe estar preguntando en este momento, ¿Qué tienen de especial y de asombroso todas estas noticias recientes sobre la detección de planetas fuera del sistema solar? ¿Por qué la gente está escribiendo libros enteros sobre esto? No los culpo. Después de todo, la mayoría de la gente ha estado acostumbrada a ver esos planetas en las salas de cine y en la televisión por mucho tiempo. Principalmente en uno de mis tipos de películas favoritos: las películas de ciencia ficción. Siempre me ha fascinado la ciencia ficción; crecí en medio de los años ochenta viendo repeticiones emitidas en los años 60 del Capitán Kirk y su tripulación aterrizando en planetas fuera de nuestro sistema solar y cumpliendo su objetivo principal en la vida: que era el de "explorar nuevos mundos, buscar nuevas formas de vida y nuevas civilizaciones, ir audazmente a donde ningún otro hombre (o mujer) ha ido antes". Todavía recuerdo esas palabras y las recito cada vez que se dicen como parte de la introducción de un episodio de Viaje a las Estrellas (Star Trek). También crecí viendo a Luke Skywalker en su planeta natal *Tatooine* en La Guerra de Las Estrellas (Star Wars) (hey, ¿quién dijo que uno tenía que elegir ser fan de solo una de estas dos franquicias?). Tatooine es un planeta que orbita dos estrellas (un sistema estelar binario, que es algo que si existe). La imagen de esas dos estrellas poniéndose en el horizonte del planeta es simplemente maravillosa. ¿Se imaginan ver eso?

Fig. 3.3 El planeta Tatooine. Luke Skywalker contempla la puesta de las dos estrellas que orbitan su planeta natal en el horizonte. Créditos: La Guerra de las Estrellas - Una nueva esperanza (1977).

Siendo un niño de cinco años, cuya principal fuente de noticias sobre astronomía eran los programas y películas de ciencia ficción, yo pensaba que la existencia de planetas por fuera del sistema solar eran una realidad; todas las estrellas debían tener planetas confirmados, pensaba fervientemente. Sin embargo, cuando comencé a leer libros y revistas sobre astronomía, encontré, para mi sorpresa, de que la comunidad científica en ese entonces no tenía la certeza absoluta de que la existencia de planetas por fuera del sistema solar fuera algo real. Planetas orbitando estrellas distintas al Sol eran solo una conjetura científica bien fundamentada, en vez de ser un hecho científico confirmado. Sospecho que la mayoría de las personas que también veían los mismos programas y películas de ciencia ficción que yo veía no pasaban su tiempo libre leyendo libros de astronomía, por lo que muy probablemente, crecieron pensando que los exoplanetas eran un hecho comprobado. Pero no lo eran, no durante mucho tiempo.

Científicos y filósofos habían sospechado por mucho tiempo de la existencia de planetas por fuera del sistema solar. Después de todo, nosotros los seres humanos tenemos una historia de no ser tan especiales a pesar de creer que si lo somos. Pensamos durante mucho tiempo que todo giraba alrededor de la Tierra. Literalmente pensábamos que estábamos en el centro del universo. Algunas personas todavía creen eso sobre sí mismas (he conocido demasiadas de ellas, desafortunadamente).

El modelo geocéntrico, propuesto por Ptolomeo, un ciudadano del Imperio Romano en el siglo II, era un sistema que consideraba a la Tierra como el centro del universo. El sistema ptolomeico, como también se le conoce, fue el sistema dominante en Europa y el mundo occidental hasta el siglo XVI. Sin embargo, se pueden encontrar referencias a "otros mundos" incluso en épocas tan tempranas como el siglo IX u VIII A.C., durante la era de la antigua Grecia. Epicuro, un famoso atomista, creía en un universo infinito con mundos infinitos.

En el sistema ptolomeico, el Sol, la Luna y todos los demás planetas giran alrededor de la Tierra en órbitas perfectamente circulares. El éxito de este modelo se debió principalmente a dos razones: primero, coincidía con el sentido común. Después de todo, eso es lo que parece que observamos cuando miramos al cielo. El Sol sale y se pone, al igual que las estrellas, la Luna y otros planetas. Tampoco pareciera que la Tierra se mueva en absoluto. Entonces, era lógico pensar que nuestro planeta estaba estático y que todos los demás cuerpos celestes orbitaban a nuestro alrededor. En segundo lugar, la visión de una Tierra en el centro de todo, encajaba bastante bien con la visión católica de nuestro universo. El catolicismo ha sido una de las religiones más influyentes en la historia humana. Según la Biblia, los humanos están en el centro de la creación. Entonces, era lógico asumir que todo giraba alrededor del planeta que nosotros los humanos especiales, habitamos.

El modelo heliocéntrico

Fue Nicolás Copérnico (1473-1543) quien se atrevió a ir en contra del modelo geocéntrico establecido del sistema solar. En 1515, Copérnico afirmó que la Tierra era solo un planeta como Venus o Saturno y que todos los planetas orbitaban alrededor del Sol. Este modelo llegó a ser conocido como el *modelo heliocéntrico*, y posicionaba al Sol en el centro del sistema solar. Copérnico llegó a esta conclusión después de cuidadosas observaciones del brillo y los movimientos de los planetas en el cielo. Copérnico notó que a veces los planetas parecían ser más brillantes. ¿Cómo es esto posible si se creía que los planetas seguían una órbita perfectamente circular alrededor de la Tierra? ¿No significaría que para una órbita perfectamente circular el brillo de los planetas debería ser constante? Los astrónomos también habían notado durante siglos que los planetas parecieran ir a veces "hacia atrás" y luego avanzar hacia adelante de nuevo. Esto es algo que cualquiera puede verificar. Escoja un planeta y tome una foto de éste noche tras noche. Luego combine estas fotos. Después de combinarlas se notará un patrón, como el que se muestra para el planeta Marte en la Figura 3.4.

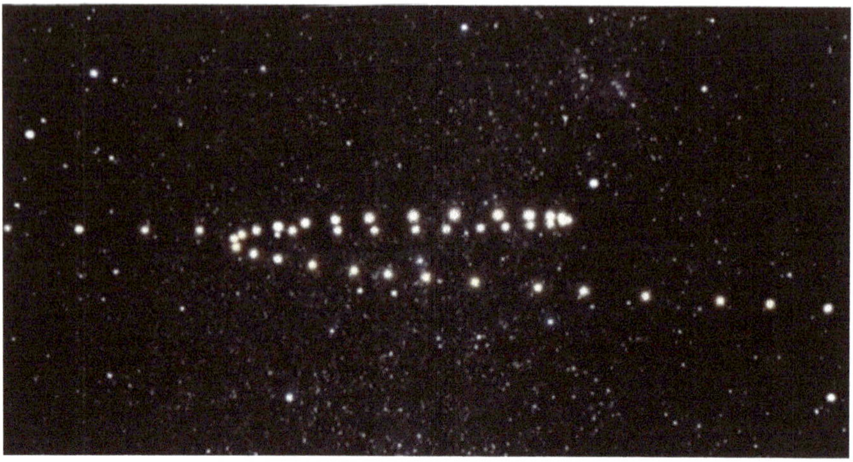

Fig. 3.4 Movimiento retrógrado aparente de Marte. Créditos: Episodio 2: Maravillas del sistema solar, Prof. Brian Cox.

Durante siglos, los astrónomos estuvieron desconcertados por este comportamiento y trataron de explicarlo usando mucha imaginación. En particular, considerando que, según ellos, los planetas giraban alrededor de la Tierra. Para esto idearon el concepto de epiciclos o "un círculo moviéndose en otro círculo". En esencia, en este modelo, los planetas no giraban alrededor de la Tierra en una simple órbita circular. Su órbita era circular, pero estaban "haciendo bucles" de vez en cuando, alrededor de un punto que giraba alrededor de la Tierra.

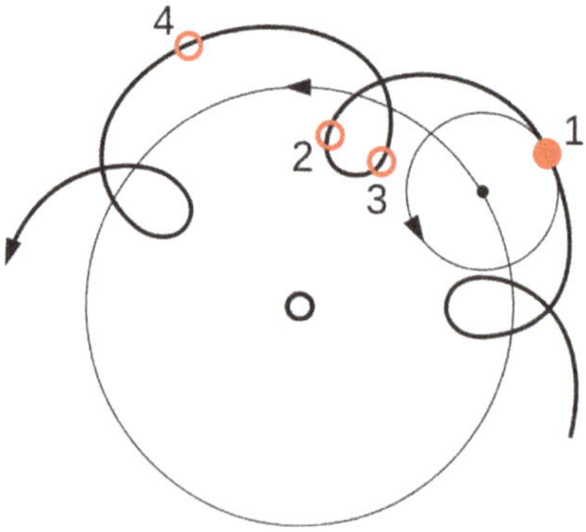

Fig. 3.5 Epiciclos. Un círculo moviéndose en otro círculo. Créditos: MLWatts, Wikipedia.

Los epiciclos fueron un intento por reconciliar las observaciones con el paradigma existente en ese momento de que todos los objetos en el universo orbitaban alrededor de la Tierra. Sin embargo, si se utiliza un modelo en el que todos los planetas, incluida la Tierra, orbitan alrededor del Sol, no se necesitan para nada los epiciclos. Como Kepler descubrió más tarde, lo que sucede aquí es que los planetas más cercanos al Sol tienen una velocidad orbital mayor. Cuanto más lejos está el planeta del Sol, más lenta es su velocidad orbital. En el caso de Marte y la Tierra, Marte se mueve más lentamente que la Tierra ya que está más lejos del Sol. Esto significa que la Tierra alcanza a Marte en algún momento, dando la impresión de que este está estático durante algunas noches. Cuando la Tierra supera a Marte, el planeta parece estar "detrás" de nosotros o ir "hacia atrás". La Figura 3.6 muestra cómo el punto azul (la Tierra) está alcanzando al punto rojo (Marte). Para las personas en la superficie del punto azul, el punto rojo parece ir hacia atrás (puntos 3 y 4). Esto, por supuesto, es una ilusión, ya que solo parece estar haciendo eso.

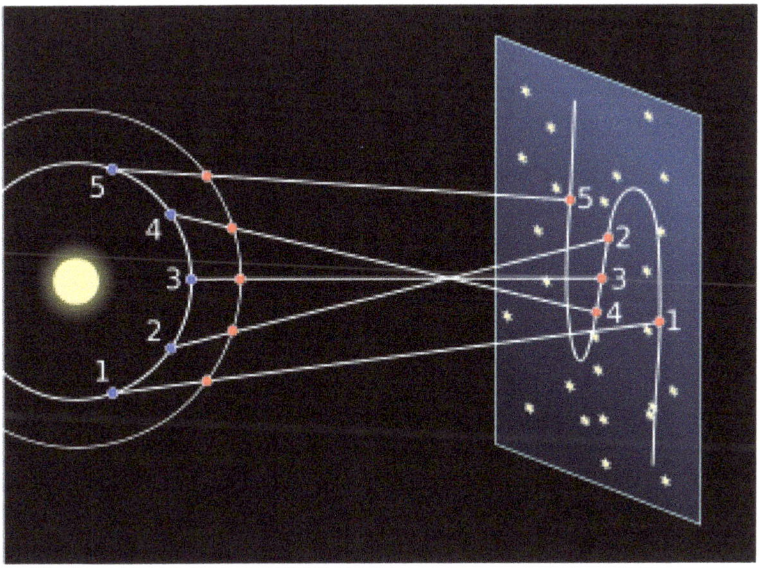

Fig. 3.6 Movimiento retrógrado. Cuando la Tierra alcanza a Marte, el planeta parece ir hacia atrás. A medida que los planetas continúan sus trayectorias, Marte parece moverse hacia adelante nuevamente. Créditos: Brian Brondel, Wikipedia.

Reconocer que la Tierra y los demás planetas giran alrededor del Sol también resuelve el problema del cambio en el brillo de los planetas. Como consecuencia de que los planetas estén más lejos o más cerca de la Tierra en algún momento, sus brillos también disminuyen o aumentan de acuerdo a su posición.

Bueno, entonces la Tierra no está en el centro del sistema solar, pero seguramente, el sistema solar es el único que existe, y el Sol es extremadamente especial, ¿verdad? Bueno, estoy seguro de que el lector ya sabe la respuesta, pero por favor permítame continuar con esta breve lección de historia. Giordano Bruno (1548-1600), un filósofo italiano, inspirado por el modelo heliocéntrico de Copérnico, fue el primero en proponer que el Sol es simplemente otra estrella en el vasto universo. Bruno incluso sugirió que era muy probable que otros mundos orbitaran esas otras estrellas:

"Cada sol es el centro de... muchos mundos que están distribuidos en muchas series distintas en un número infinito de sistemas concéntricos." [1]

Bruno fue quemado vivo en Roma por la Iglesia Católica por herejía, en parte por afirmar lo anterior. El golpe final al sistema geocéntrico fue dado por Galileo Galilei (1564-1642). Galilei apuntó su telescopio a Júpiter y observó cuatro pequeños puntos brillantes que giraban alrededor del planeta. Los astrónomos se refieren hoy en día a estos puntos brillantes como las lunas galileanas de Júpiter: Ío, Europa, Calisto y Ganímedes. Galilei esencialmente demostró que no todo en el universo se movía alrededor de la Tierra.

La primera ley de Kepler

Desde el momento en que el mundo pudo liberarse de las restricciones impuestas por el modelo geocéntrico y comenzó a adoptar el nuevo sistema heliocéntrico, muchas personas se dieron a la tarea de comprender más sobre el funcionamiento interno del sistema solar. Johannes Kepler (1571-1630) desempeñó un papel clave en todo esto. Con la ayuda de 20 años de observaciones precisas del Sol, la Luna y los planetas realizadas por Tycho Brahe (1546-1601), Kepler desarrolló sus famosas tres leyes. Sin embargo, de ningún modo esto fue una tarea fácil. Brahe no simplemente le entregó felizmente sus datos a Kepler.

Kepler, quien asistió a la universidad para formarse como teólogo, conoció el sistema copernicano durante sus clases y se convenció de la validez del modelo heliocéntrico. Luego se mudó a Praga para trabajar como asistente de Brahe, con la esperanza de acceder a sus famosos datos acumulados durante tantos años. Brahe no estaba muy dispuesto a compartir sus observaciones. Se dice que las habilidades analíticas de Brahe no eran tan buenas como sus habilidades observacionales, y al parecer tenía muchos problemas al tratar de analizar los datos recopilados. Su carácter también era extravagante e incluso celoso. Brahe no quería compartir los datos con Kepler, temiendo que Kepler pudiera descifrar los secretos de los movimientos celestiales, negándole así toda la gloria y fama que implicaría tal descubrimiento. Finalmente, cuando Brahe murió en 1601, Kepler pudo tener acceso a toda esa valiosa información. Kepler estudió y analizó cuidadosamente estos datos durante casi 20 años, consiguiendo revelar muchos de los secretos del movimiento del universo. Si Brahe hubiera sido transparente y cooperativo con Kepler, muy seguramente hoy conoceríamos las leyes de Kepler como las leyes de Brahe-Kepler.

Las tres leyes de Kepler son esenciales para toda la astronomía y fundamentales en la navegación espacial. Desde el movimiento de galaxias, estrellas, planetas y lunas, las leyes explican cómo ciertos objetos giran alrededor de otros objetos.

La primera ley trata sobre la forma de la órbita de un planeta alrededor de una estrella. Kepler era un hombre muy religioso y tenía la convicción de que la creación de Dios era perfecta. Durante siglos, comenzando con los antiguos griegos, el círculo fue considerado la forma perfecta. Por lo tanto, Kepler concluyó que las órbitas de los planetas debían ser completamente circulares. Sin embargo, sin importar cuánto intentó ajustar los datos, las observaciones de Brahe sobre la órbita de Marte alrededor del Sol eran inconsistentes con las de un círculo perfecto. Después de mucho análisis, se dio cuenta de que Marte no se movía en un círculo perfecto, sino que su órbita tenía la forma de una elipse. Las elipses son un tipo especial de círculo. Tienen dos ejes: uno más largo llamado *eje mayor*, y otro más corto llamado *eje menor*. Resulta que, en un círculo, estos dos ejes tienen la misma longitud.

La mitad de la distancia del eje mayor se conoce como el *semieje mayor*. De manera similar, la mitad de la distancia del eje menor recibe el nombre de *semieje menor*.

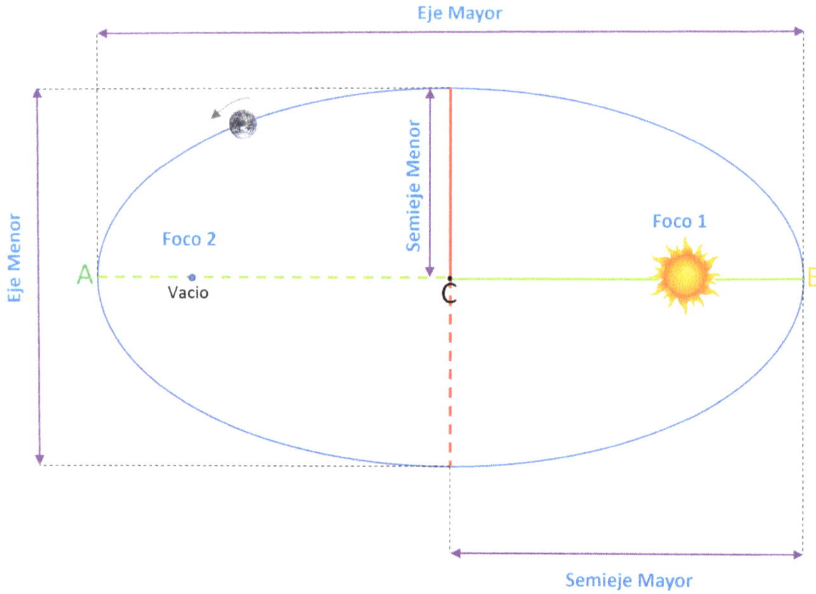

Fig. 3.7 Primera ley de Kepler. Los planetas orbitan alrededor de su estrella describiendo una órbita elíptica con la estrella en uno de los focos de la elipse. Créditos: imagen producida por el autor.

Las elipses tienen puntos especiales llamados *focos* que ayudan a definir sus formas. Los focos están ubicados a lo largo del eje mayor. Curiosamente, Kepler descubrió que, para cada planeta en el sistema solar, el Sol está en uno de esos focos. El otro foco está vacío y no hay nada allí. Otra característica interesante de una elipse es su *excentricidad*. La excentricidad es una indicación de la planitud de la elipse. Es un número que esta entre cero y uno. Por ejemplo, un círculo no es plano en absoluto y, por lo tanto, su excentricidad es cero. Cuanto mayor sea la excentricidad, más plana o más alargada será la elipse. Una elipse con una excentricidad igual a uno será tan plana como puede llegar a ser y se convertirá en un segmento de línea, o, en otras palabras, una línea con una longitud finita. Y ahí está, esta es la primera ley: "las órbitas de todos los planetas alrededor de sus estrellas son elípticas".

La segunda ley de Kepler

Una consecuencia de que las órbitas de los planetas sean elípticas es que estos están más cerca de su estrella central en algunas ocasiones y más lejos en otras. Esto explica la variación de brillo que mencionamos antes. Por simplicidad, cuando leemos o escuchamos sobre la distancia de un planeta a su estrella, como en la distancia de la Tierra al Sol, el valor que se usa es el de la longitud del semieje mayor (distancia C-B en la Figura 3.7) de la órbita elíptica del planeta. Cabe destacar que, medida desde el centro de la elipse (punto C), el planeta está a una distancia de un semieje mayor cuando está en el punto más lejano de la estrella o *afelio* (punto A). Por el contrario, cuando el planeta se encuentra en el punto B es cuando más cerca esta de su estrella (punto conocido como el *perihelio*). Por lo tanto, a la longitud del semieje mayor de la elipse se le conoce como la distancia promedio del planeta a la estrella.

La segunda ley es una consecuencia de la forma elíptica de la órbita y se conoce como *la ley de las áreas iguales*. Después de un análisis cuidadoso, Kepler llegó a la conclusión de que un planeta barrería áreas iguales en cantidades iguales de tiempo durante su órbita. Para poder hacer esto, cuando un planeta se acerca a la estrella, acelera, y cuando el planeta se aleja de la estrella, disminuye su velocidad.

Por ejemplo, el área de la región B es la misma que el área de la región A en la Figura 3.8. Al planeta le tomará la misma cantidad de tiempo (t) en cubrir estas áreas.[2]

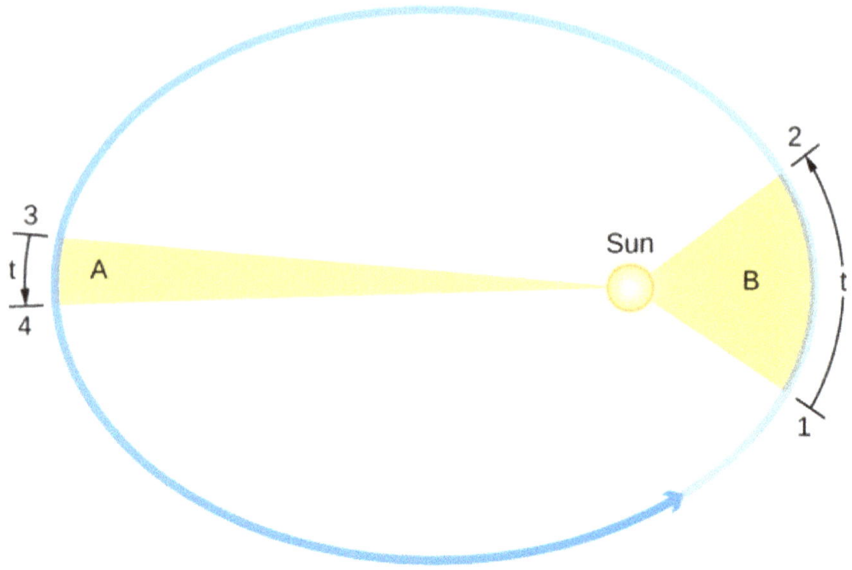

Fig. 3.8 Segunda ley de Kepler. Alrededor de su órbita elíptica, un planeta barre áreas iguales en intervalos de tiempo iguales.

La tercera ley de Kepler

Finalmente, como lo describió el propio Kepler, la tercera ley de Kepler expresa la "armonía de las esferas". Esta ley trata sobre los patrones matemáticos en los movimientos de los planetas. Kepler encontró una relación matemática entre el período orbital de un planeta, el tiempo que tarda el planeta en trazar una órbita completa alrededor de la estrella, y el semieje mayor del planeta (o distancia promedio a la estrella central, como se discutió anteriormente). Específicamente, calculó que el cuadrado del período orbital de un planeta es proporcional al cubo del semieje mayor. Las unidades son importantes aquí. Esto solo es cierto cuando el período se mide en años y el semieje mayor en unidades astronómicas. Recordemos que una unidad astronómica (AU) es la distancia promedio entre la Tierra y el Sol y es aproximadamente de 150 millones de kilómetros. Con esta ley, los astrónomos pueden calcular la distancia promedio de un planeta a su estrella midiendo el tiempo que tardan los planetas en realizar una órbita completa y viceversa.

Las leyes del movimiento y gravitación de Newton

"Sobre los hombros de gigantes" es una frase muy común en ciencia. El conocimiento científico nunca es el resultado de una sola persona trabajando en aislamiento. Al contrario, los investigadores y científicos dependen en gran medida del trabajo de colegas y científicos para mejorar y avanzar el conocimiento humano. La astronomía no es la excepción. Un ejemplo notable de esto son las leyes del movimiento y gravitación de Isaac Newton (1643-1727).

Newton es uno de los científicos más prominentes de la historia y una figura clave en la revolución científica del siglo XVII. Fue matemático, físico, astrónomo, alquimista y teólogo, y dedicó toda su vida a desentrañar los misterios del universo.

En 1687, Newton publicó uno de los textos científicos más importantes de todos los tiempos: el *Philosophiæ Naturalis Principia Mathematica* (Principios Matemáticos de la Filosofía Natural). En el *Principia*, Newton formuló las leyes del movimiento y gravitación universal y utilizó sus formulaciones matemáticas de la gravedad para derivar las tres leyes de Kepler. Se dice comúnmente que Kepler descubrió estas leyes empíricamente, mientras que Newton proporcionó el marco teórico para entender por qué eran verdaderas.

Por ejemplo, la teoría de la gravedad de Newton explicó la fuerza que hace que los planetas se muevan en órbitas elípticas alrededor de sus estrellas, como lo establece la primera ley de Kepler. La fuerza de la gravedad también hace que los planetas se muevan más rápido cuando están más cerca de su estrella y más lento cuando están más lejos, como lo propone la segunda ley de Kepler. Este comportamiento refleja la conservación del momento angular, un concepto que discutimos en el Capítulo 1. Finalmente, la tercera ley de Kepler formula que existe una relación entre el período orbital de un planeta y el tamaño del radio de su órbita. La ley de gravitación de Newton demostró que la fuerza gravitacional entre dos objetos está relacionada con las masas de los objetos involucrados y las distancias entre ellos. Por lo tanto, los astrónomos pueden estimar la masa de un planeta con cierta precisión al conocer la masa de la estrella que orbita y las características del período del planeta, junto con las observaciones del movimiento de la estrella causado por la influencia gravitacional del planeta.

El descubrimiento de los exoplanetas

Galileo, Kepler y Newton no solo tuvieron una participación significativa en establecer la validez del modelo heliocéntrico y en elevar nuestra comprensión del movimiento de los planetas, sino que también fueron fundamentales en consolidar la idea de que el Sol era solo una estrella como cualquier otra y de que habían innumerables estrellas en el universo. Sin embargo, no fue hasta la invención de la *espectroscopía* a principios del siglo XIX que esto se hizo claro. La espectroscopía descompone la luz que proviene de una estrella o del Sol en sus colores primordiales mediante el uso de un prisma. Esto es lo que observamos en un arco iris. Las partículas de agua en la atmósfera actúan como un prisma, permitiéndonos ver las diferentes longitudes de onda (colores) que componen la luz multionda (blanca) del Sol.

Fig. 3.9 Un arco iris aparece en el cielo de Brisbane, Australia, ilustrando como la luz solar se refracta, o se dobla, al pasar a través de gotas de agua en el aire. Fotografiado en una mañana fría después de una leve llovizna. Créditos: foto de Claudia Moreno (la esposa del autor).

Cuando los astrónomos verificaron que observaban patrones similares en la luz de las estrellas y la luz proveniente del Sol, quedó claro que el Sol era solo otra estrella. En particular, los astrónomos notaron franjas oscuras (de absorción) en el espectro de diferentes estrellas. Tales franjas fueron reconocidas como elementos específicos que absorben luz en longitudes de onda específicas, permitiendo identificar efectivamente de qué elementos están hechas las estrellas.

Pronto, muchos científicos comenzaron a tomar en serio a Giordano Bruno. Los astrónomos reconocieron que el Sol era como cualquier otra estrella y se dieron cuenta de que otras estrellas también podrían albergar planetas, al igual que el Sol.

Desde mediados del siglo XVI, cuando Giordano Bruno hizo esa afirmación provocativa de que el Sol era solo otra estrella, pasaron muchos años. En 1952, el astrónomo ruso-americano Otto Struve (1897-1963) propuso un conjunto de técnicas que permitirían encontrar planetas orbitando otras estrellas. En un artículo de solo dos páginas,[3] Struve sentó las bases de las técnicas de detección más exitosas hasta la fecha: la técnica de velocidad radial y el método de tránsito.

En abril de 1984, la primera imagen de un disco planetario fue capturada con el telescopio du Pont en el Observatorio de Las Campanas en Chile. Un disco de polvo y gas fue fotografiado alrededor de la estrella Beta Pictoris. Esta fue la primera vez que los astrónomos tuvieron confirmación de que el proceso de formación planetaria que ocurrió en el sistema solar podría haber ocurrido en otros lugares en el universo.

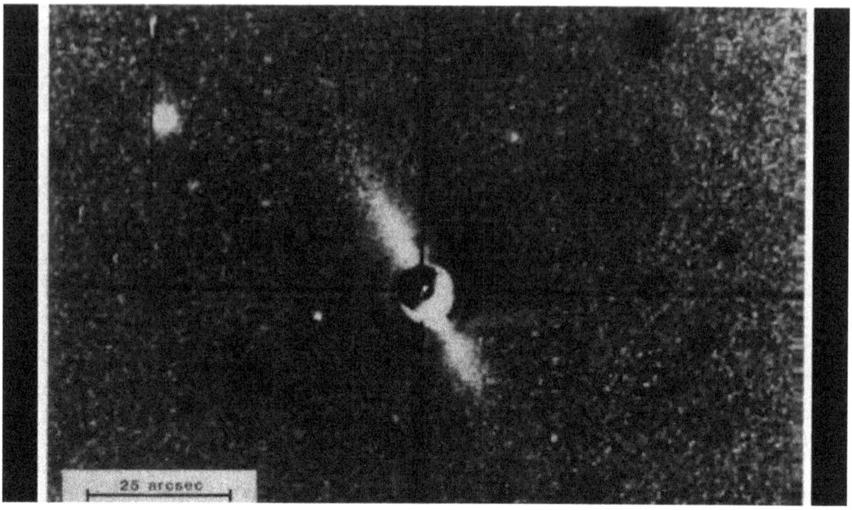

Fig. 3.10 La primera imagen de un disco planetario alrededor de otra estrella. Créditos: Bradford A. Smit, Richard J. Terrile, NASA.

Finalmente, en 1992, la realidad alcanzó a la ciencia ficción. Los astrónomos Aleksander Wolszczan y Dale Frail anunciaron el descubrimiento de dos planetas rocosos orbitando un púlsar en la constelación de Virgo.[4] En 1993, anunciaron el descubrimiento de otro planeta orbitando un sistema binario compuesto por un púlsar y una enana blanca. Esos planetas fueron detectados utilizando la técnica de variaciones en el tiempo de los púlsares (que se discutirá en el próximo capítulo).

Como se discutió en el Capítulo 1, las rotaciones de los púlsares son extremadamente regulares. Al medir el tiempo de llegada de las señales provenientes de un púlsar durante un intervalo de tiempo, Wolszczan y Frail identificaron cambios periódicos en una rotación que normalmente sería muy consistente y predecible. Esos cambios periódicos se debían a la presencia de uno o más planetas. Desafortunadamente, los púlsares son raros y aún más raro es el hecho de que estén orbitados por planetas. Por lo tanto, la técnica desarrollada por Wolszczan y Frail es útil solo en casos muy específicos.

La era actual de detección de exoplanetas comenzó en 1995. Didier Queloz y Michael Mayor descubrieron un planeta masivo que posee la mitad de la masa de Júpiter orbitando la estrella de secuencia principal 51

Pegasi. 51 Pegasi es una estrella similar al Sol ubicada a 50.6 años luz de la Tierra. La diferencia fundamental con el descubrimiento realizado por Wolszczan y Frail es que en esta ocasión se empleó la técnica de velocidad radial para descubrir un planeta orbitando una estrella de secuencia principal. Fue un avance tan significativo que marcó un hito, creando literalmente un campo completamente nuevo en la astronomía: la ciencia exoplanetaria. Queloz y Mayor recibieron el Premio Nobel de Física en 2019 por su investigación. El otro merecedor del Premio Nobel ese año fue James Peebles por sus contribuciones a descubrimientos teóricos en cosmología física.

Como se nombran los exoplanetas

Así que ahí está. Los planetas que orbitan otras estrellas son reales. Los astrónomos han detectado más de cinco mil de ellos hasta ahora.[5] Detectar esos planetas no es algo fácil y requiere tanto de ingenio como de avances tecnológicos. Sin embargo, lo que es mucho más fácil es nombrar esos planetas. A pesar de lo complicado que pueda parecer, la convención de nombres más aceptada y adoptada es bastante simple.

Recordemos que, en astronomía, el término "sondeo" se refiere a un período de observación sistemática y exhaustiva de una gran porción del cielo. Los planetas descubiertos se nombran según los instrumentos empleados para realizar esos sondeos y, en algunos casos, según los nombres de los propios sondeos. Por ejemplo, la organización El Buscador de Planetas de Angulo-Ancho (WASP, por sus siglas en inglés) es la más exitosa de las búsquedas de exoplanetas basadas en tierra y que emplean el método de tránsito (del cual hablaremos más adelante). Una estrella en particular observada con este instrumento se denominará WASP-X, donde X es el orden en que la estrella fue catalogada. Por ejemplo, la estrella WASP-12 fue la duodécima estrella catalogada por el instrumento WASP. Los planetas detectados orbitando esta estrella se nombrarán con letras del alfabeto comenzando con 'b'. Así, el primer planeta encontrado orbitando la estrella WASP-12 se llamará WASP-12 b. Lo mismo ocurre con el nombre de un sondeo o catálogo. Por ejemplo, el planeta HD 189733 b es el primer planeta encontrado orbitando la estrella HD 189733. "HD" aquí se refiere al catálogo "Henry Draper". Una desventaja de esta convención de nombres es que los planetas se nombran en el orden en que se encuentran en lugar de nombrarlos según las distancias a las que se encuentran de su estrella, lo que a veces puede ser confuso. Por ejemplo, el planeta Gliese-876 d, descubierto en 2005, orbita más cerca de su estrella que el planeta Gliese-876 b, que fue descubierto en 1998. Esto es confuso, al menos para mí. Ya que se esperaría que el planeta "b" estuviera más cerca de su estrella que el planeta "d". "Gliese" proviene del catálogo Gliese compilado por el astrónomo alemán Wilhelm Gliese en las décadas de 1960 y 1970.

Bien. Entonces, ya sabemos cómo se nombran los exoplanetas. En este capítulo y el próximo, exploraremos las técnicas utilizadas para detectarlos. Comenzaremos explorando las técnicas más exitosas: la velocidad radial y el método de tránsito.

Método de velocidad radial – midiendo el tambaleo estelar

La técnica de velocidad radial es la razón por la cual Wolszczan y Frail fueron galardonados con el Premio Nobel. Esta técnica se utilizó para encontrar el primer planeta orbitando una estrella de secuencia principal. Contrario a la técnica de técnica de variaciones en el tiempo de los púlsares que encontró el primer exoplaneta real, la técnica de velocidad radial es un método que abrió el camino para encontrar planetas orbitando una estrella de secuencia principal. Las estrellas de secuencia principal, o estrellas "normales", como el Sol, son más comunes que los púlsares, que son relativamente raros. Por lo tanto, la técnica de velocidad radial para encontrar planetas da origen a una era completamente nueva en el conocimiento humano. El método de velocidad radial representa casi el 20% de todos los exoplanetas confirmados hasta la fecha.

Antes de comenzar a discutir los detalles de esta técnica, déjeme decirle estimado lector que usted y yo hemos sido engañados toda nuestra vida. Incluso yo le engañé al comienzo de este capítulo. Siempre se nos ha dicho que los planetas en el sistema solar orbitan el Sol. Lo mismo se aplica a los planetas que orbitan otras estrellas. Esta no es exactamente la verdad. Cada objeto tiene un centro de masa. Este es el punto exacto en donde todo el material del que está hecho un objeto se concentra. En otras palabras, este es el punto en el que la masa del objeto puede ser equilibrada. Si la masa de un objeto se distribuye homogéneamente, el centro de masa de ese objeto estaría en el medio (pensemos en una regla, por ejemplo). Por otro lado, si la masa del objeto se concentra hacia un extremo del objeto, el centro de masa está mucho más cerca del extremo pesado (un martillo, por ejemplo).

En el espacio, los sistemas conformados por objetos que se orbitan entre sí también tienen un centro de masa, que se manifiesta como el punto alrededor del cual orbitan los objetos. Este es el punto en el que se encuentra el *baricentro*[6] (del griego antiguo barús 'pesado' y 'centro') de los objetos. La mejor manera de visualizar esto es imaginar que colocamos el Sol y un planeta en uno de esos aparatos de sube y baja en el que los niños (y algunos adultos) juegan en los parques. Sin embargo, este sube y baja es especial, ya que no sube y baja, sino que es un sube y baja rotacional (no intente esto en casa) donde ambas masas "orbitan" alrededor del punto de pivote.

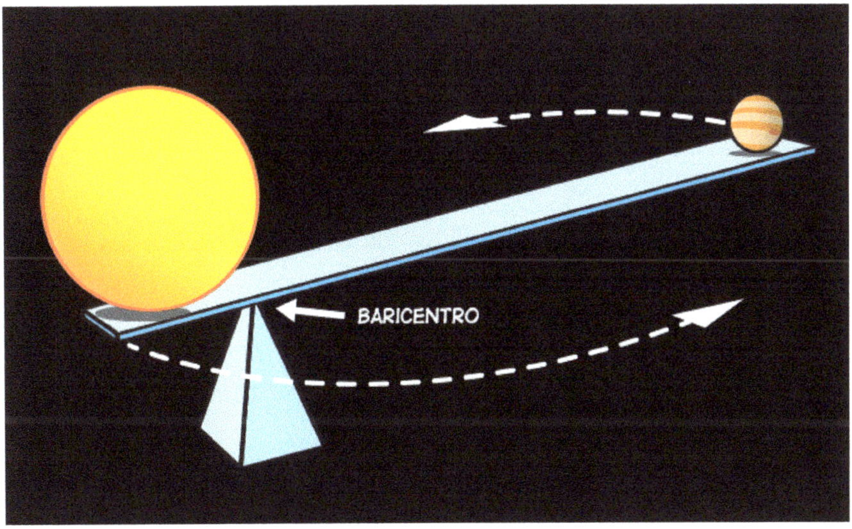

Fig. 3.11 Un planeta y su estrella orbitan alrededor de un centro de masa común o baricentro. Créditos: NASA.

Dado que la masa del Sol es extremadamente grande en comparación con cualquier planeta en el sistema solar, o generalmente hablando, la estrella central es más masiva que cualquiera de sus planetas en un sistema planetario, el baricentro del sistema estará ubicado más cerca del centro de la propia estrella. ¿Por qué es esto importante? Porque tanto la estrella como el planeta orbitan alrededor del baricentro del sistema planeta-estrella. Entonces, técnicamente hablando, el planeta no orbita la estrella. Orbita el punto del centro de masa. Para planetas menos masivos, el baricentro se ubicará dentro de la estrella, pero no exactamente en el centro de la propia estrella. Cuanto más masivo es el planeta, más lejos del centro de la estrella estará el centro de masa del sistema planeta-estrella. Para un planeta como Júpiter, el planeta más masivo del sistema solar, el baricentro se encuentra a unos 36 millones de km del centro del Sol y afuera del mismo.

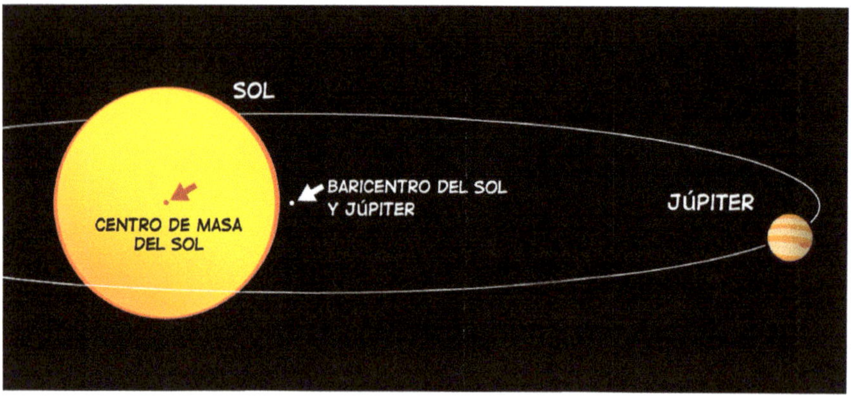

Fig. 3.12 El baricentro del sistema Júpiter-Sol se encuentra a 36 millones de km del centro del Sol. Créditos: NASA.

Esto significa entonces que cada planeta tiene su propia relación especial con su estrella. Es decir, cada planeta está a una distancia determinada de la estrella y tiene su propia masa única. Por lo tanto, cada planeta tiene su propio baricentro de su correspondiente sistema planeta-estrella.

Esto, por cierto, no se aplica solo a planetas y estrellas. También se aplica a planetas y sus lunas, asteroides y sus lunas, cometas y la estrella que orbitan. Esencialmente, cada par de cuerpos que orbitan uno alrededor del otro tendrán su propio baricentro. Por ejemplo, el centro de masa del sistema Tierra-Luna está ubicado dentro de la Tierra a 4,600 km de su centro, lo que significa que está dentro de nuestro planeta.

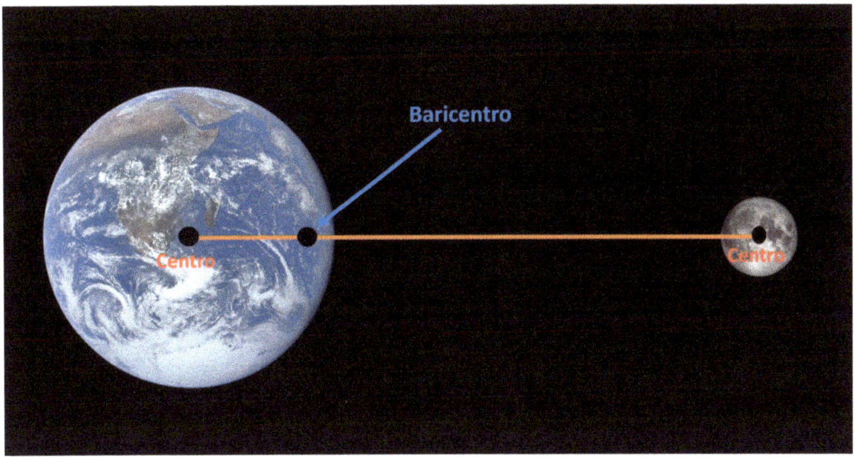

Fig. 3.13 El sistema Tierra-Luna. El baricentro está dentro de la Tierra a 4,600 km de su centro. Imagen no a escala. Créditos: imagen producida por el autor.

Ahora que hemos establecido que los sistemas de dos cuerpos y los sistemas de múltiples cuerpos en general orbitan alrededor de un centro de masa común, está claro que cada cuerpo en un sistema de dos cuerpos ejerce una atracción gravitacional sobre el otro. Esto significa que un planeta que orbita una estrella hará que la estrella "se tambalee". Recordemos que los planetas son extremadamente pequeños en comparación con las estrellas que orbitan. Por ejemplo, el planeta más grande del sistema solar es Júpiter y su masa es una milésima parte de la masa del Sol. Por lo tanto, los astrónomos solo pueden detectar un pequeño tambaleo de la estrella debido a la presencia de un planeta. Cuanto más grande es el planeta, mayor es el tambaleo.

Los astrónomos miden miles de líneas de absorción espectral por estrella y calculan la velocidad de la estrella moviéndose hacia nosotros o alejándose de nosotros. Esta velocidad se conoce como velocidad radial, dando su nombre al método de detección. Los dispositivos de medición de velocidad radial necesitan ser extremadamente sensibles para poder detectar variaciones tan pequeñas en los valores de velocidad. En la actualidad, los astrónomos pueden medir velocidades radiales en el rango de unos pocos metros por segundo (m/s) a decenas de centímetros por segundo (cm/s). Por ejemplo, el instrumento Buscador de Planetas en el Infrarrojo Cercano (NIRPS, por sus siglas en inglés)[7] de la Agencia Espacial Europea es capaz de medir velocidades radiales de alrededor de 1 a 2 m/s; el instrumento de colaboración internacional Buscador de Planetas por Velocidad Radial de Alta Precisión-Norte (HARPS-N, por sus siglas en inglés)[8] tiene una sensibilidad de 40 cm/s; y aún más, el Espectrómetro de Precisión Extrema (EXPRES, por sus siglas en inglés)[9] de la Universidad de Yale exhibe una sensibilidad de 10 cm/s.

Pero, ¿cómo saben los astrónomos si una estrella se está acercando o alejándose de nosotros? La respuesta es: el *efecto Doppler*. Todos hemos experimentado el efecto Doppler alguna vez en nuestra vida. El ejemplo típico es la ambulancia que se acerca o se aleja de nosotros. A medida que la ambulancia se acerca a nosotros, las ondas sonoras se comprimen, lo que resulta en una frecuencia más alta. De la misma manera, a medida que la ambulancia se aleja, las ondas sonoras se estiran detrás de la ambulancia. Dado que la distancia entre las ondas estiradas es mayor, la frecuencia disminuye, produciendo un tono más bajo.[10]

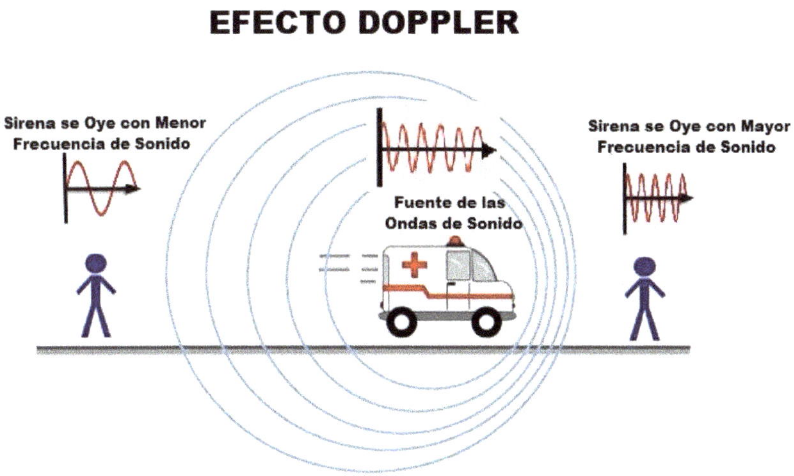

Fig. 3.14 Una persona escuchará un tono más alto de la sirena de la ambulancia si se está acercando. Si la ambulancia se está alejando, la persona escuchará un tono más bajo. Créditos: Café y Deep Learning.

Lo mismo ocurre con la luz; la luz también se comporta como una onda. Una frecuencia más baja significa una longitud de onda más larga, mientras que una frecuencia más alta se traduce en longitudes de onda más cortas. Diferentes longitudes de onda significan diferentes colores. Específicamente, la luz visible va del rojo (longitud de onda más larga) al azul (longitud de onda más corta). Se dice entonces que la luz de un objeto, como una estrella, que viene hacia nosotros, debido a la atracción gravitacional del planeta en este caso, se desplazará hacia el azul. De manera similar, cuando el planeta está completamente detrás de la estrella, el planeta atraerá la estrella alejándola de nosotros, y la luz de la estrella se desplazará hacia el rojo. Podemos ver esto en las siguientes figuras. El movimiento de la estrella ha sido exagerado para ilustrar el punto.

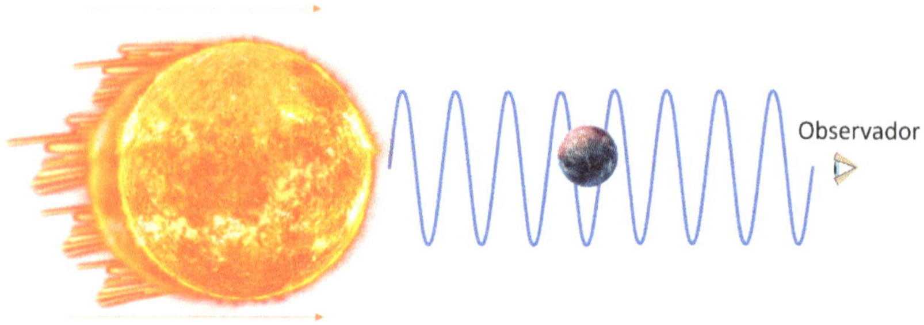

Fig. 3.15 A medida que el planeta atrae la estrella hacia nosotros, su luz experimentará un desplazamiento hacia el azul. Créditos: imagen producida por el autor.

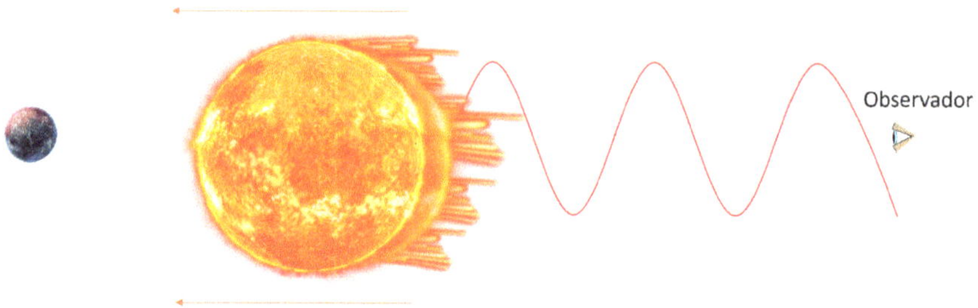

Fig. 3.16 Cuando un planeta jala a su estrella alejándola de nosotros, se verá que la luz de la estrella se ha desplazado hacia el rojo. Créditos: imagen producida por el autor.

Pero, prácticamente ¿qué significa cuando decimos que la luz de una estrella se ha desplazado hacia el rojo o hacia el azul? En pruebas de laboratorio aquí en la Tierra, los científicos han descubierto que cada elemento emite fotones solo en ciertas longitudes de onda. Cuando los astrónomos analizan el espectro de luz de un cuerpo celeste, esos fotones aparecen como líneas de emisión o líneas de absorción. Similar al ejemplo presentado en la Figura 3.17.

Fig. 3.17 Un ejemplo de un espectro estelar. Créditos: anisotropela.

Las líneas oscuras se conocen como líneas de absorción. Estas líneas se producen cuando el gas en las capas exteriores de la estrella absorbe parte de la luz emitida en su interior y, por lo tanto, no puede ser observada. Las líneas espectrales son cruciales para la astronomía, ya que les permiten a los astrónomos identificar los átomos, elementos y moléculas en objetos distantes, como una estrella, una galaxia o nubes de gas interestelar. Aquí viene lo más interesante. Cuando los astrónomos comparan el espectro de luz de una estrella para un elemento en particular con el espectro del mismo elemento aquí en la Tierra, comúnmente referido como el *espectro en reposo* de ese elemento, se puede determinar si las líneas de absorción se han desplazado hacia el rojo o hacia el azul. De esta manera los astrónomos, determinan si la estrella se está moviendo hacia nosotros o alejándose de nosotros.[11]

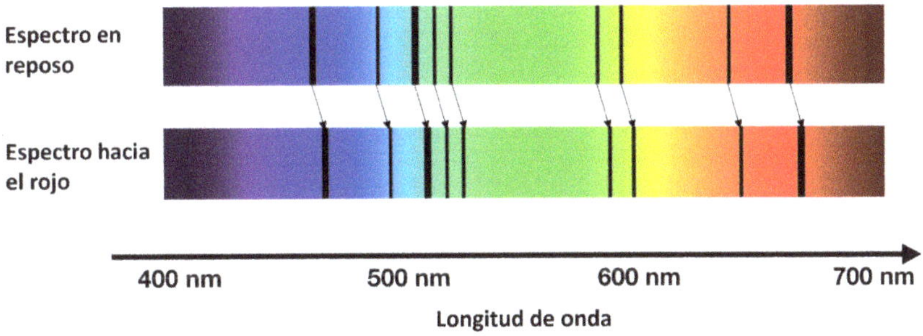

Fig. 3.18 Si las líneas de absorción se han desplazado hacia el rojo, el objeto se está alejando de nosotros. Créditos: anisotropela.

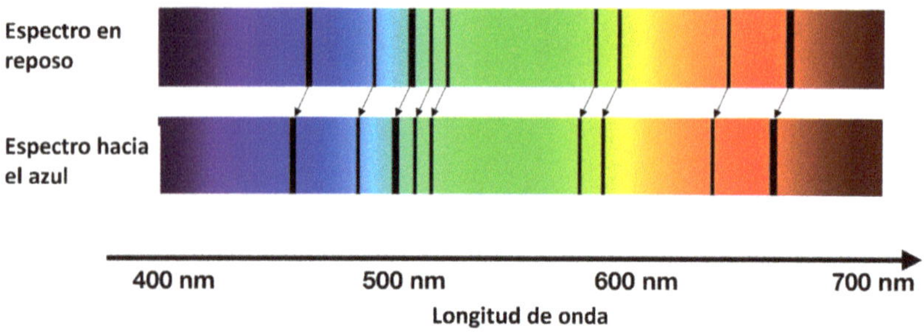

Fig. 3.19 Si las líneas de absorción se han desplazado hacia el azul, el objeto se está moviendo hacia nosotros. Créditos: anisotropela.

Por lo tanto, si los astrónomos observan que la luz de una estrella se aleja de nosotros y luego se acerca a nosotros de manera periódica, se puede inferir la existencia de un planeta.

El método de velocidad radial es una de las técnicas más exitosas en el descubrimiento de planetas. Representa casi el 20% del número total de planetas encontrados.[12] Este método proporciona a los astrónomos una indicación de la masa y el período del planeta, ósea el tiempo que tarda en completar un ciclo de revolución alrededor de su estrella. La velocidad radial también permite a los investigadores obtener la excentricidad de la órbita del planeta. Este parámetro es extremadamente útil para determinar aspectos muy importantes del planeta, como su posible habitabilidad, su mecanismo de formación y como ha sido la evolución del planeta. Un planeta con una alta excentricidad puede experimentar variaciones severas en temperatura y condiciones atmosféricas que podrían limitar las posibilidades de que la vida prospere en tal ambiente.

A pesar de todas estas ventajas, la técnica de velocidad radial no es perfecta. Los cálculos que se necesitan para determinar la masa de un planeta dependen de conocer la inclinación orbital del sistema exoplanetario. La inclinación de un planeta, representado por el símbolo *i*, es el ángulo entre el plano del cielo a lo largo de nuestra línea de visión y la órbita del exoplaneta.[13]

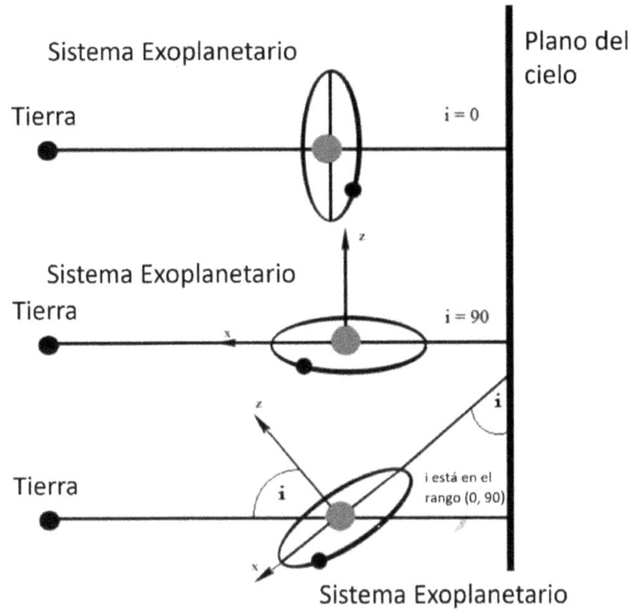

Fig. 3.20 El ángulo de inclinación i, es el ángulo entre el plano de la órbita del exoplaneta y el plano del cielo.

Desafortunadamente, esta inclinación es desconocida, y como tal, los astrónomos solo pueden calcular la masa mínima del planeta. Esta incapacidad para medir la masa verdadera del planeta a menos que se conozca la inclinación orbital se considera una de las principales desventajas del método de velocidad radial. Determinar la masa de un planeta es crucial, ya que esta propiedad es un criterio fundamental para distinguir entre planetas grandes y estrellas pequeñas o enanas marrones.

Pero los inconvenientes de este método no se detienen aquí. Dado que los tambaleos estelares son típicamente muy pequeños, observar velocidades radiales a grandes distancias es un desafío.[14] Por lo tanto, este método se utiliza a menudo para examinar estrellas relativamente cercanas y brillantes.

Los falsos positivos también son un problema cuando se observan sistemas multi-planeta y multi-estelares. En tales sistemas, el centro de masa es incierto y extenso,[15] lo que dificulta calcular la velocidad radial con la precisión requerida. Datos engañosos pueden contribuir a concluir erróneamente en la presencia de un planeta cuando, en realidad, tales observaciones pueden ser el resultado de interacciones gravitacionales complejas.

Otro gran desafío para los astrónomos es que, para medir el período orbital de un planeta con mayor precisión, idealmente se requieren observaciones de velocidad radial de una órbita completa del planeta alrededor de su estrella. Es por esta razón que en sus inicios la técnica de velocidad radial solo ayudó a detectar planetas de período corto. Con el paso del tiempo, observaciones de una década o más, han permitido la detección de planetas gigantes gaseosos en órbitas similares a la de Júpiter.[16]

Este método también está sesgado a favor de descubrir planetas grandes. Los planetas masivos que orbitan cerca de sus estrellas ejercen una fuerza gravitacional más fuerte sobre ellas, lo que resulta en tambaleos más grandes de la estrella. Este tambaleo más grande produce señales de velocidad radial más fuertes y, por lo tanto, tales planetas son más fáciles de detectar.

Finalmente, la luz emitida por una estrella fluctúa frecuentemente debido a procesos físicos internos que afectan a la propia estrella. Estas variaciones se conocen como *ruido estelar* o *jitter estelar* y también afectan las señales de velocidad radial. Las manchas estelares, por ejemplo, pueden producir señales que podrían interpretarse como un signo de cambios en la velocidad radial de la estrella. Esto puede verse como una indicación de la presencia de pequeños planetas cercanos,[17] cuando en realidad no existen tales planetas. Este tipo de detecciones falsas se denominan *falsos positivos*, y los astrónomos, por supuesto, desean minimizar su ocurrencia tanto como sea posible.

En ciencia, como en la vida en general, a todo el mundo no le queda la misma talla de zapato. Y este es precisamente el caso con las técnicas de detección de exoplanetas. Estas técnicas no están diseñadas para usarse de forma aislada, sino como parte del arsenal que los astrónomos emplean para determinar las diferentes características de un planeta. La velocidad radial se usa generalmente junto con el método del tránsito, mi técnica favorita. Es mi favorita porque, en mi opinión, es la más fácil de entender y visualizar. Hablemos sobre el método del tránsito en la siguiente sección.

El método del tránsito – Encontrando esa pequeña disminución en el brillo de una estrella

Fig. 3.21 Un insecto que gira alrededor de una bombilla causará una disminución en el brillo de la bombilla a intervalos regulares. Los exoplanetas causan un efecto similar en las estrellas que orbitan. Créditos: imagen obtenida de la Internet pública.

Imagine estar plácidamente sentado en la sala de su casa en su silla favorita con las luces encendidas mientras lee la versión en tapa dura de este increíble libro. En un momento dado, usted nota a un insecto entrometido, digamos una mosca, que comienza a volar cerca de una de las bombillas. Los insectos, en general, se sienten atraídos por la luz y usted empieza a temer lo peor. Evidentemente, el insecto entrometido decide comenzar a dar vueltas alrededor de la bombilla (en realidad, puede que no sea algo que los insectos disfruten hacer, sino más bien un intento de orientar la parte posterior de sus cuerpos hacia la fuente de luz).[18] A pesar de no seguir la trayectoria de vuelo del insecto con sus ojos, usted se puede dar cuenta de que ha decidido dar vueltas alrededor de la bombilla porque cada vez que da una vuelta entera, la luz de la bombilla se atenúa un poco. Si esto continúa por un tiempo y con regularidad, usted podría perder la paciencia e intentar matar a la pobre criatura. Otra cosa que podría hacer es inferir cuánto tiempo tarda el insecto en completar una rotación alrededor de la bombilla.

Pero, ¿qué pasaría si el insecto fuera más pequeño? Esa disminución en el brillo sería casi imperceptible. ¿Y si sustituimos la mosca por una de esas aterradoras cucarachas voladoras grandes? Se notará una disminución mayor en la luz que le llega. Al detectar esta disminución en el brillo, se podría inferir la presencia de un insecto girando alrededor de la bombilla, incluso si no se vio al insecto entrar en la habitación en primer lugar. También uno podría afirmar que el insecto está *eclipsando* la bombilla. Bueno, así es literalmente cómo funciona el método del tránsito.

Cuando era niño tuve el privilegio de presenciar un eclipse total de Sol, en julio de 1991. Fue una experiencia increíble. En medio del día, el Sol se oscureció por completo. Pude ver bandadas de pájaros yendo a dormir justo antes de la ocultación total, y luego pude ver a esos mismos pájaros bastante confundidos cuando concluyó el eclipse. ¡Qué noche tan corta, deben haber pensado!

Pero, ¿por qué tenemos la oportunidad de experimentar eclipses solares? Debido a una fantástica coincidencia cósmica, la distancia entre la Luna y la Tierra es 400 veces menor que entre el Sol y la Tierra. O, en otras palabras, la Luna está 400 veces más cerca de la Tierra que el Sol. Pero el tamaño de la Luna, su diámetro, es 400 veces menor que el del Sol. ¡Increíble! Debido a esta loca coincidencia, cuando la Luna está alineada justo delante del Sol durante una fase de luna nueva, ésta bloquea completamente la luz que proviene del Sol.

Fig. 3.22 Un eclipse total de Sol visto desde Texas, EE. UU. En abril del 2024. Durante un eclipse total de Sol, la Luna bloquea completamente la luz del Sol. Créditos: Dr. Brett C. Addison.

Los eclipses totales de Sol no han ocurrido siempre de la misma manera. Recordemos que la hipótesis del gran impacto indica que la Luna fue creada después de que la Tierra primordial fue impactada por un objeto del tamaño de Marte. Por lo tanto, la Luna estaba mucho más cerca de la Tierra de lo que está ahora después de su formación. Así que, los eclipses totales de Sol no se experimentaban entonces de la misma manera con la que los experimentamos ahora. Cuando la Luna estaba más cerca, aparecía más grande en el cielo, y los eclipses solares ocurrían más a menudo y duraban más tiempo. Dado que la Luna continúa alejándose lentamente de nosotros, retrocediendo de la Tierra a una tasa de aproximadamente 3.8 centímetros por año, la Luna aparecerá en un futuro distante más pequeña en el cielo, y los eclipses totales solares se volverán más raros y breves, eventualmente cesando por completo en aproximadamente 600 millones de años.[19]

Una buena pregunta es entonces, ¿por qué no experimentamos eclipses totales solares cada vez que hay Luna nueva? La Luna está inclinada unos 5 grados con respecto a la órbita de la Tierra alrededor del Sol. Lo que esto significa es que, desde nuestro punto de vista, la Luna pasa ya sea por encima o por debajo del Sol, y nos perdemos completamente la sombra resultante en la superficie de la Tierra. Esta inclinación de 5 grados también explica el otro tipo de eclipses solares. Los eclipses solares parciales, por ejemplo, ocurren cuando la Luna no pasa exactamente en el mismo plano que la órbita de la Tierra alrededor del Sol. Esto da como resultado a la Luna bloqueando parcialmente la luz del Sol, creando una sombra parcial.

Similar a lo que experimentamos aquí en la Tierra cuando la Luna bloquea la luz del Sol, la luz que recibimos de una estrella también se atenúa debido al tránsito de un planeta a través de su disco. Tal atenuación o reducción en el brillo puede ser cuantificado utilizando *fotometría*, una técnica que permite a los astrónomos medir el brillo de una estrella en una imagen.

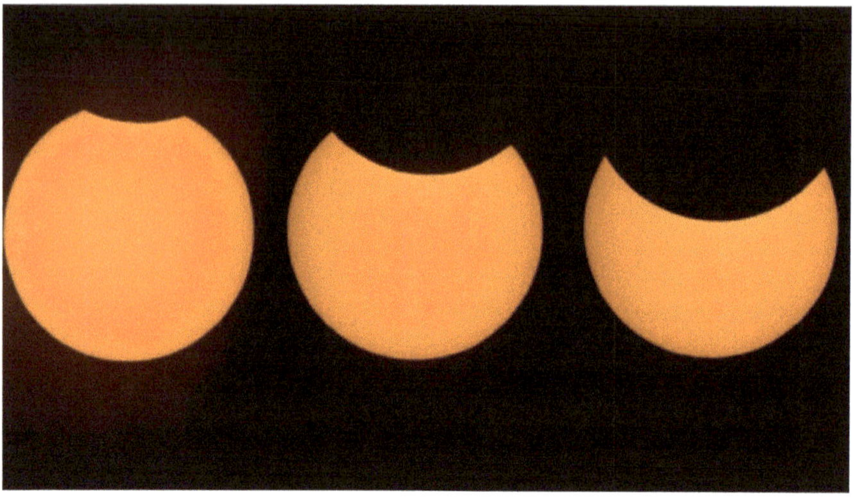

Fig. 3.23 Un eclipse parcial de Sol. El Sol visto desde el Centro Espacial Johnson de la NASA en Houston en agosto de 2017. Créditos: NASA/Noah Moran.

Para poder cuantificar la reducción en el brillo causada por el planeta en tránsito, los astrónomos necesitan conocer la intensidad de luz "normal" de la estrella. Con este fin, los astrónomos recopilan curvas de luz de la estrella que están observando. Una curva de luz es un registro de la intensidad de luz de la estrella a lo largo del tiempo. Si cuentan con suerte, la curva de luz mostrará una reducción consistente y periódica de la luz recibida de la estrella, lo cual es el resultado de un planeta eclipsando a su estrella.

A partir de los datos obtenidos, los astrónomos pueden determinar la duración del tránsito, o cuánto tiempo el planeta eclipsó la estrella mientras pasaba frente a ella. Los astrónomos también cuantifican la profundidad del tránsito, que es la reducción real medida en el brillo de la estrella. Desafortunadamente, una caída en el brillo de una estrella causada por un planeta en tránsito es muy pequeña. Se ha estimado que, para una estrella similar al Sol, dicha caída está en el orden del 1% para planetas de un tamaño similar a Júpiter y alrededor del 0.01% para planetas de tamaños similares a la Tierra y Venus.

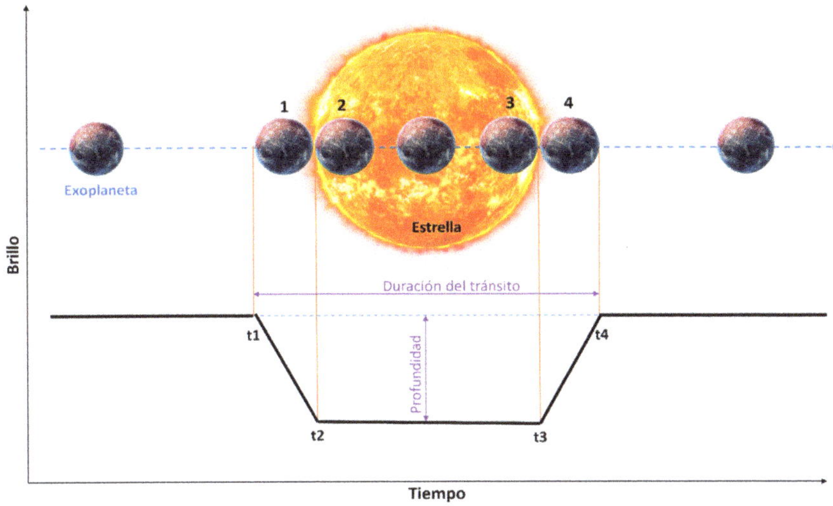

Fig. 3.24 Ejemplo de una curva de luz cuando un planeta pasa frente a su estrella.

Como se observa en la Figura 3.24,[20] una terminología común se refiere a los puntos de contacto o fases de un tránsito.

El ***primer contacto***, que ocurre en t_1, o lo que se conoce como el inicio de la entrada, es el punto en el que el disco del planeta comienza a tocar el borde exterior de la estrella.

El ***segundo contacto***, que ocurre en t_2, o el final de la entrada, se refiere al punto en el que todo el planeta se ha movido dentro del disco estelar.

El ***tercer contacto***, en t_3, o el inicio de la salida, es el punto en el que el planeta toca el borde opuesto de la estrella, y

El ***cuarto contacto***, en t_4, o el final de la salida, es el punto en el que el planeta está justo fuera de su estrella.

El conocer los momentos de estos puntos de contacto permite a los astrónomos identificar ciertas propiedades del planeta detectado. Por ejemplo, al saber cuánta variación en el brillo o *cambio en el flujo*, que es el término técnico, y usando simple geometría, es posible determinar la relación entre el tamaño del planeta con respecto al tamaño de la estrella con mayor precisión. Sin embargo, es necesario conocer con antelación el tamaño (radio) de la estrella. No obstante, el tamaño de una gran cantidad de estrellas es algo que los astrónomos han tenido claro por un buen tiempo. A lo largo de los años se han producido extensos catálogos de tamaños de estrellas analizando sus espectros, sus temperaturas, la interferometría, o incluso la Luna. La masa de las estrellas también puede determinarse utilizando sus tipos espectrales.

Dada la dificultad de medir las características de un exoplaneta con un 100% de certeza, los astrónomos necesitan hacer ciertas suposiciones. Una de estas suposiciones es considerar la excentricidad de la órbita del planeta como cero, o, en otras palabras, considerar la órbita del planeta completamente circular. Recordemos que la excentricidad es una indicación de lo plana que es la órbita elíptica de un planeta. Una elipse con una excentricidad de cero es efectivamente un círculo. Hacer esto facilita el cálculo de la distancia promedio (semieje mayor) del planeta a su estrella. Sin embargo, medir tránsitos consecutivos de un planeta permite mediciones precisas de su período orbital, y, por lo tanto, su distancia de la estrella con más precisión. Los astrónomos pueden de hecho estimar el período orbital de un planeta a partir de un solo tránsito basado en la duración del tránsito, pero tal estimación no es muy precisa. Se pueden obtener resultados más precisos si se observan múltiples tránsitos.

Al momento de estar escribiendo esta sección, el 75% de todos los exoplanetas descubiertos han sido detectados utilizando el método del tránsito. Al principio, la detección de exoplanetas usando esta técnica fue principalmente liderada por observaciones hechas con telescopios terrestres, tales como la Búsqueda de Planetas de Gran Angular (WASP, por sus siglas en inglés)[21] y el Telescopio Automatizado Húngaro (HAT, por sus siglas en inglés).[22]

Sin embargo, el campo de los exoplanetas y el método del tránsito en sí experimentaron una explosión en el número de planetas confirmados cuando los telescopios espaciales entraron en escena, siendo las misiones de la NASA Kepler,[23] lanzada en el 2009, y el Satélite de Sondeo de Exoplanetas en Tránsito (TESS, por sus siglas en inglés),[24] lanzado en el 2018, los estudios que cuentan con el mayor número de exoplanetas detectados hasta la fecha.

La misión Kepler fue diseñada para sondear más de 150,000 estrellas en nuestra región de la galaxia Vía Láctea en la dirección de las constelaciones de Cygnus y Lyra. Su objetivo principal era detectar planetas del tamaño de la Tierra e incluso más pequeños en o cerca de la zona habitable alrededor de su estrella. Para orientar la nave espacial en una dirección dada, los ingenieros de la NASA diseñaron una matriz de cuatro ruedas de reacción similares a giroscopios en la nave espacial. Estas ruedas permitieron que la nave espacial se alineara con una precisión increíble sin necesidad de usar combustible, lo que extendió la vida útil de la misión, que originalmente se esperaba fuera solo de cuatro años. Desafortunadamente, justo después de tres años en funcionamiento, algunas de estas ruedas comenzaron a fallar; la primera en julio de 2012 y la segunda en mayo de 2013. Todo parecía perdido, pero los ingenieros de la NASA tuvieron una fantástica idea. Dado que el resto de los instrumentos a bordo aún eran muy capaces de continuar con el objetivo original de Kepler, los ingenieros de la misión idearon una solución muy inteligente que usaba la presión de la luz solar para ayudar a estabilizar la nave espacial. Este truco ingenioso extendió la misión (conocida como Kepler-2 o misión K2)[25] por otros cuatro años. Finalmente, después de nueve años de servicio, más de 2,700 planetas detectados y luego de haber allanado el camino para misiones como TESS, la NASA anunció la terminación de la misión K2 en octubre de 2018.

Concluida la misión Kepler, era el momento para su sucesor TESS. El objetivo de TESS es sondear 200,000 de las estrellas más brillantes cerca al Sol. TESS fue lanzado a bordo de un cohete Falcon 9 de SpaceX en abril de 2018. El satélite sondea todo el cielo durante seis años. Divide el cielo en sectores que miden 24 grados x 96 grados.

TESS observa cada sector durante dos órbitas del satélite alrededor de la Tierra. Esto significa que dedica alrededor de 27 días en promedio a cada sector. TESS ya ha ayudado a detectar más de 400 planetas confirmados y sigue contando. Sin embargo, la lista de posibles planetas (candidatos) actualmente supera los 10,000. Esto significa que el número de exoplanetas confirmados podría potencialmente duplicarse o incluso triplicarse en un futuro cercano.

No hay duda de que el método del tránsito ha sido exitoso. Sin embargo, así como sucede con la técnica de velocidad radial, el método del tránsito también tiene sus desventajas. La más obvia es que el tránsito de un planeta, y, por lo tanto, una atenuación en el brillo de la estrella, solo puede ser observado cuando el plano orbital del planeta está de canto o casi de canto a lo largo de nuestra línea de visión. Es decir, cuando la línea de visión del observador—un instrumento—coincide exactamente o casi exactamente con el plano orbital del planeta, como se ilustra en las Figuras 3.25, 3.26.

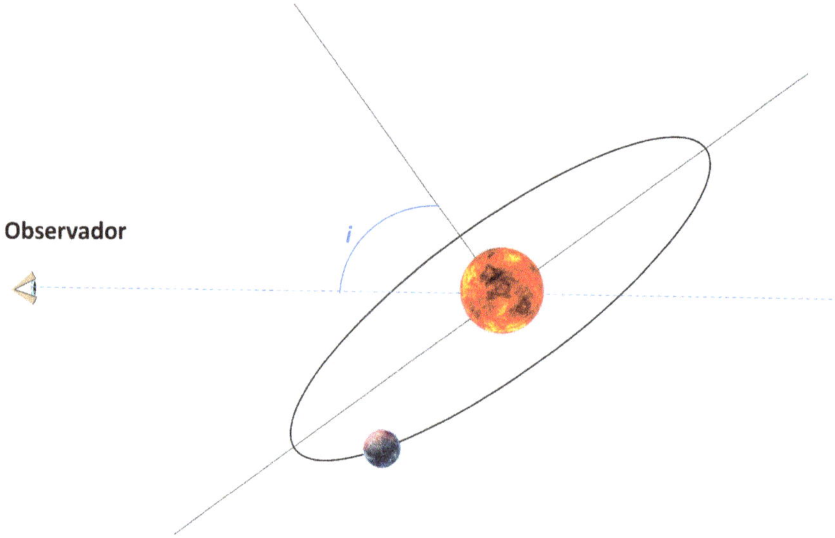

Fig. 3.25 Casi de canto. Una inclinación, i, entre nuestra línea de visión y el plano orbital del exoplaneta distante. Créditos: imagen producida por el autor.

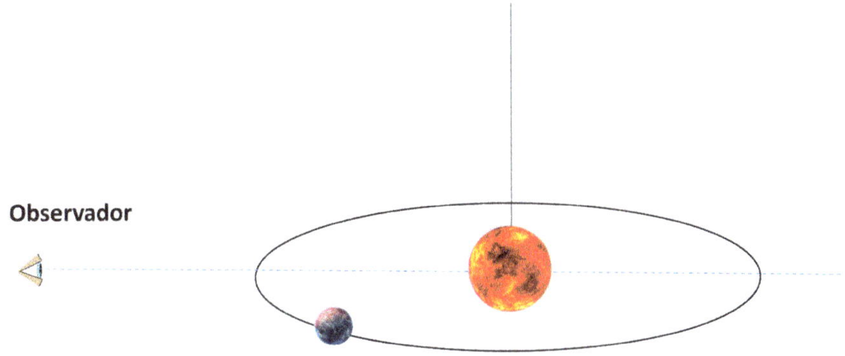

Fig. 3.26 De canto. El plano orbital del exoplaneta es perpendicular o casi perpendicular a nuestra línea de visión. Créditos: imagen producida por el autor.

Desafortunadamente, cuando el planeta está de frente, lo que significa una inclinación de cero grados con respecto a nuestra línea de visión, los astrónomos no pueden ver el planeta pasando frente a la estrella y no pueden medir ningún cambio en la luminosidad de la estrella, como se observa en la Figura 3.27.

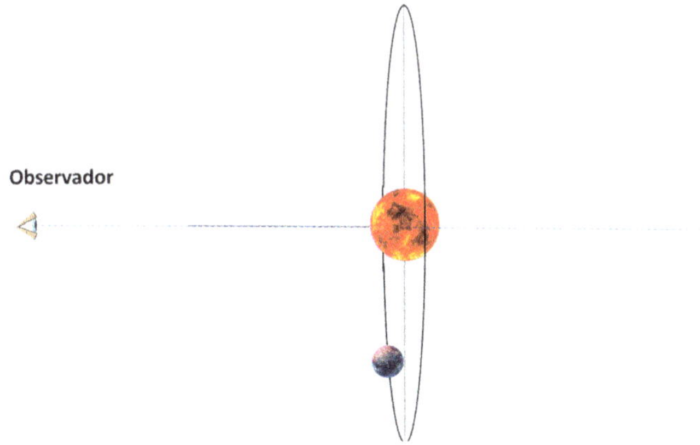

Fig. 3.27 Tránsito del planeta de frente. El plano orbital del planeta tiene una inclinación de cero grados con la línea de visión del observador. Créditos: imagen producida por el autor.

Lo bueno de esto es que, en el método del tránsito, los astrónomos pueden calcular el valor de la inclinación orbital del planeta conociendo la duración del tránsito y un poco de geometría. Esto se hace gracias al *parámetro de impacto*, que mide qué tan cerca pasa un planeta del centro de su estrella mientras transita frente a ella. Recordemos que, debido a la naturaleza de la técnica de velocidad radial, la inclinación orbital de la órbita del planeta era desconocida.

Desafortunadamente, la probabilidad de observar el tránsito de un planeta dado alrededor de una estrella particular es pequeña y requiere una alineación óptima entre el observador y el sistema planetario.[26] Esta probabilidad se conoce como la *probabilidad de tránsito* y se define como la probabilidad de que un planeta dado transite su estrella visto desde la Tierra. Esta probabilidad aumenta con un tamaño mayor de la estrella y disminuye con distancias mayores del planeta a la estrella. Por ejemplo, para dos estrellas de tamaño similar, sería más probable observar un planeta más cercano a su estrella que observar uno con una órbita más larga. Por otro lado, si tenemos dos planetas ubicados exactamente a la misma distancia de su estrella, sería más probable observar el planeta cuya estrella central fuera más grande.

El método del tránsito también está inherentemente sesgado y favorece la detección de planetas de período corto, que son los planetas que orbitan cerca de su estrella. Además, dado que es más fácil para los astrónomos detectar atenuaciones mayores en el flujo de una estrella debido al paso de un planeta, el método está sesgado hacia planetas más grandes que orbitan más cerca de su estrella, ya que bloquean más luz y transitan con más frecuencia. Para empeorar las cosas, la duración del tránsito de un planeta —el tiempo que el planeta está eclipsando a su estrella— puede ser solo una pequeña fracción de su período orbital total. Por ejemplo, un planeta podría tardar meses o incluso años en trazar una órbita completa alrededor de su estrella. Sin embargo, un tránsito suele durar solo horas o días.

El método del tránsito también sufre de falsos positivos causados por estrellas que pertenecen a la parte inferior de la secuencia principal o enanas marrones. Tales objetos que orbitan una estrella más grande pueden confundirse con planetas gigantes, ya que sus tamaños son similares.

Una última desventaja del método del tránsito tiene que ver con la configuración de los sistemas estelares. Se estima que hasta el 85% de las estrellas en el universo son parte de un sistema binario.[27] Estas estrellas, también conocidas como *binarias eclipsantes*, son un dolor de cabeza para los cazadores de planetas que utilizan el método del tránsito. Específicamente, las binarias eclipsantes que no se eclipsan completamente entre sí, conocidas como *binarias rozantes*, pueden causar falsos positivos, ya que pueden producir señales similares a las producidas por un exoplaneta real.

También vale la pena mencionar que los falsos positivos pueden ocurrir cuando una estrella de fondo está cerca de una estrella en primer plano en el cielo, de modo que las dos estrellas caen en el mismo píxel del detector. Si la estrella de fondo es en realidad una binaria eclipsante, la señal de la binaria eclipsante se diluye con la luz de la estrella en primer plano y la curva de luz resultante puede imitar a planetas en tránsito; estos sucesos se conocen como *binarias eclipsantes de fondo* (BEBs, por sus siglas en inglés). Este ha sido un problema muy particular para la misión TESS, ya que cada píxel en el cielo es bastante grande y no es raro que dos o más estrellas caigan en el mismo píxel.

Dejando de lado estas desventajas, podemos discutir el potencial del método del tránsito, específicamente cuando se combina con otros métodos. Discutimos anteriormente cómo las técnicas de detección son más poderosas cuando se combinan con otras. Cuando los astrónomos tienen mediciones de velocidad radial de un planeta en tránsito, pueden determinar una gran cantidad de sus características. Las velocidades radiales indican la masa, y el método del tránsito indica el tamaño. Es decir, si un planeta transita, se conoce su inclinación orbital y se puede obtener la verdadera masa del planeta.

Si el lector recuerda sus clases de física en la escuela, sabrá que conocer el tamaño y la masa de un planeta le permitirá calcular su densidad. Esto es importante porque la densidad de un planeta puede dar a los astrónomos una indicación del tipo de planeta que están observando, permitiéndoles determinar si un planeta es gaseoso o rocoso. La densidad también puede ayudar a determinar la gravedad superficial del planeta e incluso a comprender cómo se formó. Por ejemplo, un planeta pequeño con una gran densidad, como Mercurio en el sistema solar, puede indicar que el planeta tiene un núcleo grande y rico en hierro. En el caso de Mercurio, se estima que el núcleo, con un radio de 1,800 kilómetros, constituye hasta el 70% del tamaño total del planeta.

Si no los he convencido todavía de la efectividad y el éxito de las técnicas de velocidad radial y el método del tránsito, déjenme decirles que éstas han ayudado a descubrir el 94% de todos los planetas confirmados.[28]

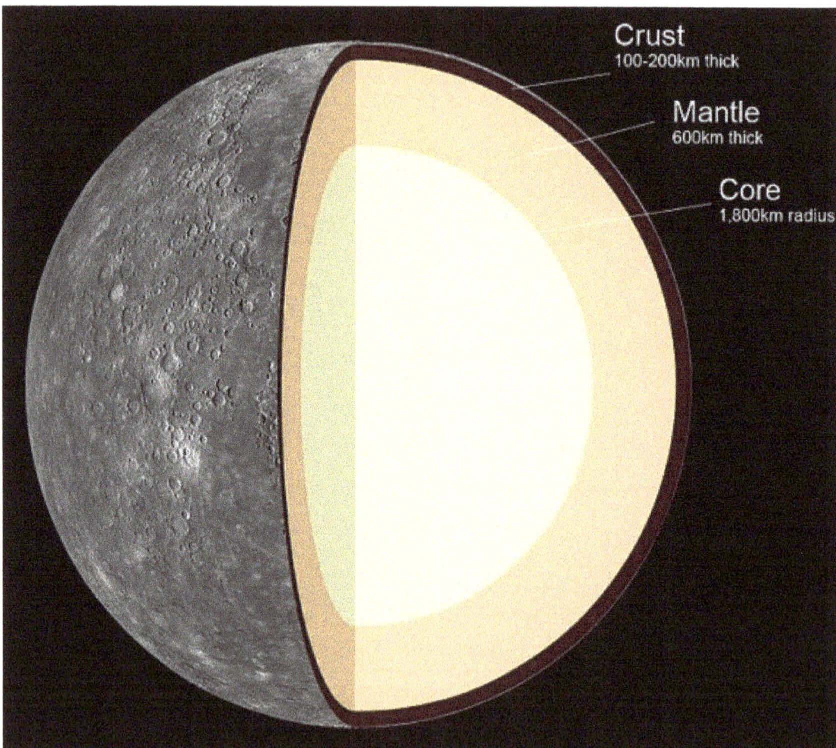

Fig. 3.28 Estructura interna de Mercurio. Se estima que la corteza tiene entre 100-300 km de grosor, el manto alrededor de 600 km de grosor y el núcleo se estima que tiene un radio de 1,800 km. Créditos: NASA/JPL.

Pero, ¿cuáles son esas técnicas que representan ese otro 6%? Las exploraremos en el próximo capítulo y veremos que estas podrían incluso muy pronto superar los números logrados por las técnicas de velocidad radial y tránsito. Estos otros métodos también podrían ayudar a los astrónomos a encontrar cosas que no han podido ser encontradas hasta ahora. Por ejemplo, debido a la naturaleza de los métodos más populares, todos los exoplanetas confirmados hasta la fecha están ubicados dentro de nuestra galaxia, la Vía Láctea. Sin embargo, no hay nada que nos haga pensar que los exoplanetas son exclusivos de nuestra galaxia. Los planetas extra-galácticos, que son por ahora todavía hipotéticos, son planetas que se encontrarían ubicados por fuera de la Vía Láctea. Estos planetas podrían ser detectados aprovechando los efectos de la gravedad; continuemos nuestro viaje.

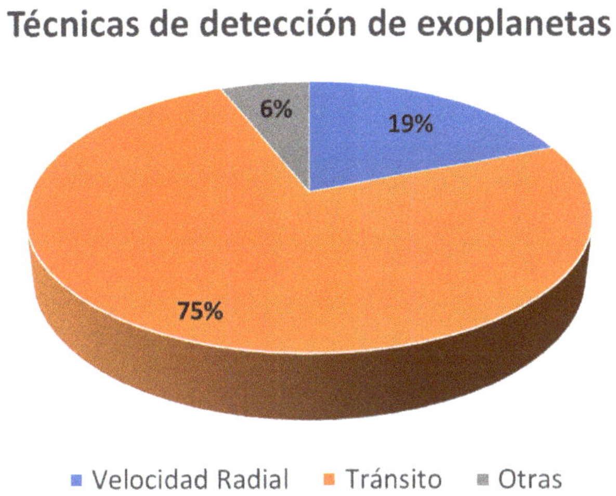

Fig. 3.29 La mayoría de los exoplanetas han sido descubiertos utilizando los métodos de detección de tránsito y velocidad radial. Créditos: gráfico de pastel creado utilizando datos del archivo de exoplanetas de la NASA.

Capítulo 4
Métodos de detección de exoplanetas – Segunda parte

> "Nacido en Kriptón y criado en la Tierra, experimentaste lo mejor de ambos y estabas destinado a ser el puente entre dos mundos."
>
> — Jar-El, El Hombre de Acero (2013)

NTT

Cada vez que un nuevo planeta es descubierto, se establece un puente entre nuestro propio mundo y el recién encontrado. A pesar de ser extremadamente exitosas, las técnicas de velocidad radial y el método del tránsito tienen varias limitaciones. Esto ha llevado a los astrónomos a pensar detenidamente y a tomar otros enfoques para encontrar aquellos exoplanetas esquivos. Estos otros métodos merecen ser explorados, especialmente porque estas técnicas aún no han alcanzado su masa crítica. El objetivo de este capítulo es que el lector se dé cuenta de lo brillante y emocionante que parece ser el futuro de estas otras técnicas.

Métodos de detección de exoplanetas – Segunda parte

Estas "otras" técnicas solo representan alrededor del 6% de los exoplanetas detectados hasta ahora,[1] pero a pesar de estas bajas cifras, el potencial de estos métodos es indiscutible.

La primera de estas técnicas es la *astrometría.* La astrometría es un método que detecta planetas midiendo con precisión los cambios en la posición de las estrellas causados por la presencia de un planeta. Sin embargo, dadas las vastas distancias de las estrellas, detectar pequeños cambios en el movimiento de una estrella debido a un planeta en su órbita es un desafío tecnológico monumental. Los astrónomos miden el movimiento de las estrellas en segundos de arco. Un segundo de arco es 1/3600 de un grado. Sin embargo, esta unidad ya no es lo suficientemente pequeña. La información recopilada por el Interferómetro Global para Astrometría (GAIA, por sus siglas en inglés) ha obligado a los astrónomos a introducir el milisegundo de arco, que es una milésima parte de un segundo de arco, para medir el movimiento propio de las estrellas dentro de su campo de visión. El movimiento propio de una estrella es la distancia aparente que una estrella se ha movido durante un cierto período en el cielo. Aunque el progreso de la astrometría en el descubrimiento de planetas ha sido lento, se estima que entre 20,000 y 70,000 planetas serán detectados a partir de los datos de GAIA en los próximos 10 años.

La Detección Directa es el caballo de carreras al que todos los fanáticos de los exoplanetas están haciéndole fuerza. Una cosa es saber que hay más de 5,000 planetas allá afuera, pero el poder ver una imagen detallada de cualquiera de estos planetas sería un logro monumental. La Detección Directa es el único método que (como su. nombre lo indica) es capaz de capturar directamente la imagen de un planeta. Todos los demás métodos se basan en mediciones indirectas que ayudan a inferir su presencia. Obtener esta imagen no es fácil, ya que los planetas emiten muy poca luz visible y el brillo de las estrellas que orbitan es varios órdenes de magnitud mayor. Los planetas reflejan la luz de la estrella que orbitan de acuerdo con sus propiedades de reflexión, o albedo. El albedo de un planeta es el porcentaje de luz estelar recibida que se refleja de vuelta al espacio. Capturar la luz reflejada de un planeta en la porción visible del espectro electromagnético es extremadamente difícil. Pero en el infrarrojo, las cosas mejoran bastante. Los planetas jóvenes, por ejemplo, son extremadamente calientes y emiten luz en el infrarrojo, lo que los convierte en los candidatos ideales para ser fotografiados directamente. Además, las posibilidades de observar directamente los planetas mejoran si orbitan algo que no es tan brillante y exhiben una órbita distante. Teniendo en cuenta todo esto, esta técnica ha requerido asombrosos avances tecnológicos. Ópticas activas y ópticas adaptativas, por ejemplo, eliminan los efectos de la atmósfera terrestre en las imágenes recopiladas. Coronógrafos y ocultadores estelares bloquean la luz de la estrella para que la luz reflejada y emitida por el planeta pueda ser analizada. Los ocultadores parecen algo sacado directamente de una novela de Arthur C. Clarke. Imagine una estructura gigante en forma de flor flotando en el espacio en frente de un observatorio espacial. ¡Ciencia ficción!

Una estructura gigante en forma de flor en el espacio podría sonar como una idea loca, pero ¿qué tal usar una estrella como una lupa para encontrar exoplanetas? Eso suena como algo que me acabo de inventar y, sin embargo, así es como funciona el método de *microlente gravitacional*. Según la Relatividad General de Einstein, la gravedad es una deformación del espacio-tiempo. Cuanto más masivo es un objeto, más deformación causa en el espacio-tiempo. Observamos este efecto cuando vemos las hermosas cruces y anillos de Einstein, que son el resultado de la luz siendo desviada y magnificada por un objeto masivo entre la fuente de luz y el observador. La fuente de luz se conoce comúnmente como el objeto de fondo, y el cuerpo celeste entre la fuente de luz y el observador se conoce como el objeto de primer plano. Los cazadores de exoplanetas usan una estrella y cualquiera de sus posibles planetas en órbita como una lupa y buscan señales muy específicas en las curvas de luz de una fuente de luz. Cuando una estrella pasa frente a una estrella de fondo, o un objeto luminoso, y un observador, la luz de la fuente se magnifica, creando el efecto de que, para el observador el brillo del objeto de fondo se incrementa alcanzando temporalmente un pico cuando los objetos involucrados están perfectamente alineados. Si los astrónomos miden un pico muy breve después del brillo máximo observado en la curva de luz recopilada, esto les indica a los astrónomos que hay un posible planeta orbitando la estrella de primer plano.

Luego, tenemos las técnicas que se basan en variaciones de eventos que bajo circunstancias normales serían regulares. Las *Variaciones de Tiempo de Pulsar* son una de estas técnicas, y la que nos dio el primer exoplaneta. Los púlsares, estrellas de neutrones que giran rápidamente, son conocidos como faros galácticos. Si los instrumentos utilizados están correctamente posicionados, los astrónomos verán una señal muy precisa proveniente de un púlsar giratorio de manera regular. Sin embargo, si un planeta orbita uno de estos objetos, este alterará ligeramente la órbita del púlsar y los instrumentos detectarán variaciones regulares en el período de pulsación medido. Afortunadamente, los púlsares no son los únicos objetos en el universo que producen señales regulares.

Otra de estas técnicas aprovecha el hecho de que ciertos tipos de estrellas pulsan o varían en su brillo de manera regular. Un tipo muy específico de tales estrellas son las *cefeidas*. Las cefeidas son importantes en astronomía debido al trabajo de la notable astrónoma Henrietta Swan Leavitt en el siglo XIX. Henrietta encontró una relación entre el período de pulsación de una estrella y su luminosidad, lo que, al final, les permitió a los astrónomos refinar la llamada escalera galáctica y expandir nuestra visión del universo. El método de Variaciones de Tiempo de Pulsación observa estrellas pulsantes, y, si se detectan pequeñas diferencias regulares en sus períodos de oscilación normalmente estables, esto podría indicar la presencia de un planeta que está perturbando la órbita de la estrella. Sin embargo, el período de oscilaciones es del orden de días a meses, lo que dificultaría la detección de pequeños cambios en el tiempo de pulsación debido a la presencia de planetas.

Pero los planetas no solo perturban las órbitas de las estrellas, también perturban las órbitas de otros planetas. Esto es lo que buscan los cazadores de exoplanetas utilizando *Variaciones de Tiempo de Tránsito* (TTV, por sus siglas en inglés). Cuando un planeta no está significativamente afectado por las fuerzas gravitacionales de otros planetas en su vecindad, y pasa frente a su estrella múltiples veces, y todo está en la posición correcta en el momento correcto de tal manera que esos tránsitos pueden ser observados desde la Tierra (yo sé que son un montón de "sis"), los astrónomos notarán que la duración y la periodicidad del tránsito son bastante regulares. Pero, si otros planetas están lo suficientemente cerca como para influir significativamente al planeta en tránsito observado, la regularidad de los tránsitos se alterará ligeramente. Se observará que el planeta a veces transitará antes o después, ya que su período orbital cambiará ligeramente debido a las interacciones gravitacionales con los otros planetas en el sistema. Si esta irregularidad es periódica, puede ser tomado como una indicación de la posible existencia de uno o más planetas secundarios.

El universo es tan exótico que un planeta podría orbitar un sistema estelar binario. Los sistemas estelares binarios consisten de dos estrellas que se orbitan entre sí. Se estima que alrededor del 85% de todos los sistemas estelares en el universo son sistemas binarios o múltiples. Esto nos hace pensar que nuestro sistema solar no es tan común ya que tiene solo una estrella. Algunos sistemas estelares binarios se eclipsan entre sí a intervalos regulares. La influencia gravitacional de un planeta circumbinario, un planeta que orbita un sistema binario, perturbará dicha cadencia y causará *Variaciones en el Tiempo de Eclipse*, que es el nombre de la técnica utilizada para detectar planetas que orbitan sistemas estelares binarios.

Volviendo a los planetas que orbitan estrellas individuales, su influencia gravitacional también puede causar variaciones en el brillo de las estrellas que orbitan, alterando el brillo total medido de un sistema planeta-estrella. Estas Modulaciones de Brillo Orbital son lo que los astrónomos utilizan para inferir la presencia de un planeta. Similar a las fases de la Luna que observamos desde la Tierra, los planetas también experimentan fases, dado que reflejan la luz estelar de manera diferente a medida que giran alrededor de su estrella. Si las variaciones observadas en el brillo del sistema planeta-estrella son periódicas, esto puede ser interpretado como una señal de la presencia de un planeta. Desafortunadamente, un planeta no es la única razón por la cual una estrella, y, por ende, un sistema planeta-estrella, puede experimentar variaciones en su brillo. Los ciclos magnéticos en las estrellas, como los que causan las manchas solares en el Sol, también pueden alterar regularmente el brillo total observado de una estrella.

Finalmente, los astrónomos utilizan la técnica conocida como *Cinemática de Discos*, que examina los movimientos del gas y el polvo que rodean a una estrella joven. La cinemática es una rama de la física que estudia el movimiento de los objetos sin examinar las fuerzas involucradas o lo que está causando el movimiento en sí. En este contexto, los científicos analizan el movimiento del gas y el polvo, y los espacios observados en los discos protoplanetarios para inferir la presencia de un planeta.

Fig. 4.1 Impresión artística del satélite Gaia mapeando las estrellas de la Vía Láctea. Créditos: ESA/ATG medialab; fondo: ESO/S. Brunier.

Astrometría

Cuando discutimos en el capítulo anterior la técnica de velocidad radial (RV, por sus siglas en inglés), aprendimos que un planeta y su estrella orbitan alrededor de un centro de masa común, o baricentro. También aprendimos que la presencia de un planeta puede inferirse debido a su efecto gravitacional en la estrella que orbita haciéndola que se desplace. En la técnica de RV, dicho efecto gravitacional se manifestaba en el desplazamiento al rojo o al azul del espectro recolectado de la estrella debido al movimiento de la misma.

La astrometría es una técnica observacional utilizada por los astrónomos para medir con precisión las posiciones y movimientos de estrellas, asteroides, planetas e incluso galaxias y cúmulos de galaxias. Por lo tanto, la astrometría no se usa exclusivamente para encontrar planetas, ni fue inventada para ese propósito.

Los seres humanos hemos usado la astrometría durante mucho tiempo. Nuestros calendarios, ciclos religiosos y festividades se basan en los movimientos de cuerpos celestes como el Sol y la Luna. Los marineros han empleado la ubicación precisa de las estrellas como sistemas de navegación y orientación durante siglos.

Las Observaciones a simple vista del cielo nocturno fueron fundamentales para determinar que los planetas se comportan de manera diferente a las estrellas, como se evidencia por su movimiento noche tras noche contra el cielo de fondo. Hiparco, que vivió en el 150 a. C., descubrió que la posición de las estrellas en relación con la Tierra cambiaba muy lentamente con el tiempo al observar cuidadosamente la estrella Espica y al comparar su posición con los datos recopilados por Timocares 160 años antes. Hiparco había descubierto la *precesión de la Tierra.* A medida que la Tierra rota, tambalea ligeramente en su eje, similar a un trompo giratorio. La Tierra se abulta en el ecuador debido a las fuerzas de marea causadas por la atracción gravitacional del Sol y la Luna. Esto hace que la Tierra tambalee alrededor de su eje, un fenómeno conocido como *precesión axial*. El ciclo de precesión axial tiene un período de aproximadamente 26,000 años.[2]

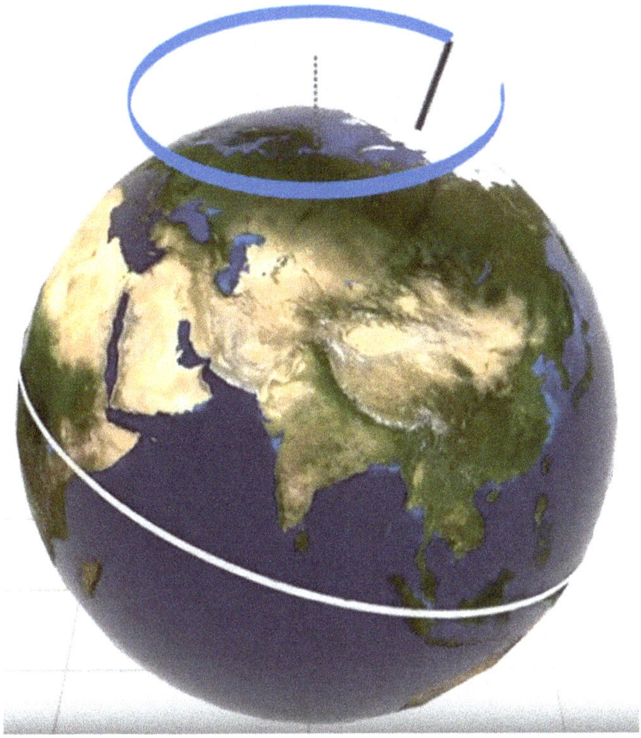

Fig. 4.2 La Tierra tambalea sobre su propio eje. El ciclo de precesión axial abarca unos 26,000 años. Créditos: NASA/JPL-Caltech.

Para que los astrónomos obtengan mediciones precisas del desplazamiento de una estrella, necesitan tener en cuenta la precesión axial de la Tierra. El desplazamiento aparente de la posición de una estrella se conoce como *paralaje estelar*. En otras palabras, las estrellas, como cualquier otro objeto, parecen moverse contra un fondo distante cuando las vemos desde diferentes posiciones. Invito al lector a probar esto ahora mismo con un experimento bastante simple. Encuentre algo que le sirva como fondo estático, una pared, por ejemplo, o cualquier cosa que no se mueva. Luego, sostenga uno de sus dedos, el pulgar está bien, frente a usted y mírelo con ambos ojos abiertos. Luego, cierre uno de sus ojos.

Fig. 4.3 Experimento simple para visualizar el efecto de paralaje. Créditos: Imagen generada por DALL·E de OpenAI.

Notará que la posición del pulgar parece haber cambiado con respecto al fondo seleccionado. Ahora, abre el ojo cerrado y cierre el otro. También notará que la posición del dedo parece haber cambiado nuevamente.[3]

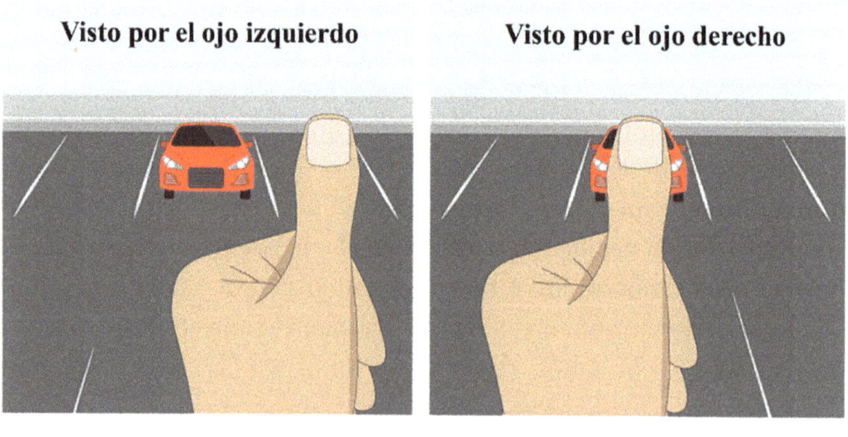

Fig. 4.4 La posición del pulgar parece haber cambiado dependiendo de cuál ojo se usó para la observación.

Ahora, repitamos el mismo experimento, pero con la Tierra y el Sol. Las ubicaciones de la Tierra alrededor del Sol con seis meses de diferencia (por ejemplo, enero y junio) son similares a las posiciones de los ojos en nuestra cara, y una estrella cercana juega el papel de nuestro pulgar en el experimento anterior. En esta analogía, el Sol sería nuestra nariz. Al medir el ángulo de paralaje y sabiendo que la distancia de la Tierra al Sol es de una unidad astronómica (AU), o 150 millones de kilómetros, y usando trigonometría básica, podemos determinar la distancia a la estrella cercana.

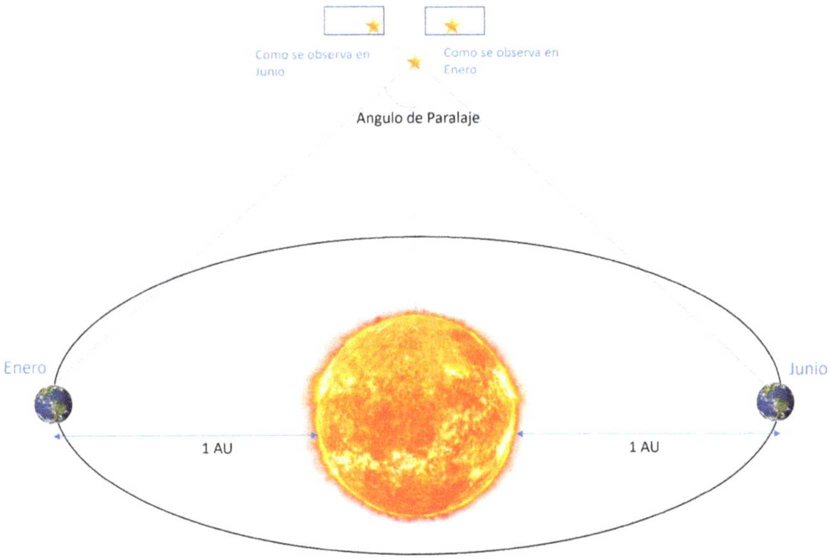

Fig. 4.5 Paralaje estelar. La distancia a una estrella cercana puede determinarse utilizando la posición de la Tierra con seis meses de diferencia. Créditos: imagen producida por el autor.

Desde que Galileo apuntó su telescopio a Júpiter y sus lunas y realizó las primeras mediciones astrométricas de cuerpos celestes usando un instrumento de observación, los astrónomos se dieron cuenta del potencial de dichos instrumentos para medir ángulos pequeños.

Esto llevó a la creación de observatorios nacionales en Europa, siendo el Observatorio de Greenwich, establecido en 1675, el más reconocido. Fue aquí, en el Observatorio Real de Greenwich, donde se publicó póstumamente el primer gran catálogo estelar moderno, la Historia Coelestis, compilado por John Flamsteed (1646-1719). El sucesor de Flamsteed en Greenwich, Edmond Halley, notó que las estrellas brillantes, Aldebarán, Sirio y Arturo, se habían desplazado considerablemente en comparación con observaciones anteriores. Esto confirmó que, contrariamente a la creencia popular, las estrellas no estaban fijas, sino que por el contrario también se mueven al igual que los planetas. El movimiento de una estrella es perpendicular a nuestra línea de visión, o técnicamente hablando, las estrellas se mueven *transversalmente*.

Fig. 4.6 Las estrellas se mueven transversalmente o perpendicularmente a nuestra línea de visión. Créditos: imagen producida por el autor.

Los telescopios probaron ser útiles para que los astrónomos pudieran medir el movimiento de las estrellas, pero la verdadera revolución comenzó con el uso de las placas fotográficas. Con estas placas se podían observar muchas estrellas en un campo de visión pequeño. Muy pronto se empezaron a realizar los primeros levantamientos fotográficos de sectores del cielo. El primero de estos levantamientos, iniciado por David Gill a finales del siglo XIX, cubrió el cielo del sur desde el Observatorio de Cape. Este tipo de fotografía astronómica utilizaba placas de vidrio para capturar imágenes. Este fue el único método que los astrónomos tuvieron para capturar datos durante mucho tiempo. Las placas de vidrio eran preferidas sobre el film porque ofrecían mayor estabilidad y eran menos propensas a deformarse o alterar su forma.

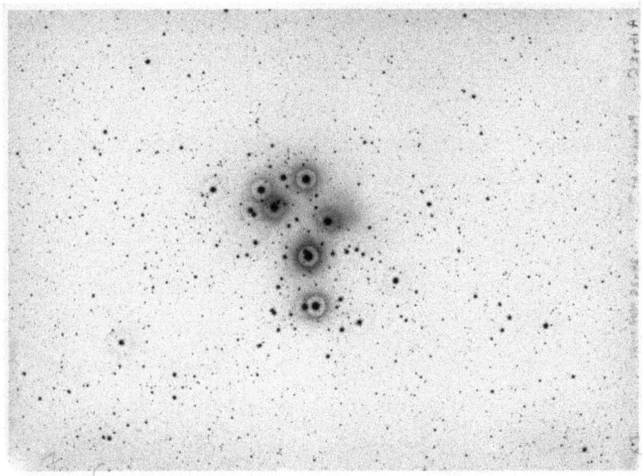

Fig. 4.7 Las Pléyades capturadas en una placa fotográfica el 24 de noviembre de 1951. De los archivos del Observatorio del Vaticano. Créditos: APPLAUSE.

Las placas de vidrio se utilizaron ampliamente en astrometría y espectroscopía. Sin embargo, las imágenes recolectadas aún necesitaban ser procesadas a mano, lo que era tedioso y propenso a errores. Fue entonces cuando la electrónica vino al rescate. El dispositivo de carga acoplada (CCD, por sus siglas en inglés), mismo dispositivo que tenían las cámaras de los primeros teléfonos inteligentes, reemplazó las placas fotográficas. Los CCD son chips de silicio que tienen la capacidad de convertir fotones en electrones. El resultado de un CCD es una imagen digital que puede procesarse para compensar los efectos que reducen la calidad de la imagen capturada. Estos avances tecnológicos mejoraron significativamente las observaciones astrométricas.

A pesar de estas mejoras tecnológicas, los observatorios terrestres aún sufren de varios efectos causados por la atmósfera que disminuyen la calidad de las imágenes recolectadas. Un fenómeno conocido como *seeing* (viendo) es causado por turbulencias atmosféricas que provocan la dispersión de la luz de una estrella distante, lo que dificulta determinar la verdadera posición de la misma. Para compensar estos efectos, los astrónomos necesitan colocar observatorios por encima de la atmósfera terrestre, o, en otras palabras, necesitan telescopios espaciales. El Observatorio

Colector de Paralaje de Alta Precisión (HIPPARCOS, por sus siglas en inglés), un satélite de la Agencia Espacial Europea (ESA, por sus siglas en inglés) lanzado en 1993, fue diseñado específicamente para actuar como un instrumento astrométrico capaz de determinar paralajes.

El diámetro de un objeto en el cielo puede expresarse como un ángulo en grados. Los astrónomos se refieren a dicha medida como el *diámetro angular* del objeto. Debido al tamaño de los ángulos medidos en astronomía, los astrónomos usan la unidad de arco-segundo. Es bastante común el saber que un círculo se divide en 360 grados iguales. Sin embargo, es menos conocido el hecho de que cada grado se divide en 60 minutos de arco, y cada minuto de arco se divide a su vez en 60 segundos de arco. En otras palabras, un segundo de arco es 1/3600 de grado. Por ejemplo, el diámetro angular de la Luna es de 31 minutos de arco, o aproximadamente medio grado, como se muestra en la Figura 4.8.

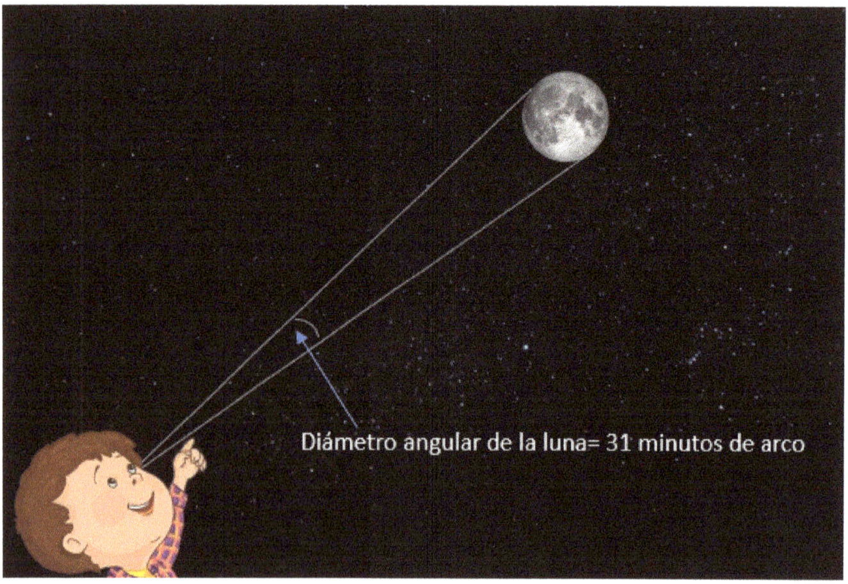

Fig. 4.8 La Luna abarca un ángulo de 31 minutos de arco o medio grado.
Créditos: imagen producida por el autor.

Los astrónomos han encontrado que hay una relación entre el diámetro angular de un objeto y su diámetro real. El valor del diámetro angular depende de la distancia al objeto y el diámetro del objeto. Por lo tanto, una distancia puede expresarse en términos de un ángulo y viceversa. Con el ángulo medido en grados, minutos de arco o segundos de arco.

Si se determina que el ángulo de paralaje medido para un objeto dado es de un segundo de arco, se dice que este objeto está ubicado a una distancia de un parsec (3.26 años luz). Una definición más técnica indica que un parsec es la distancia a la cual una unidad astronómica abarca un ángulo de un segundo de arco. Desafortunadamente, cuanto más lejos esté un objeto celeste de nosotros, menor es su ángulo de paralaje y más difícil de medir. No importa que tan buena sea la visión de alguien, los seres humanos no podemos detectar con nuestros ojos el paralaje estelar de incluso las estrellas más cercanas debido al movimiento de la Tierra alrededor del Sol. Esta es la razón por la cual nuestros ancestros pensaban que las estrellas estaban fijas.

También es común expresar el movimiento propio de una estrella, en segundos de arco o una unidad derivada de él, que es la distancia aparente a la que una estrella se ha movido durante un cierto período de tiempo en el cielo. Con el lanzamiento del observatorio Hipparcos en 1993, fue evidente que era necesaria una unidad más pequeña que el segundo de arco. Hipparcos ha determinado los movimientos propios anuales de estrellas que son 12,000 veces más débiles que el límite a simple vista, con precisiones de 1 milisegundo de arco (una milésima de segundo de arco).

Con el lanzamiento del Observatorio Global de Interferometría Astrométrica para Astrofísica (GAIA, por sus siglas en inglés) en el 2013, se evidenció que era necesario una unidad todavía más pequeña. GAIA ha sido capaz de determinar el cambio en la posición de objetos 4000 veces más débiles que el límite del ojo humano con precisiones de 24 microsegundos de arco (un microsegundo de arco es una millonésima de segundo de arco). Como se menciona en el sitio web dedicado a GAIA de la ESA, tal logro "es comparable a medir el diámetro de un cabello humano a una distancia de 1,000 kilómetros"

Ahora que entendemos un poco mejor cómo un ángulo puede relacionarse con una distancia en el ámbito de las observaciones de objetos celestes, finalmente podemos hablar sobre la astrometría en el contexto de los exoplanetas. Como hemos discutido anteriormente, la presencia de un planeta afecta gravitacionalmente a su estrella haciéndola tambalear; por lo tanto, un tambaleo periódico puede ser una indicación de la presencia de un planeta. Las mediciones del cambio en la velocidad radial de una estrella indican el movimiento radial de la estrella. El término radial aquí se refiere al componente del movimiento de una estrella que se está acercando o alejándose de un observador, lo cual, como ya lo discutimos, es aprovechado por la técnica de velocidad radial para descubrir planetas. Por otro lado, la astrometría se ocupa de la detección del *componente tangencial* en el movimiento de la estrella. Debido al efecto gravitacional de un planeta en órbita, se habla del concepto de la *firma astrométrica* de la estrella. Esta firma astrométrica es la distancia promedio de la estrella al baricentro del sistema estrella-planeta en la órbita elíptica que describe la estrella debido a la presencia del planeta (¡la primera ley de Kepler nuevamente!).

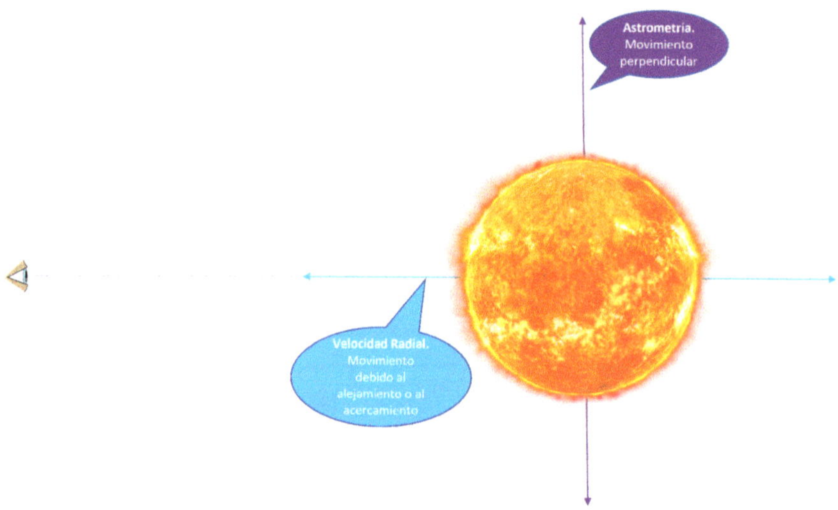

Fig. 4.9 Un planeta causa que una estrella se mueva de manera regular. La astrometría se ocupa de medir el componente tangencial (perpendicular) de ese movimiento, mientras que la técnica de velocidad radial mide el componente radial. Créditos: imagen producida por el autor.

Qué tan grande sea la magnitud de la firma astrométrica de una estrella depende de la masa del planeta que la órbita y de la distancia a la que el planeta está de ella. La capacidad que tienen los astrónomos para medir dicha señal también depende de la distancia desde la Tierra, o desde el espacio si estamos hablando de un observatorio espacial. Para planetas más masivos y aquellos con períodos largos—más de un año— la firma astrométrica es más fácil de medir ya que la magnitud de la firma es mayor. Sin embargo, para un planeta con estas mismas características pero que esté a una distancia mayor de la Tierra, la firma astrométrica disminuirá. Esto significa que detectar un planeta orbitando una estrella más lejana es más difícil que detectar un planeta orbitando una estrella más cercana. Además, medir el tambaleo de una estrella, o hablando prácticamente, la firma astrométrica, debido a la presencia de un planeta, es extremadamente difícil. No obstante, si la firma astrométrica se mide con suficiente precisión, el potencial científico es extraordinario. Ya que, si se conoce la masa de la estrella central, las mediciones astrométricas pueden determinar el valor de la masa del planeta sin la ambigüedad de las mediciones de velocidad radial.[4]

El primer exoplaneta detectado usando la técnica de astrometría se reportó en junio del 2013,[5] y el segundo se reportó en junio de 2022.[6] A pesar de que la precisión de las mediciones obtenidas con los satélites HIPPARCOS y GAIA sean mucho mejores en comparación con las observaciones desde el suelo, se requieren observaciones a largo plazo para detectar pequeños cambios en las posiciones y movimientos de una estrella causados por un planeta que la órbita. Mientras estaba escribiendo este capítulo (abril de 2023), se reportó el hallazgo[7] de un nuevo planeta gigante gaseoso muy joven, con una edad estimada de entre 40 y 414 millones de años, orbitando una estrella de tipo espectral A. Los datos astrométricos de la estrella usados para descubrir este joven planeta se recopilaron de un catálogo combinado de HIPPARCOS-GAIA. Y ya; solo tres planetas descubiertos hasta ahora usando la técnica de astrometría.

Las precisiones en las mediciones de GAIA son asombrosas, pero el propósito principal de GAIA no es encontrar exoplanetas, sino crear el mapa 3D más preciso que alguna vez se haya hecho de la Vía Láctea. Pero el hecho de que GAIA no haya sido diseñado exclusivamente para encontrar planetas no es un motivo que vaya a detener a los "cazadores de planetas". Por lo tanto, podemos esperar la detección de muchos nuevos planetas con esta técnica. Según el Dr. Perryman, autor de The Exoplanet Handbook (El Manual de Los Exoplanetas, también conocido coloquialmente como "la biblia de la investigación de exoplanetas"),[8] se detectarán entre 20,000 y 70,000 planetas a partir de los datos recopilados por GAIA en los próximos 10 años. El futuro de la astrometría, por lo tanto, es bastante prometedor.[9]

Detección directa

Todas las técnicas que hemos explorado hasta ahora utilizan mediciones indirectas para detectar la presencia de planetas. En contraste, esta técnica es el único método que permite observar exoplanetas directamente. Sin embargo, esta no es una tarea fácil, ya que las estrellas son significativamente más grandes y brillantes que los planetas que las orbitan; incluso los planetas grandes son relativamente pequeños y tenues en comparación con sus estrellas. Por ejemplo, Júpiter, el planeta más grande del sistema solar, es solo una milésima del tamaño del Sol.

Los planetas no cuentan con los mecanismos para producir luz visible por sí mismos y solo pueden reflejar una porción de la luz recibida de las estrellas que orbitan. El *albedo* de un planeta es el porcentaje de luz estelar recibida que se refleja de nuevo al espacio. Por ejemplo, un planeta con un albedo igual al cero por ciento absorbería toda la luz emitida por la estrella central y sería literalmente invisible a nuestros instrumentos. Por el contrario, un planeta con un albedo igual al 100% reflejaría la totalidad de la luz recibida de la estrella y sería extremadamente brillante. La Tierra tiene un albedo del 30%, lo que significa que alrededor del 70% de la radiación solar recibida del Sol se retiene.

La cantidad de luz que se refleja de nuevo al espacio depende de la composición de la atmósfera y la superficie del planeta, así como de la distancia entre el planeta y la estrella que órbita. Por ejemplo, un planeta con una atmósfera densa y nublada tendrá un alto albedo, mientras que un planeta con una atmósfera delgada y una superficie rocosa oscura presentará un albedo bajo.

Métodos de detección de exoplanetas – Segunda parte

El brillo de una estrella es mucho mayor que el brillo de cualquiera de los planetas que la orbitan. El poder distinguir directamente la luz reflejada por un planeta muy cerca de su estrella es un desafío muy grande. A pesar de esto, los astrónomos han formulado ideas bastante ingeniosas, y 78 planetas (hasta mayo de 2024) han sido descubiertos con esta técnica.

Los astrónomos enfocan sus esfuerzos en detectar planetas calientes, los cuales son los más fáciles de detectar con este método. Observar un planeta en la porción del espectro de luz que es visible para el ojo humano es difícil. Sin embargo, también hay porciones del espectro que no podemos ver, pero afortunadamente tenemos instrumentos que sí pueden. Por ejemplo, el infrarrojo; cuanto mayor sea la cantidad de radiación que un planeta retenga proveniente de su estrella, más caliente se pondrá. Un planeta caliente genera sus propias emisiones térmicas y brilla en el infrarrojo. Adicionalmente, un planeta también puede brillar en el infrarrojo debido al calor térmico que quedo en su interior en virtud de su proceso de formación y genera calor a partir de la desintegración de isótopos radiactivos.

Por lo tanto, los astrónomos a menudo enfocan su atención en sistemas planetarios jóvenes. Los planetas en formación aún están acumulando material, lo que aumenta considerablemente la presión y la temperatura en sus núcleos, y grandes cantidades de energía en forma de calor se liberan al espacio. No es una coincidencia entonces que el primer planeta detectado por imagen directa en infrarrojo esté orbitando una estrella enana marrón muy joven de solo 8 millones de años. Esta enana marrón está situada a una distancia de 70 pársecs (228 años luz) de la Tierra.[10, 11] El planeta descubierto tiene una masa de entre 3 y 7 veces la masa de Júpiter, por lo que es enorme. También está muy lejos de su estrella, a unas 55 unidades astronómicas. Esta distancia es incluso más lejos que la distancia que hay entre Plutón y el Sol en el sistema solar.

Este primer descubrimiento es una muestra de los planetas que son "más fáciles" de descubrir mediante la técnica de detección directa. Planetas jóvenes y, por lo tanto, calientes, también grandes, y muy alejados de sus tenues estrellas. La razón es simple: la relación o fracción entre el brillo de un planeta y el brillo de su estrella es muy baja. Por ejemplo, el brillo óptico de Júpiter es 1/1,000,000,000 del brillo del Sol; en otras palabras, Júpiter es 1,000 millones de veces menos brillante que el Sol. Esto se expresa como una relación de 10^{-9}. Mientras que, para la Tierra, esta relación es 10^{-10}, lo que significa que la luminosidad de la Tierra es 10,000 millones de veces menos que la del Sol. Se ha encontrado que en el ámbito de exoplanetas un planeta puede llegar a ser 100,000 veces menos brillante que su estrella en el infrarrojo (10^{-5}), y 10,000 millones de veces menos brillante (10^{-10}) en el espectro visible.

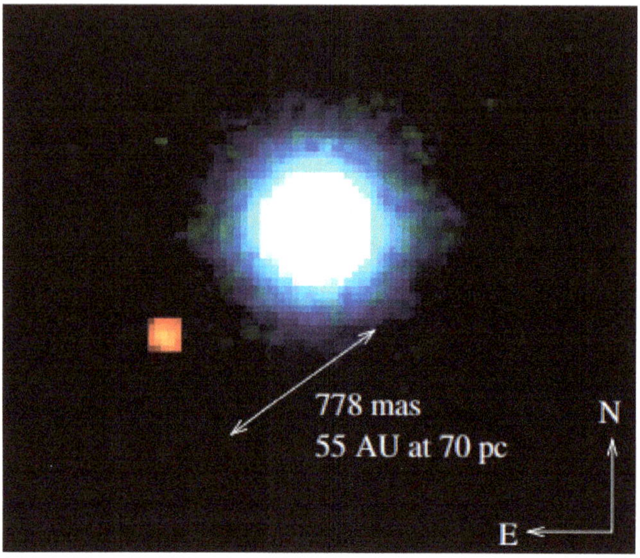

Fig. 4.10 El primer exoplaneta detectado directamente. La pequeña 'mancha' roja es un planeta gigante orbitando una enana marrón a 228 años luz de la Tierra.

Desafortunadamente, considerando los niveles de brillo tan bajos que los exoplanetas exhiben, los instrumentos usados en esta técnica son bastante sensibles a cualquier interrupción que pueda afectar la captura de la luz proveniente de los planetas. Esto es todavía más crítico para los instrumentos terrestres debido a los efectos de la atmósfera terrestre. Anteriormente discutimos cómo los sitios secos y de gran altitud son buenos para eliminar los efectos del vapor de agua en la atmósfera. La luz proveniente de diferentes fuentes en el espacio atraviesa la atmósfera terrestre en su camino hacia los instrumentos en la superficie. Esta luz sufre distorsiones debido a turbulencias y fluctuaciones de temperatura en la atmósfera; lo que se conoce como el efecto Seeing. Este efecto no solo es una preocupación para los investigadores que usan la detección directa para descubrir exoplanetas, sino también un desafío para todas las observaciones que se hacen desde el suelo terrestre. Observar desde el espacio es una buena manera de evitar estos efectos de la atmósfera. Observar desde el espacio también resuelve los efectos que la gravedad, la temperatura y las alineaciones del telescopio de la Tierra tienen en la calidad de las imágenes observadas. Sin embargo, enviar instrumentos al espacio es difícil y costoso, especialmente cuando se necesitan grandes telescopios.

Afortunadamente, la *Óptica Activa* y la *Óptica Adaptativa* (y más recientemente, la *Óptica Adaptativa Extrema*) son técnicas que emplean dispositivos controlados por computador para mejorar la calidad de las imágenes compensando dinámicamente los efectos de la atmósfera terrestre. Los astrónomos usan una estrella guía láser para crear una estrella artificial o guía que actúe como referencia para el sistema de óptica adaptativa. La forma como esto funciona es que se dispara un láser hacia la atmósfera el cual se refleja de vuelta al telescopio. El sistema utiliza por lo tanto la luz recibida de esta "estrella guía" y luego corrige los efectos de turbulencias en la atmósfera.

La Óptica Activa utiliza una serie de actuadores electrónicos para ajustar la forma de los espejos; monitorea la calidad de la imagen con el tiempo (usualmente segundos a minutos) para contrarrestar los efectos de factores ambientales. Complementariamente, la Óptica Adaptativa reduce los efectos de la turbulencia en la atmósfera terrestre mediante el uso de espejos que contienen actuadores sensibles al voltaje en su superficie. Estos actuadores pueden deformar rápidamente la superficie del espejo (en el orden de milisegundos) y corregir continuamente las distorsiones causadas por la atmósfera terrestre. La mejora en las imágenes producidas es evidente, como se puede observar en la Figura 4.12. La figura muestra una imagen del planeta Neptuno capturada por el Telescopio Muy Grande (VLT, por sus siglas en inglés), el cual se encuentra en el desierto de Atacama, en el norte de Chile.

Fig. 4.11 Sistema estelar de guía láser Wendelstein de la ESO. Se crean estrellas artificiales en la atmósfera terrestre utilizando un potente rayo láser. Créditos: ESO/T. Kasper (AVSO).

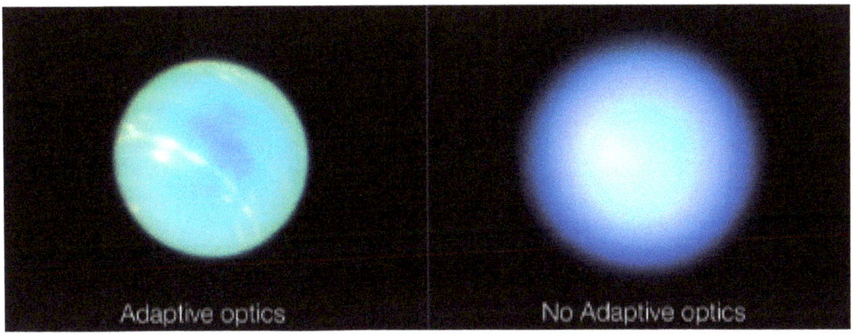

Fig. 4.12 El poder de la Óptica Adaptativa. El planeta Neptuno es fotografiado usando el Telescopio Muy Grande. Después (izq.) y Antes (der.) de emplear los sistemas de óptica adaptativa. Créditos: P. Weilbacher (AIP) y ESO.

A pesar de estos avances tecnológicos que mejoran nuestra capacidad para capturar y analizar las emisiones térmicas de los exoplanetas, persiste un desafío principal: los exoplanetas son extremadamente tenues en comparación con las estrellas que orbitan. Dos factores clave influyen en la capacidad de un instrumento para distinguir (en la jerga de los astrónomos, 'resolver') la luz de un planeta: cuánto más brillante es la luz del planeta en comparación con la luz estelar (referido como la relación de contraste) y qué tan bien se pueden distinguir los detalles del planeta (llamado poder de resolución espacial o resolución angular). Pero, ¿y si, de alguna manera, los astrónomos pudieran eliminar completamente la luz de la estrella? Bueno, déjenme contarles sobre los coronógrafos y ocultadores estelares, pero primero, hablemos de un juguete bastante caro del cual ya hablamos brevemente en el Capítulo 1.

El Telescopio Espacial James Webb (JWST)

Todos los fanáticos del espacio contuvimos la respiración el 25 de diciembre del 2021. Fue en este día cuando se lanzó al espacio el Telescopio Espacial James Webb (JWST, por sus siglas en inglés). El JWST, un instrumento de 10 mil millones de dólares, es el telescopio óptico más grande en el espacio que la humanidad ha concebido hasta ahora. El instrumento realiza astronomía infrarroja y literalmente está reescribiendo nuestra comprensión del universo. Todos hemos quedado asombrados al ver las imágenes entregadas al público por el equipo de prensa de la NASA. La calidad de las imágenes y la definición son increíbles. Una característica particular en las imágenes publicadas hasta ahora es el aspecto de las estrellas. Bueno, estas se ven como las estrellas que se cuelgan en el árbol de Navidad, con picos brillantes que emanan del centro.

Fig. 4.13 Primera imagen a todo color publicada por el equipo del JWST. Créditos: NASA, ESA, CSA, STScI.

Estos picos se llaman *picos de difracción*. Cuanto más brillante es un objeto, más distintivos son esos picos. Los picos no son tan prominentes en objetos que no son tan brillantes, como las nebulosas o las galaxias. Los picos de difracción no son una característica única del JWST. El número de picos en el JWST es de ocho, mientras que, en el Telescopio Hubble, este número es de cuatro.[12]

Fig. 4.14 Imagen del cúmulo abierto NGC 2660 capturada por el Telescopio Hubble. Se observan cuatro picos de difracción en las estrellas. El objeto rojo brillante no es parte del cúmulo abierto. Créditos: NASA, ESA y T. von Hippel (Universidad Aeronáutica Embry-Riddle)

La difracción es uno de los fenómenos que la luz puede experimentar. Ocurre cuando la luz entrante golpea la esquina de un obstáculo. La luz difractada proveniente de ese obstáculo se considera ahora una segunda fuente de luz. La nueva fuente de luz y la fuente de luz original se suman debido al efecto de interferencia. Telescopios como el JWST y el Hubble están compuestos por dos espejos: el espejo primario y el espejo secundario. El espejo secundario refleja la luz recogida por el espejo primario y la envía al ocular o a la cámara. El espejo secundario está sostenido por una estructura física llamada *soporte* ('strut' en inglés). Los picos de difracción son intrínsecos al espejo secundario y a los soportes en el telescopio; por lo tanto, son una característica particular de cada instrumento.

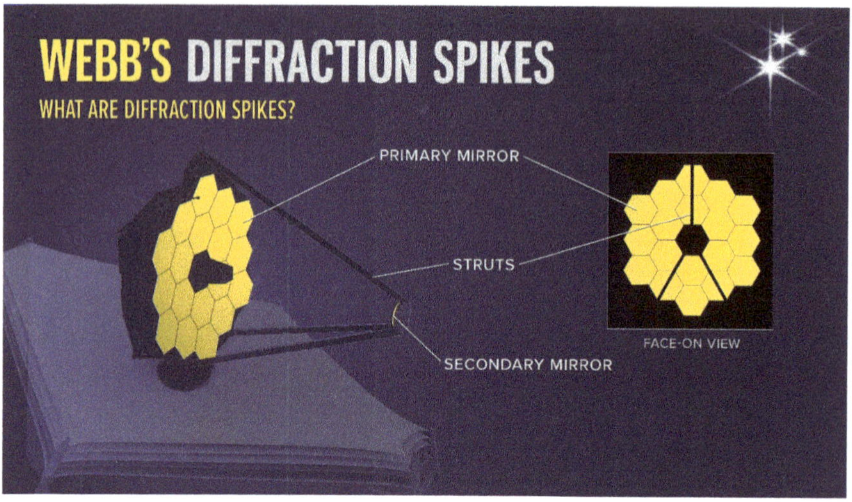

Fig. 4.15 Los picos de difracción son intrínsecos a las características físicas de un instrumento. Los soportes y los espejos secundarios crean los patrones únicos observados en las imágenes que producen. Créditos: NASA, ESA, CSA, Leah Hustak (STScI), Joseph DePasquale (STScI).

A pesar de que estos picos de difracción hacen que las imágenes publicadas se vean más bonitas, son una característica indeseada para alguien que intenta distinguir la luz proveniente de un exoplaneta de la luz de la estrella que el planeta órbita. Para suprimir la luz estelar difractada, los astrónomos han diseñado dispositivos que se colocan dentro de los telescopios. Estos dispositivos se conocen como *coronógrafos*.

Coronógrafos

Los coronógrafos, desarrollados originalmente por el astrónomo francés Bernard Lyot (1897-1952) en 1939, fueron diseñados para suprimir la luz del Sol, permitiendo originalmente a los investigadores estudiar su corona. Los coronógrafos emplean procesamiento digital de señales para crear una copia de la luz estelar recibida y crear un patrón de interferencia destructiva, eliminando efectivamente la luz de la estrella.

En junio del 2022, el JWST se utilizó para capturar directamente la imagen del planeta HIP 65426 b, un planeta gigante con 9 veces la masa de Júpiter que orbita una estrella de tipo A. HIP 65426 b es 10,000 veces más tenue que su estrella. El JWST utilizó diferentes filtros para capturar la imagen del planeta en diferentes longitudes de onda y empleó un coronógrafo para bloquear la luz de la estrella.[13, 14]

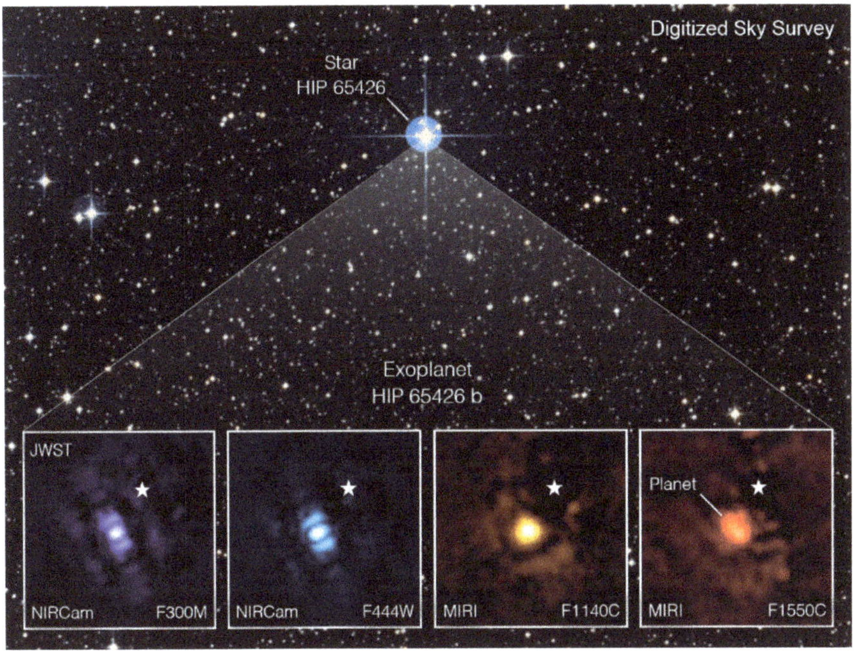

Fig. 4.16 El exoplaneta HIP 65426 b es observado con el JWST en diferentes bandas de luz infrarroja. Los coronógrafos o máscaras bloquean la luz de la estrella que orbita el planeta. La pequeña marca blanca en forma de estrella señala la ubicación de la estrella HIP 65426.

Los resultados obtenidos con el JWST son impresionantes, pero la técnica de detección directa apenas está calentando motores. La NASA se encuentra actualmente desarrollando el Telescopio Espacial de última generación *Nancy Grace Roman*, (conocido inicialmente como el Telescopio de Sondeo Infrarrojo de Gran Campo, (WFIRST, por sus siglas en inglés),[15] o simplemente *Roman*, el cual posee un coronógrafo muy avanzado. El telescopio cuenta con una matriz de tecnología de punta que emplea actuadores que se mueven como pistones, los cuales tienen la capacidad de cambiar la forma de dos espejos flexibles dentro del instrumento. Este diseño permite que el coronógrafo se adapte a un patrón particular de luz estelar. Un software adicional de procesamiento de imágenes mejora y realza la luz recibida del planeta que se esté observando. Programado para lanzarse en julio del 2026, Roman, que observará en la parte visible e infrarroja del espectro electromagnético, podrá captar imágenes de planetas similares a la Tierra 10 mil millones de veces más tenues que sus estrellas. Roman también podrá caracterizar esos planetas utilizando espectroscopía, permitiendo a los científicos estudiar y medir las propiedades físicas y atmosféricas de los exoplanetas, incluyendo sus tamaños, masas, temperaturas y composiciones atmosféricas. Esto significa que los astrónomos podrían ser capaces de identificar elementos en las atmósferas de estos planetas similares a la Tierra.

Los coronógrafos son un gran recurso para suprimir la luz de una estrella. Sin embargo, dado que los coronógrafos están dentro de los instrumentos, la luz estelar aún alcanza los telescopios donde todavía puede dispersarse y oscurecer la luz tenue de un planeta.

Ocultadores estelares

Para evitar que la luz de una estrella llegue siquiera al telescopio, se ha propuesto un artefacto externo conocido como *ocultador estelar*, o "starshade". El ocultador se coloca entre el telescopio y la estrella y generalmente se ubica en el espacio. La ubicación del ocultador produce una sombra muy oscura y altamente controlada, y el telescopio, que podría estar en la tierra o en el espacio, se coloca en un lugar dentro del área donde se proyecta la sombra.

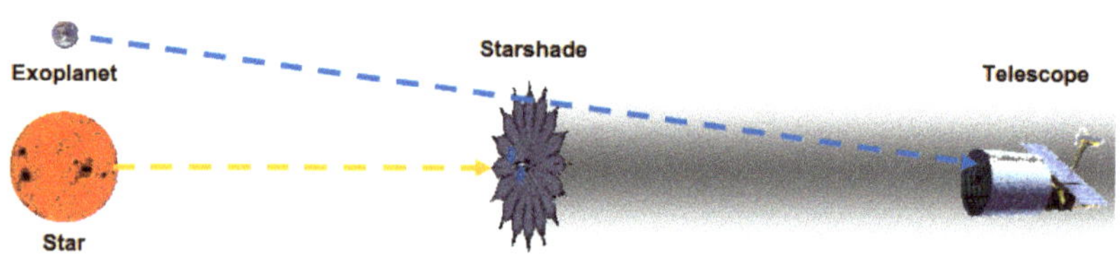

Fig. 4.17 Un ocultador espacial puede impedir que la luz de una estrella llegue al telescopio espacial, permitiendo la captura de imágenes de un exoplaneta en su órbita.

Contrario a lo que se podría pensar, la forma más óptima que debe tener el ocultador no es esférica. Sugerido por Lyman Spitzer en Princeton en su visionario artículo "The Beginnings and Future of Space Astronomy"

(Principios y Futuro de la Astronomía Espacial) en 1962,[16] un ocultador estelar o "starshade" podría usarse para captar imágenes de exoplanetas.[17]

Spitzer se dio cuenta de que un disco circular no sería suficiente para captar la imagen de un planeta similar a la Tierra, ya que tal forma sufriría altos niveles de difracción en sus bordes. La idea de usar un ocultador para captar imágenes de planetas fue revivida por G.R. Woodcock del Centro de Vuelo Espacial Goddard en 1974, quien sugirió el uso de una sombrilla estelar apodizada. El término 'apodizada proviene de las funciones de apodización en matemáticas. Estas funciones describen la reducción gradual de una señal o una función desde un centro hasta alcanzar un valor cero en sus bordes. En astronomía, apodizada hace referencia a un tipo de máscara que consiste en un disco opaco rodeado de estructuras con forma de pétalos. Este diseño disminuye gradualmente la intensidad de la luz en dirección a los bordes, reduciendo efectivamente la cantidad de luz dispersada o difractada alrededor del objeto que se está ocultando, en este caso, una estrella. Esto mejora significativamente la claridad y la calidad de la imagen obtenida por el instrumento.

Fig. 4.18 Ejemplo de un ocultador apodizado. El diseño consiste en una estructura circular oscura central con estructuras en forma de pétalos a su alrededor. Este patrón reduce los efectos de difracción alrededor de los bordes del ocultador estelar. Créditos: NASA

Desde hace un tiempo se han venido proponiendo conceptos de misiones que incluyen ocultadores estelares. La misión de Imágenes Directas de Exoplanetas con la Sonda del Ocultador Estelar (Exo-S) de la NASA es uno de esas misiones.[18] Esta misión incluye un ocultador estelar apodizado volando en formación con un telescopio en el espacio. El telescopio no es nada fuera de lo común. Es un telescopio de 1.1 metros, similar en tamaño a los telescopios que se pueden comprar en una tienda local de astronomía. Sin embargo, el ocultador estelar es enorme, y su diseño depende de la configuración escogida al momento del lanzamiento de la misión. Una opción es lanzar el telescopio y el ocultador estelar juntos en el mismo cohete. En este escenario, el ocultador consistiría de un disco interior de 16 metros y 22 pétalos, cada uno de 7 metros de largo. Alternativamente, el telescopio podría enviarse primero, seguido del ocultador en un momento posterior. Esto permitiría un ocultador más grande, con un disco interior de 20 metros de diámetro y 28 pétalos, cada uno de 7 metros de largo. Los objetivos de Exo-S son muy claros; la misión pretende descubrir nuevos planetas que van desde un tamaño similar al de la Tierra hasta planetas gigantes. Esto es teóricamente posible ya que podría ver planetas que son 100 mil millones de veces (10^{-11}) más tenues que las estrellas que orbitan. Un segundo objetivo es medir los espectros de planetas recién descubiertos y planetas ya conocidos con el fin de identificar los distintos componentes en las atmósferas de esos exoplanetas. Además, la misión tiene como objetivo caracterizar los sistemas planetarios, enfocándose particularmente en mejorar nuestra comprensión del polvo que rodea a las estrellas centrales. Esto es crucial porque adquirir tal conocimiento mejorará nuestra comprensión de asteroides y cometas.

La principal desventaja de los ocultadores estelares en comparación con los coronógrafos es su costo. Lanzar objetos al espacio es costoso, especialmente si se deben enviar juntos el telescopio y el ocultador. Cuanto mayor es el diámetro del telescopio, más costosa se vuelve toda la misión. Por esa razón, se han propuesto otras alternativas para reducir costos. Markus Janson de la Universidad de Estocolmo y su equipo han propuesto una solución que solo requiere que el ocultador sea enviado al espacio tomando ventaja de la existencia de grandes telescopios terrestres. En su propuesta,[19] estos investigadores conciben un ocultador apodizado en una órbita que cambia para maximizar el tiempo en que su sombra se proyecta sobre una ubicación determinada en tierra. En esa ubicación, Markus y su equipo tienen en mente un gran telescopio, específicamente, el que Europa está construyendo en este momento. Este gran telescopio es el Telescopio Extremadamente Grande Europeo, o E-ELT por sus siglas en inglés, un telescopio de 40 metros que programado para ser entregado en el 2025 y que está ubicado en Cerro Armazones en Chile. El E-ELT podrá capturar hasta 13 veces más luz que cualquiera de los telescopios ópticos existentes hoy en día y estará completamente equipado con capacidades de óptica adaptativa. La idea de Markus y su equipo obviamente reduce costos al no tener el telescopio en órbita. Sin embargo, hay muchos desafíos para una misión de este tipo. La optimización de las órbitas es extremadamente importante, ya que los astrónomos quieren maximizar el número de sistemas planetarios que desean observar y la duración de la sombra proyectada por el ocultador estelar en la ubicación seleccionada. Alterar o mantener esas órbitas requiere combustible que deberá ser transportado junto con el ocultador en el momento del lanzamiento. Llevar más combustible significa mayores costos ya que se requeriría de un cohete más grande para acomodar la carga extra.

A pesar de todas las limitaciones y posibles problemas, la técnica de detección directa es el método que despierta más la imaginación de todos los entusiastas de los exoplanetas. La posibilidad de observar un planeta similar a la Tierra en la zona habitable de una estrella similar al Sol es definitivamente algo por lo que vale la pena esperar. Sin embargo, debido a su naturaleza, esta técnica, al menos a corto plazo, favorece el descubrimiento y la caracterización de planetas grandes y cercanos. Por lo tanto, para poder encontrar planetas pequeños y lejanos, tendremos que volver de nuevo a aquellas técnicas que detectan exoplanetas indirectamente. Específicamente, una técnica conocida como *microlentes gravitacionales*, la cual discutiremos a continuación. De todos modos, podemos estar de acuerdo en que el futuro de la detección directa parece ser bastante brillante.

Microlentes gravitacionales

Pienso que, si Einstein estuviera vivo, la técnica de detección de exoplanetas por *microlentes gravitacionales* sería probablemente su favorita. Su teoría de la Relatividad General propuesta en 1915, define la gravedad como una deformación o curvatura del espacio-tiempo causada por objetos masivos. En el Capítulo 1, al discutir la naturaleza de los agujeros negros, hablamos de cómo la luz se curva debido a la presencia de un objecto masivo. Si tenemos un objeto de una gran masa (al que desde ahora nos referiremos como *objeto en primer plano*) entre un observador y una fuente de luz distante (al que desde ahora llamaremos *objeto de fondo*), la gravedad del objeto en primer plano podría causar la distorsión de la luz proveniente del objeto de fondo. Por esta razón, al objeto en primer plano también se le conoce como el *objeto lente* en esta técnica. Dependiendo de cómo están alineados, el objecto de fondo (la fuente de la luz que se quiere observar), la masa del objeto en primer plano y el observador (un instrumento), el observador registrará la distorsión de la luz ocasionada por el objecto en primer plano. Por ejemplo, en la Figura 4.19 se puede ver una cruz de Einstein, o cuatro copias del objeto de fondo—en este ejemplo, un cuásar ('quasar')—rodeando la galaxia, que actúa como el objeto en primer plano.

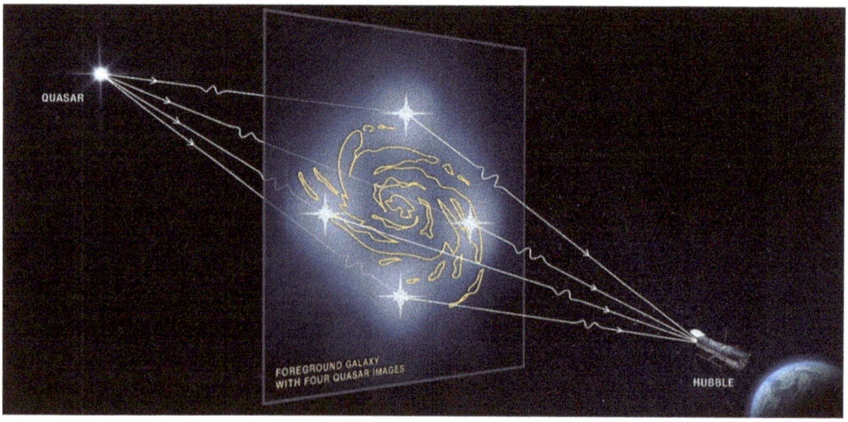

Fig. 4.19 Una cruz de Einstein o cuatro copias de la imagen de fondo. Cuando un objeto masivo se encuentra entre una fuente de luz distante y el observador, la luz de la fuente se distorsiona debido al gran campo gravitacional del objeto en primer plano. Créditos: NASA, ESA y D. Player (STScI).

La forma distintiva de una *cruz de Einstein* se debe al lente gravitacional asimétrico causado por la distribución de masa asimétrica del objeto en primer plano. Sin embargo, si el lente gravitacional es simétrico y la alineación geométrica es la adecuada, la imagen resultante es un *anillo de Einstein*. En un anillo de Einstein, la luz de la fuente se distorsiona y se enfoca en una estructura en forma de anillo alrededor del objeto en primer plano u objeto lente. Einstein predijo la existencia de estas estructuras, pero era escéptico de que alguna vez se pudiera observar una.

Einstein escribió en 1936 su opinión sobre estas estructuras:

"Por supuesto, no hay esperanza de observar este fenómeno directamente. Primero, anticipo que nunca lograremos alcanzar una línea central como la que se requiere."

Pero los astrónomos sí han observado y continúan observando estos anillos de Einstein. La primera imagen de un anillo de Einstein fue capturada por el Telescopio Muy Grande (VLA, por sus siglas en inglés) en 1987.[20] Fue una imagen tomada en la porción de radio del espectro a una frecuencia de 1.49 Gigahercios (GHz).

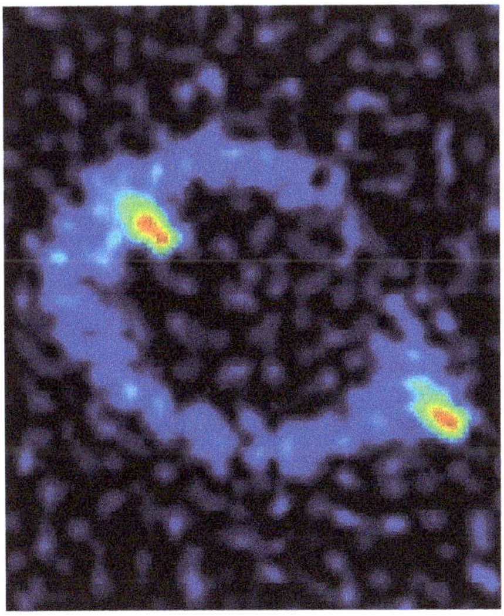

Fig. 4.20 El primer anillo de Einstein fotografiado. Créditos: VLA.

Después de 20 años, en el 2007, el Telescopio Espacial Hubble, observando en los rangos visible e infrarrojo, produjo una imagen aún más hermosa y detallada de un anillo de Einstein alrededor de la galaxia LRG 3-757.

Fig. 4.21 Un anillo de Einstein rodeando la galaxia LRG 3-757. Esta imagen fue capturada por el telescopio Hubble en el 2007. Créditos: ESA/Hubble & NASA.

En el contexto de los exoplanetas, el objeto en primer plano, el objeto magnificador o lente, es una estrella. A medida que la estrella magnificadora pasa frente a una estrella de fondo—el objeto magnificado, ésta actúa como una lupa, creando un aumento temporal en el brillo de la estrella de fondo. Además, si un planeta se encuentra orbitando la estrella magnificadora creará una característica distintiva, o firma de microlente, en la curva de luz recibida de la estrella magnificada.

Este método puede describirse como el opuesto al método del tránsito. Como se discutió en el Capítulo 3, el método del tránsito detecta y caracteriza exoplanetas midiendo la disminución en el brillo de una estrella causado por la presencia de un planeta en órbita. En el método de microlente gravitacional, los astrónomos detectan y caracterizan exoplanetas midiendo cuánto más brillante se vuelve una estrella de fondo cuando un sistema estrella-planeta pasa en frente de ella.

Si la estrella magnificadora no es orbitada por ningún planeta, la curva de luz de la estrella de fondo generalmente exhibirá un perfil en forma de campana. El pico de esta curva de luz ocurre en el punto cuando la estrella magnificadora pasa frente a la estrella magnificada.

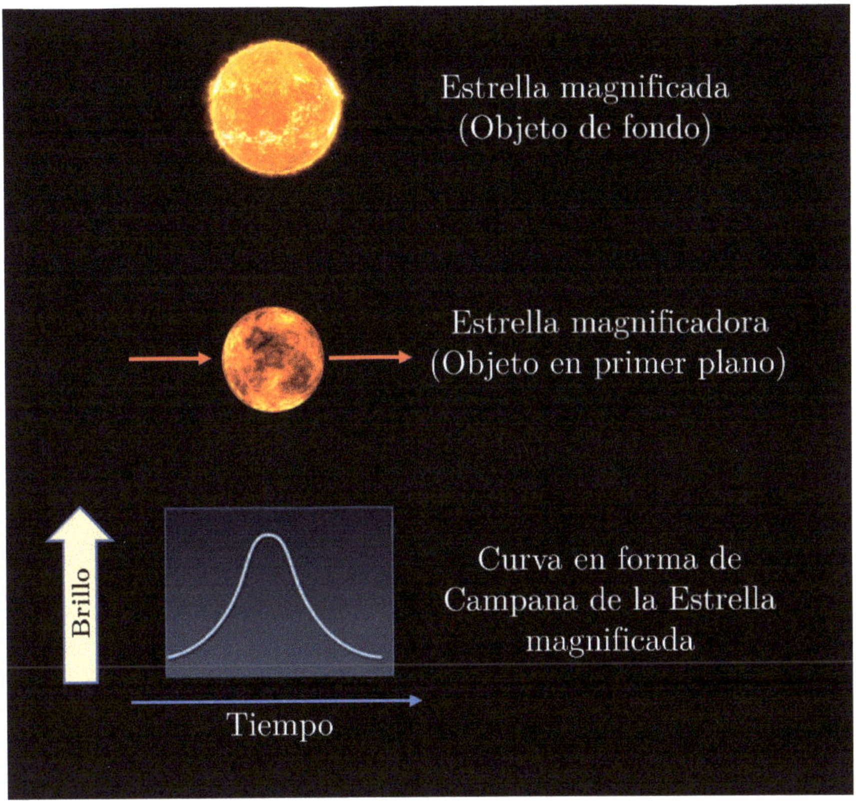

Fig. 4.22 Un observador verá cómo la luminosidad de la estrella de fondo comienza a aumentar cuando la estrella en primer plano pasa frente a ella. El pico de brillo ocurre cuando las estrellas están perfectamente alineadas. Créditos: NASA, ESA y K. Sahu (STScI).

Si la estrella magnificadora tiene un planeta en órbita, el planeta también aumentará brevemente de forma gravitacional la luz de la estrella de fondo, incrementando su brillo de manera independiente. Esto producirá una característica muy distintiva en la curva de luz observada de la estrella magnificada.

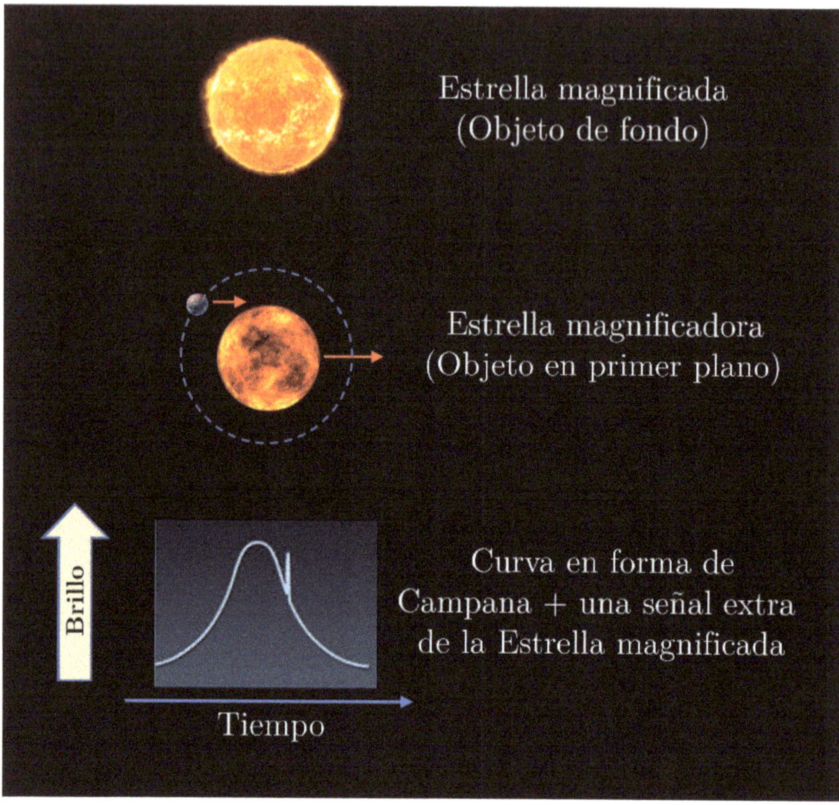

Fig. 4.23 Un planeta orbitando la estrella magnificadora creará una señal muy particular en la curva de luz de la estrella de fondo. Créditos: NASA, ESA y K. Sahu (STScI).

Esa señal distintiva adicional permite a los astrónomos caracterizar el planeta que gira alrededor de la estrella magnificadora. Al analizar la duración y la forma de la magnificación en el brillo causada por el planeta, se pueden inferir su masa, la distancia a su estrella y la distancia orbital. Por ejemplo, cuanto mayor es la masa del planeta, mayor es el efecto gravitacional que produce, causando una mayor duración del evento de brillo. Además, la forma de la curva de luz magnificada obtenida ayuda a determinar la distancia y la orientación de la órbita del planeta.

Métodos de detección de exoplanetas – Segunda parte

El primer exoplaneta detectado a partir de datos recopilados por el Telescopio Hubble, y usando el método de microlente gravitacional fue un planeta que orbita a la estrella de baja masa OGLE-2003-BLG-235L, ubicada a unos 26,000 años luz de distancia. El planeta, OGLE-2003-BLG-235L b, descubierto en 2004,[21] tiene casi tres veces la masa de Júpiter y orbita su estrella central a una distancia de 4.3 AU. Fue encontrado utilizando el Experimento de Lente Gravitacional Óptica (OGLE, por sus siglas en inglés) en la Universidad de Varsovia, Polonia.

Desafortunadamente, las alineaciones entre una estrella de fondo y un sistema estrella-planeta magnificador son raras e impredecibles, lo que es la principal desventaja de este método. Esto significa que los seguimientos de tales eventos son muy poco probables, ya que solo ocurren una vez. En lo posible, los seguimientos deberán realizarse utilizando otra técnica. La manera de superar esta rareza e imprevisibilidad es observar tantas estrellas de fondo como sea posible y entrenar programas de computador para detectar el patrón en el brillo causado por un evento magnificador generado por un sistema estrella-planeta. Esta es exactamente la metodología que siguen estudios tales como el OGLE,[22] la Red de Anomalías de Lente Probing (PLANET, por sus siglas en inglés)[23] y la Red de Telescopios de Microlente de Corea (KMTNet).[24] Estos estudios recopilan datos de miles de estrellas de fondo buscando eventos de microlente gravitacionales. Aunque no todos los eventos de microlente identificados son atribuibles a sistemas estrella-planeta, los científicos han desarrollado métodos para distinguirlos entre todos los datos recopilados. A pesar de la naturaleza impredecible del método de microlente gravitacional, este ha llevado al descubrimiento de 217 planetas hasta la fecha (mayo de 2024).

La principal ventaja de este método es su capacidad para detectar planetas similares a la Tierra orbitando estrellas similares al Sol a distancias entre 1 y 10 AU. De hecho, el microlente gravitacional es el único método probado capaz de detectar planetas de baja masa con órbitas amplias. Esto es algo que las técnicas tradicionales como los métodos de velocidad radial y tránsito no pueden hacer.[25]

Lente gravitacional solar

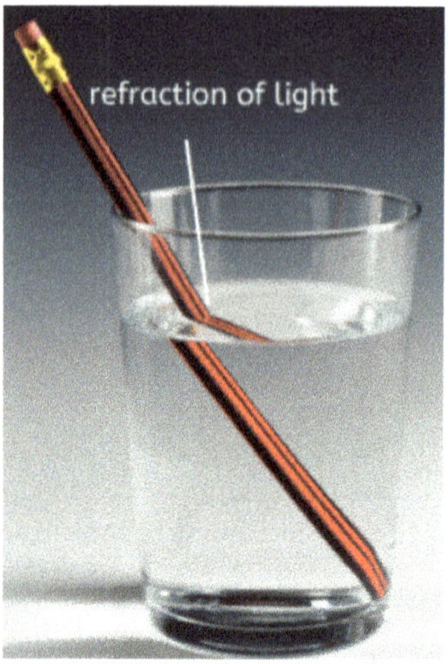

Fig. 4.24 La luz se dobla al pasar de un medio (aire) a otro (agua), causando la ilusión de que el bolígrafo está roto. Créditos: imagen obtenida de la Internet pública.

Detectar esos planetas de baja masa con orbitas amplias es un logro impresionante, pero ¿qué tal si les digo que una variación del método de microlente gravitacional podría potencialmente darnos la primera imagen de la superficie de un planeta similar a la Tierra alrededor de una estrella similar al Sol? Esto es lo que el Dr. Turyshev, un científico investigador en el Jet Propulsion Laboratory (JPL) de la NASA, y su equipo están proponiendo.[26] Estos investigadores tienen la intención de usar el Sol como una lente capaz de enfocar la luz de una fuente distante. El concepto se llama lente gravitacional solar (SGL, por sus siglas en inglés) y toma ventaja de la capacidad natural del Sol para enfocar la luz de una fuente tenue y distante. Como exploramos anteriormente, la luz se distorsiona por un campo gravitacional fuerte como el que produce una estrella como el Sol, causando que las trayectorias de los fotones se doblen. En física, este doblamiento de la luz se llama refracción, y según la Relatividad General de Einstein, la gravitación induce propiedades refractivas en el espacio-tiempo. El fenómeno de la refracción de la luz se puede visualizar colocando un bolígrafo en un vaso de agua. El bolígrafo da la impresión de haberse partido, pero lo que está sucediendo es que cuando los fotones se mueven del aire al agua, se desvían de su camino original, haciendo creer que es necesario ir a una papelería a comprar un bolígrafo nuevo.

La clave del método del Lente Gravitacional Solar es colocar un telescopio modesto de alrededor de 1 metro de diámetro en la región donde los fotones doblados convergen; este lugar se llama el punto focal. Tal ubicación permitiría a los astrónomos crear una imagen directa de megapíxeles de un exoplaneta. Esto significa que podríamos ver nubes, continentes, océanos e incluso identificar los diferentes elementos en la atmósfera. La física es sólida, pero hay un pequeño problema: los proponentes han calculado que el punto focal, o el lugar donde debe colocarse el telescopio, está ubicado a unas 547 AU del Sol.

Con nuestros sistemas de propulsión actuales, llegar a ese punto llevaría décadas. Por ejemplo, la sonda Voyager 1, lanzada en 1977, ha recorrido aproximadamente 160 AU desde su lanzamiento.

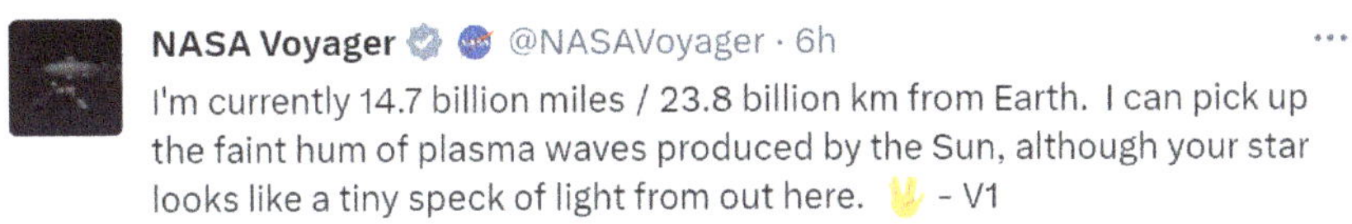

Fig. 4.25 Un trino publicado el 10 de mayo de 2023 donde se informa que la sonda se encuentra a 23.8 billones de kilómetros de la Tierra. Voyager 1 es la primera nave espacial que ha ingresado al espacio interestelar y hasta ahora el objeto hecho por el ser humano que ha llegado más lejos. Créditos: cuenta oficial de Voyager X de la NASA.

Esto indica que la Voyager 1, viajando a una velocidad de 61,500 km/h, ha tardado 46 años en recorrer una distancia de 23.8 billones de kilómetros, lo que es casi una cuarta parte de la distancia a la que los proponentes del método del lente gravitacional solar sugieren para la ubicación de su telescopio.

El sistema de propulsión de la Voyager 1 se basa en tres generadores termoeléctricos de radioisótopos que contienen 24 esferas prensadas de óxido de plutonio-238. Este sistema de propulsión se utiliza para maniobras de corrección de trayectoria y agrega poco a la velocidad de la nave espacial. El movimiento continuo de la Voyager 1 es una combinación de la alta velocidad impartida al momento de su lanzamiento, junto con un impulso gravitacional proporcionado por Júpiter.

Tomaría casi 184 años para llegar al punto focal propuesto viajando a la velocidad actual de la Voyager 1. Esto no suena muy motivante para todos aquellos que queremos ver una imagen de una playa en un planeta como la Tierra durante el transcurso de nuestras vidas.

Afortunadamente, el Dr. Turyshev y sus colaboradores tienen en mente otros sistemas de propulsión.[27] Los investigadores tienen la intención de utilizar velas solares como mecanismo de propulsión. Las velas solares funcionan aprovechando el empuje continuo de la radiación solar. Con un mecanismo de propulsión como este, una nave espacial podría viajar entre 5 y 10 AU por año, lo que le permitiría alcanzar el punto focal en unos 5 a 10 años; esto no es ciencia ficción. En el 2010, la Agencia de Exploración Aeroespacial de Japón (JAXA, por sus siglas en inglés) demostró la viabilidad del método de propulsión de velas solares durante una misión a Venus. La misión, llamada Nave Interplanetaria Acelerada por la Radiación del Sol (IKAROS, por sus siglas en inglés),[28] se convirtió en la primera nave espacial en usar velas solares como el principal mecanismo de propulsión.[29]

Fig. 4.26 Un modelo a escala de la nave espacial IKAROS. La vela solar es una matriz solar de película delgada diseñada para aprovechar la presión continua de la radiación solar. Créditos: Usuario Packa de la Wikipedia checa.

Los métodos de Lente Gravitacional Solar pueden ser categorizados como formas no tradicionales de detectar y capturar imágenes de exoplanetas. Estos métodos no son solo los más emocionantes, sino que también tienen algunas ventajas sobre los métodos más tradicionales. Sigamos explorando otros métodos considerados no tradicionales.

Variaciones en la cronometría de púlsares

En 1992, Aleksander Wolszczan y Dale Frail cambiaron el curso de la astronomía cuando detectaron los primeros exoplanetas confirmados utilizando la técnica de variaciones en la cronometría de púlsares. Los púlsares, como discutimos en el Capítulo 1, son estrellas de neutrones que rotan rápidamente y emiten intensa radiación electromagnética a medida que giran. Los astrónomos detectan estas emisiones como pulsos regulares y precisamente sincronizados. Como mencionamos anteriormente, estos pulsos son tan regulares que se ha propuesto un sistema similar al GPS llamado Navegación y cronometría basada en púlsares de rayos X (XNAV, por sus siglas en inglés) para ayudar a las naves espaciales a orientarse en el espacio exterior. Sin embargo, si un planeta orbita un púlsar, el efecto gravitacional ejercido por el planeta causa ligeras pero regulares variaciones en el período de pulsación que pueden ser detectadas.

Los púlsares son los remanentes de una estrella masiva. Antes de llegar a esta etapa final, estas estrellas pasan por una serie de explosiones, eventos de colapso y expansiones. Tales eventos tumultuosos muy probablemente perturban las órbitas de cualquier posible planeta alrededor de ellos, o, en el peor de los casos, la destrucción de estos planetas orbitantes. Estas condiciones son la razón por la cual los astrónomos generalmente no esperan encontrar demasiados planetas alrededor de púlsares. Es también la explicación más plausible de por qué Wolszczan y Frail no compartieron el Premio Nobel de Física junto a Mayor y Queloz en el 2019.

Similar al método de velocidad radial, las variaciones en la cronometría de púlsares favorecen la detección de planetas masivos que están cerca del púlsar anfitrión. Esta técnica es aún más sensible a planetas que orbitan púlsares de milisegundos, que es como los astrónomos se refieren a los púlsares que rotan sobre su propio eje con períodos de solo unos pocos milisegundos. Las variaciones en los períodos de los púlsares ayudan a los astrónomos a determinar la masa, la distancia desde el púlsar y el período orbital del planeta. Hasta la fecha, solo ocho planetas han sido detectados con esta técnica.

Variaciones en el tiempo de pulsación

No cometí un error; el nombre de este método contiene la palabra "pulsación", que es similar a la palabra "púlsar" en el nombre del método anterior. A pesar de que sus nombres son similares, la forma en que funcionan estos métodos es bastante diferente. Para entender cómo funciona la técnica de detección de Variaciones en el Tiempo de Pulsación, desviemos brevemente nuestra atención hacia un tipo particular de estrella. Los astrónomos han sabido durante cierto tiempo que algunas estrellas varían su brillo de manera regular. Una estrella puede variar su brillo por varias razones. Por ejemplo, las estrellas pueden ser parte de un sistema binario, y su brillo cambia debido a los eclipses regulares causados por sus compañeras. El brillo de una estrella también puede variar debido a material circundante, como polvo y gas. Sin embargo, hay un tipo muy particular de estrellas conocidas como *estrellas pulsantes*. Estas estrellas pulsantes se atenúan y brillan a medida que sus superficies se expanden y contraen. Las estrellas pulsantes alcanzan un pico en su brillo y luego disminuyen en luminosidad hasta alcanzar su nivel más bajo. Después de alcanzar su estado más tenue, su luminosidad comienza a aumentar nuevamente hasta alcanzar su pico una vez más. Todo este ciclo se conoce como el *ciclo de pulsación de la estrella*, y el tiempo entre dos picos consecutivos de brillo se llama *período de pulsación*. La más famosa de estas estrellas es Mira, descubierta en 1595 por el astrónomo David Fabricius (1587-1615). La luminosidad de Mira cambia por un factor de 100 durante un período de 332 días. Observaciones adicionales han encontrado que otras estrellas también cambian sus luminosidades durante largos períodos de tiempo. No es sorprendente que tales estrellas sean conocidas como *variables de largo período* y exhiban períodos de pulsación de entre 100 y 700 días. Por otro lado, hay estrellas pulsantes que cambian su luminosidad en períodos más cortos. En 1784, John Goodricke (1764-1786) descubrió que la estrella δ Cephei (δ es la letra griega minúscula Delta) varía su brillo en un período de 5 días. Esta estrella dio origen a la categoría de *estrellas Cefeidas*, que son estrellas cuyos períodos de brillo varían entre 1 día y 100 días. ¿Qué son estas estrellas pulsantes? Son estrellas moribundas de masa intermedia, o estrellas que casi han consumido la mayor parte de su suministro original de hidrógeno. Justo antes de convertirse en gigantes rojas, a temperaturas extremadamente altas, sus núcleos de hidrógeno todavía en combustión están rodeados por una envoltura de helio (como se discutió en el Capítulo 1). Recordemos rápidamente que los electrones y los protones son partículas que están en el núcleo de un átomo. Los electrones tienen carga negativa y los protones tienen carga positiva, lo que efectivamente causa que los átomos tengan una carga neutra. En el caso del elemento helio, dos electrones y dos protones están en equilibrio. Sin embargo, dicho equilibrio puede ser interrumpido. Dentro de una estrella, a medida que las temperaturas aumentan, los electrones se separan de los átomos de helio que rodean el núcleo. Esto resulta en que los átomos adquieran una carga neta positiva. En física y química, los átomos con carga positiva se conocen como *átomos ionizados*. Los átomos de helio ionizados tienen la capacidad de impedir la transmisión de la luz. El grado en que un material o sustancia impide la transmisión de luz se refiere a su *opacidad*. Cuanto mayor es el nivel de ionización en un átomo de helio, más opaco se vuelve. Si se eliminan dos electrones de un átomo, se conoce como *doble ionización*, mientras que la eliminación de un solo electrón se llama *ionización simple*. Por lo tanto, los átomos doblemente ionizados son más opacos que los simplemente ionizados. Recuerde que, durante la vida de una estrella, la gravedad y la presión están en equilibrio. En etapas posteriores al ciclo de vida de una estrella, este equilibrio entre la gravedad y la presión ya no es sostenible. La gravedad comienza a ganar y comprimir la estrella, aumentando su temperatura y haciendo que los átomos de helio en la envoltura de la estrella se vuelvan doblemente ionizados, reduciendo así el brillo de la estrella. A medida que aumenta la opacidad, esto también causa un aumento en la temperatura y la presión. Dado que la energía transportada por la luz es absorbida, las capas exteriores de las estrellas se expanden, permitiendo que la presión supere la gravedad. A medida que la estrella se expande, las capas exteriores se enfrían, permitiendo que los átomos de helio comiencen a capturar electrones nuevamente. Sin embargo, la temperatura sigue siendo alta (después de todo, estamos hablando de una estrella), y los átomos de helio solo son capaces de capturar un solo electrón. Por lo tanto, pasan de estar doblemente ionizados, o, no tener ningún electrón, a estar simplemente ionizados. Cuanto menos ionizados se vuelven los átomos de helio, menos opacos, o, en otras palabras, más transparentes se vuelven. Esta mayor transparencia permite que más luz penetre a través de las capas exteriores de la estrella, haciendo que la estrella sea más brillante. En consecuencia, a medida que la temperatura baja aún más, la gravedad vuelve a tomar el control. Una vez más, la gravedad causa que la estrella se comprima, la temperatura aumenta, ocurre la doble ionización, los átomos de helio se vuelven más opacos y todo el ciclo de pulsación comienza de nuevo. Este mecanismo de pulsación se conoce como el mecanismo de *opacidad kappa*, o simplemente, el *mecanismo kappa*.

De acuerdo, todo esto es muy interesante, pero ¿por qué es importante? Bueno, es importante por lo que la astrónoma Henrietta Swan Leavitt (1868-1921) descubrió mientras trabajaba como "computadora humana" para Edward Charles Pickering (1846-1919) en la Universidad de Harvard. Su trabajo de computación humana, que era bastante aburrido, consistía en comparar dos fotografías de porciones del cielo en diferentes momentos e identificar estrellas que habían sufrido variaciones en su brillo. Henrietta hizo mucho más de lo que se le había encomendado hacer, y después de identificar alrededor de 2400 Cefeidas, decidió estudiar la naturaleza de tales estrellas. Notó que cuanto más luminosa es una estrella, más largo es su período de pulsación. Su investigación llevó al descubrimiento de una relación matemática entre la luminosidad real o brillo de una estrella Cefeida y sus períodos de pulsación, conocida como la *relación período-luminosidad*. Algo que vale la pena notar es que hay una diferencia entre la luminosidad que los astrónomos pueden medir y la luminosidad real de una estrella. Los astrónomos se refieren a la luminosidad medida de un objeto como la *magnitud aparente* del objeto, y a la luminosidad real como la *magnitud absoluta* del objeto. Al contrario de la luminosidad que se puede medir, el brillo real o luminosidad de un objeto no depende de lo lejos que esté, o si hay cosas como gas o polvo entre el instrumento y el objeto. Lo descubierto por Henrietta es bastante importante ya que, al medir el período de pulsación de una estrella variable, los científicos pueden determinar su luminosidad real, es decir, la magnitud absoluta. También es importante tener en cuenta que la luminosidad medida de un objeto disminuye con la distancia. Los astrónomos emplean una herramienta llamada *módulo de distancia*, que describe la relación entre la luminosidad medida, la luminosidad real y la distancia a la que se encuentra el objeto. Sin embargo, los valores de brillo real de los objetos eran desconocidos y elusivos hasta el descubrimiento de la relación período-luminosidad de Henrietta. Al tener un método para determinar la luminosidad real de un objeto, se puede determinar la distancia a la que se encuentra ese objeto. El descubrimiento de Henrietta, también conocido como la *ley de Leavitt*, es uno de los descubrimientos más importantes en astronomía.

Antes del descubrimiento de Henrietta, los astrónomos estaban limitados a determinar distancias de objetos cuyos ángulos de paralaje podían resolver. Para la tecnología de la época, esto significaba objetos que están alrededor de unos pocos cientos de años luz de la Tierra. Al usar el método de período-luminosidad de Henrietta, los astrónomos de repente pudieron calcular distancias de objetos ubicados a hasta 200,000 años luz de la Tierra. Esto literalmente expandió nuestra visión del universo. No está mal para Henrietta, quien, siendo mujer en aquel entonces, no se le permitía ni siquiera tocar un telescopio en Harvard.

Bueno, ya no más historia. La forma en la que funciona el método de Variaciones en el Tiempo de Pulsación es encontrando estrellas pulsantes y notando diferencias muy pequeñas en sus períodos de oscilación que normalmente son estables. Si esas pequeñas diferencias son periódicas, muy probablemente se deban principalmente a la presencia de un cuerpo secundario con una masa baja en comparación con la estrella pulsante. Esta característica de masa baja es lo que descarta la presencia de otra estrella, como lo que se da en un sistema estelar binario. Un objeto de baja masa, y que es aún capaz de perturbar lo suficiente la órbita de la estrella de una manera perceptible, es muy probablemente que se trate de un planeta.

Al momento de escribir esta sección, solo se han descubierto dos planetas usando este método. Los planetas descubiertos orbitan estrellas que pulsan debido al mecanismo kappa previamente discutido. El primer planeta, con una masa mínima tres veces la masa de Júpiter, fue reportado[30] en el 2007 orbitando la estrella subenana B V391 Pegasi, que está a una distancia de unos 4,000 años luz de la Tierra. El término *Subenana* se refiere a la etapa entre las fases de gigante roja y enana blanca. Las subenanas se encuentran en la rama horizontal extrema del diagrama de Hertzsprung-Russel (HR) (ver Figura 1.1, Capítulo 1). Las estrellas de la rama horizontal son aquellas que están en la etapa de la evolución estelar justo después de la fase de gigante roja. El término extremo se refiere al hecho de que estas estrellas son las estrellas más calientes de la rama horizontal con temperaturas alrededor de 25,000 Kelvin.

Las estrellas subenanas B tienen períodos de oscilación increíblemente estables, lo que facilita percibir pequeñas diferencias cuando hay un cuerpo secundario presente. V391 Pegasi b es el primer planeta detectado orbitando una estrella post-gigante roja, lo que puede tener implicaciones sobre la longevidad de una posible civilización alienígena (más sobre esto en los Capítulos seis y siete). Las estrellas subenanas B, un tipo de estrella variable, pertenecen a la clase espectral B.

El segundo planeta descubierto a través de las variaciones en el tiempo de pulsación se reportó en 2016.[31] El planeta, que es 12 veces más masivo que Júpiter, orbita la estrella de secuencia principal KIC 7917485 de tipo A a unos 4,500 años luz de la Tierra. Similar a otras estrellas pulsantes como las Cefeidas, KIC 7917485 se encuentra en lo que se llama la *franja de inestabilidad* en el diagrama HR. Las estrellas dentro de esta franja de inestabilidad son generalmente de tipo espectral A o F, y exhiben variaciones en su luminosidad debido a las pulsaciones de sus capas exteriores.

Como hemos visto, variaciones en un evento periódicamente regular pueden ayudar a detectar planetas. Otras dos técnicas de detección que se basan en este concepto son las Variaciones en el Tiempo de Tránsito y las Variaciones en el Tiempo de Eclipse. Exploremos estas a continuación.

Variaciones en el tiempo de tránsito

En el Capítulo 3, presentamos la técnica de detección más exitosa de todas: el método del tránsito. Con un impresionante 75% de todos los planetas descubiertos, este método se basa en observar un planeta cuando pasa frente a su estrella, causando una disminución en la intensidad de la luz de la estrella. La observación efectiva de este fenómeno requiere que el observador esté posicionado en un ángulo que le permita detectar dicha disminución en la luminosidad de la estrella. Los tránsitos ocurren con notable consistencia en sistemas donde un solo planeta orbita una estrella, siguiendo un patrón casi perfectamente regular. Los tránsitos ocurren consistentemente "a tiempo" ya que la órbita del planeta no se ve afectada por ningún otro cuerpo.

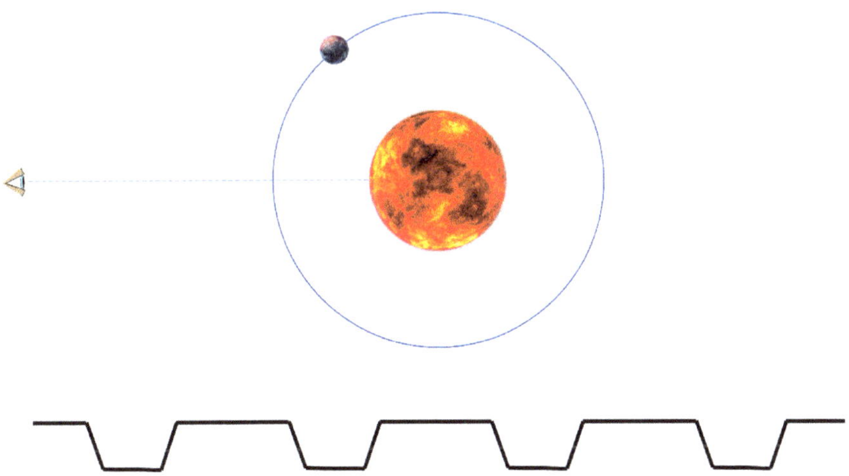

Fig. 4.27 Un solo planeta orbitando una estrella exhibe un patrón regular en sus tránsitos, con estos ocurriendo siempre "a tiempo". Créditos: imagen producida por el autor.

Sin embargo, cuando múltiples planetas orbitan una estrella, estos interfieren gravitacionalmente entre sí, causando que los tránsitos a veces ocurran antes o después de lo esperado.

¿Pero por qué ocurre esto? Recordemos la segunda ley de Kepler, que establece que un planeta se mueve más lento cuanto más lejos está de su estrella. Por el contrario, cuando un planeta se acerca a la estrella, acelera. Desde el punto de vista de un planeta, otro planeta que este más cerca a la estrella se le denomina como su *planeta interior*. Por otro lado, un planeta es considerado como un *planeta exterior* de otro planeta en particular si este está más lejos de la estrella que el planeta referenciado. Por ejemplo, Mercurio es un planeta interior para la Tierra porque está más cerca del Sol. Por el contrario, Marte es un planeta exterior para la Tierra ya que está más lejos del Sol.

Los planetas interiores se mueven más rápido que los planetas exteriores debido a su proximidad a la estrella, ya que están más influenciados por el campo gravitacional de la estrella. Sin embargo, los campos gravitacionales de los planetas en sí resultan acelerados o desacelerados debido a la existencia de otros planetas. Si la órbita del planeta interior está en una posición determinada, detrás de la órbita del planeta exterior, el planeta interior atraerá gravitacionalmente al exterior, desacelerándolo y causando un ligero retraso en la ocurrencia del próximo tránsito del planeta exterior. En consecuencia, el tránsito ocurre más tarde de lo esperado. Por el contrario, si el planeta interior se adelanta y se posiciona frente al planeta exterior, su influencia gravitacional acelerará al planeta exterior, causando que la siguiente ocurrencia del tránsito del planeta exterior sea ligeramente antes de lo esperado.

Por ejemplo, como se muestra en la Figura 4.28, si el planeta A siempre transita su estrella cada 60 minutos, las variaciones en el tiempo de tránsito causadas por un planeta interior, el planeta B, resultarán en que la próxima ocurrencia del tránsito del planeta A sea 10 minutos antes o 10 minutos después. Remito al lector a la animación de las variaciones en el tiempo de tránsito (TTV, por sus siglas en inglés) de la NASA,[32] lo cual puede ser de gran ayuda para una mejor comprensión de esta técnica.

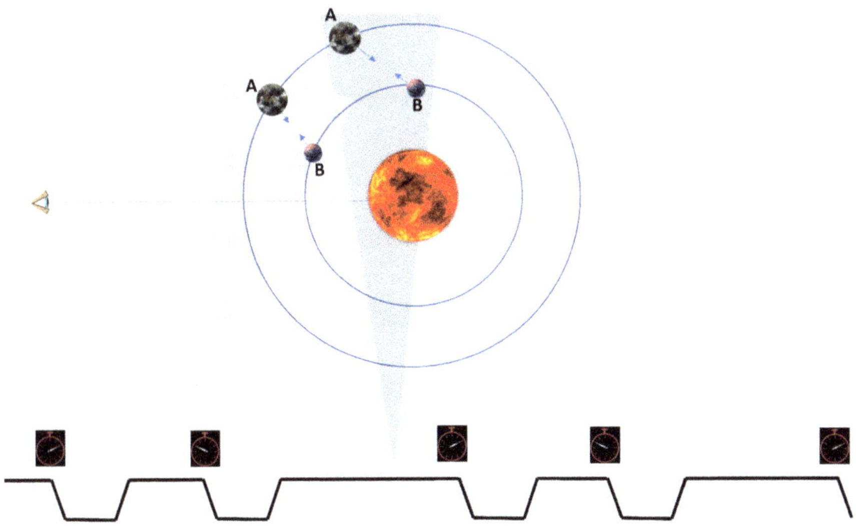

Fig. 4.28 Cuando el planeta interior acelera al planeta exterior (B delante de A), provoca que el próximo tránsito del planeta exterior ocurra antes de lo esperado. Si el planeta interior desacelera al planeta exterior (B detrás de A), el próximo tránsito del planeta exterior ocurrirá más tarde de lo anticipado. Créditos: imagen producida por el autor.

En la actualidad, 29 planetas han sido detectados utilizando la técnica de Variaciones en el Tiempo de Tránsito. Dado que este método se basa en los efectos gravitacionales causados por otro planeta, permite la determinación de las masas de los planetas involucrados en la observación, algo que el método de tránsito normal por sí solo no es capaz de determinar. El inconveniente es que se deben observar múltiples tránsitos. Esto no es ideal por un par de razones. Primero, el tiempo de telescopio es bastante valioso, y apuntar un instrumento a un solo objetivo durante mucho tiempo es poco práctico. Segundo, y, consecuentemente, este método es ideal para sistemas con planetas que tienen períodos orbitales cortos, ya que tales sistemas facilitan la observación de múltiples ocurrencias de tránsito en un corto período de tiempo.

Una aplicación muy interesante de la técnica TTV es el descubrimiento potencial de *exolunas*, que son lunas que orbitan exoplanetas. Se han identificado más de 70 candidatos, pero, hasta mayo de 2024, no se ha confirmado ninguna exoluna. Las exolunas pueden afectar la velocidad orbital de su planeta anfitrión alrededor de su estrella. La presencia de una exoluna causará que la velocidad orbital del planeta alrededor de la estrella se acelere o desacelere, resultando en una duración de tránsito más larga o más corta. En otras palabras, una exoluna causará variaciones en la duración del tránsito. Al medir tales variaciones en la duración del tránsito, se puede inferir la presencia de una exoluna.[33]

Las exolunas son extremadamente interesantes, no solo porque pueden ayudar a los astrónomos a comprender mejor la formación de sistemas planetarios extrasolares, sino también porque podrían ayudarnos a explorar la potencial habitabilidad del cosmos. Por ejemplo, en el sistema solar, las mejores perspectivas de mundos capaces de sostener vida son Europa y Encélado, lunas heladas de Júpiter y Saturno, respectivamente. Exploraremos este tema más a fondo en el Capítulo 7. Por ahora, continuemos con la técnica de Variación en el Tiempo de Eclipse, que es muy similar en principio al método TTV.

Variación en el tiempo de eclipse

Este método tiene como objetivo identificar planetas que orbitan en sistemas estelares binarios, donde dos estrellas giran alrededor de un centro de masa común. Aunque tales sistemas pueden parecer irrelevantes para nosotros porque nuestro sistema planetario solo tiene una estrella, se estima que alrededor del 85% de todos los sistemas estelares en el universo son binarios o incluso exhiben configuraciones de múltiples estrellas.

En el Capítulo 1, al describir el proceso de formación estelar, exploramos el proceso de fragmentación. Esencialmente, las nubes moleculares de las que se forman las estrellas no tienen una densidad uniforme. Hay fragmentos o nubes más pequeñas dentro de la nube más grande que son más densas que otras y experimentan un desequilibrio entre la fuerza de gravedad y la presión térmica. Este desequilibrio resulta en inestabilidades gravitacionales de estas nubes más pequeñas, causando que se conviertan en núcleos autogravitantes y colapsen bajo su propio peso. Si la masa inicial de estas nubes más pequeñas es lo suficientemente grande, comienzan a fusionar hidrógeno en helio, convirtiéndose así en estrellas individuales, lo que lleva a la formación de un sistema binario o incluso multiestelar.

Fig. 4.29 El sistema solar solo tiene una estrella. Perdón por el mal chiste. No me pude contener. Créditos: imagen producida por el autor.

Como anécdota, es bastante raro que el Sol no tenga aparentemente ninguna estrella acompañante o al menos no ninguna que esté cerca.

El proyecto AMBRE[34] es uno de múltiples esfuerzos intentando encontrar a las estrellas acompañantes del Sol. Estas posibles compañeras solares son estrellas que se habrían formado en el mismo cúmulo que el Sol y tendrían una composición química similar, ya que se habrían originado de la misma nube molecular. El proyecto AMBRE ha recopilado una gran base de datos de espectros de estrellas cercanas al sistema solar para determinar si su química coincide con la del Sol. El equipo ha encontrado un candidato bastante fuerte: la estrella HD 186302, que tiene una edad estimada de 4.5 mil millones de años, la cual es la misma edad que la del Sol. HD 186302 también es una estrella de la secuencia principal de tipo G ubicada a unos 185 años luz de la Tierra; exhibe una abundancia química, temperatura superficial y luminosidad similares a las del Sol. Aunque suene muy prometedor, se requieren de más estudios y análisis antes de declarar que el Sol tiene un acompañante perdido en algún lugar.

Volvamos a la técnica de variación en el tiempo de eclipse. Cuando las estrellas binarias no tienen planetas orbitando a su alrededor, las dos estrellas orbitan alrededor del centro de masa del sistema binario sin ninguna interferencia externa, eclipsándose mutuamente. Este tipo de binaria se conoce como *binaria eclipsante*. Los astrónomos pueden observar estas binarias eclipsantes si la orientación de las órbitas de cada estrella está alineada a lo largo de nuestra línea de visión. En tal configuración, los astrónomos pueden predecir la evolución orbital del sistema con alta precisión. Para las estrellas con planos orbitales orientados hacia nuestra línea de visión, una estrella eclipsará a la otra con extrema regularidad, y los astrónomos observarán que los eclipses ocurren simultáneamente y tienen las mismas duraciones. Sin embargo, dado que hay tantas estrellas binarias, no es difícil de imaginar que estos sistemas tengan planetas alrededor de ellos. Los planetas que giran alrededor de dos estrellas en un sistema binario se conocen como *circumbinarios* e interfieren con la órbita binaria, causando cambios o variaciones en el período de los eclipses de las estrellas. De ahí el nombre de Variaciones en el Tiempo de Eclipse (ETV, por sus siglas en inglés).

La NASA lista 17 planetas detectados utilizando este método. Los primeros dos planetas, descubiertos en 2011, requirieron el análisis de datos que abarcan alrededor de 27 años.[35] Estos dos planetas orbitan un sistema compuesto por una enana blanca y una estrella de baja masa. Esencialmente, los cazadores de planetas que utilizan el método ETV construyen un modelo donde determinan y predicen los eclipses en un sistema binario. Cualquier desviación periódica observada se utiliza para inferir la presencia y los parámetros de un planeta en órbita. Para los planetas descubiertos, los astrónomos detectaron dos desviaciones periódicas muy distintivas. La primera con una duración de aproximadamente 5.25 años, y la segunda, con una duración de 16 años. Estos son, de hecho, los tiempos que cada planeta tarda en completar una órbita completa alrededor del sistema binario o lo que se conoce como los períodos de los planetas. Cuanto más se extienden los datos analizados, mejores son las posibilidades de encontrar desviaciones periódicas inequívocas. Sin embargo, un planeta que orbita el sistema binario no es el único mecanismo que puede causar variaciones regulares en el tiempo de los eclipses. Los mecanismos de ciclo magnético también pueden causar tales desviaciones periódicas. Uno de estos ciclos magnéticos se conoce como el *mecanismo de Applegate* en honor a Douglas Applegate, el astrofísico que lo propuso en 1992.[36] En esencia, este mecanismo describe cómo una de las estrellas en el sistema binario puede pasar por un ciclo de actividad magnética pudiendo potenciar un cambio en la forma de la estrella, volviéndola no esférica. Este cambio de forma puede alterar las interacciones gravitacionales entre las dos estrellas en el sistema, alterando su período orbital. Los investigadores pueden descartar el mecanismo de Applegate como el mecanismo que causa las desviaciones periódicas observadas en un sistema binario dado considerando la energía radiada por las estrellas. Los astrónomos pueden calcular con alta confianza la cantidad de energía requerida para causar un cambio de período. Si las cantidades observadas no corresponden con sus modelos teóricos, se descarta el mecanismo de Applegate. Esta metodología fue seguida por los científicos que reportaron los primeros dos planetas detectados utilizando ETV. Sin embargo, se ha dicho que se requieren más observaciones para disipar cualquier duda.

Modulaciones de brillo orbital

Aprendimos que los astrónomos pueden inferir la presencia de un planeta debido al decrecimiento de la luz recibida cuando pasa frente a su estrella —el método del tránsito. También aprendimos que para que se detecten tales tránsitos, el planeta, la estrella y el observador deben estar en la misma línea de visión. Sin embargo, si el sistema planeta-estrella está orientado de frente desde el punto de vista de un observador, el observador no podrá detectar ninguna variación en el brillo de la estrella (ver Capítulo 3 – Método del Tránsito). No obstante, si el planeta es lo suficientemente masivo y está en una órbita cercana a su estrella, se pueden detectar variaciones en el brillo de la estrella debido a las interacciones gravitacionales entre los dos cuerpos. Estas variaciones en el brillo, o modulaciones de brillo orbital, son lo que los astrónomos emplean para descubrir cualquier posible planeta que no esté en tránsito.

De manera similar, un planeta puede influir en el brillo total de un sistema planeta-estrella según la cantidad de luz que refleja mientras orbita su estrella. Todos estamos familiarizados con este fenómeno al observar la Luna. A medida que la Luna gira alrededor de la Tierra, refleja cantidades variables de luz solar y su brillo varía durante las diferentes fases lunares. Durante la Luna Llena, refleja la mayor cantidad de luz, mientras que, durante el tercer y primer cuarto, solo refleja la mitad de lo que refleja en la Luna Llena. Durante las fases de Menguante y Creciente, se refleja aproximadamente una cuarta parte de la luz en comparación con la Luna Llena.[37]

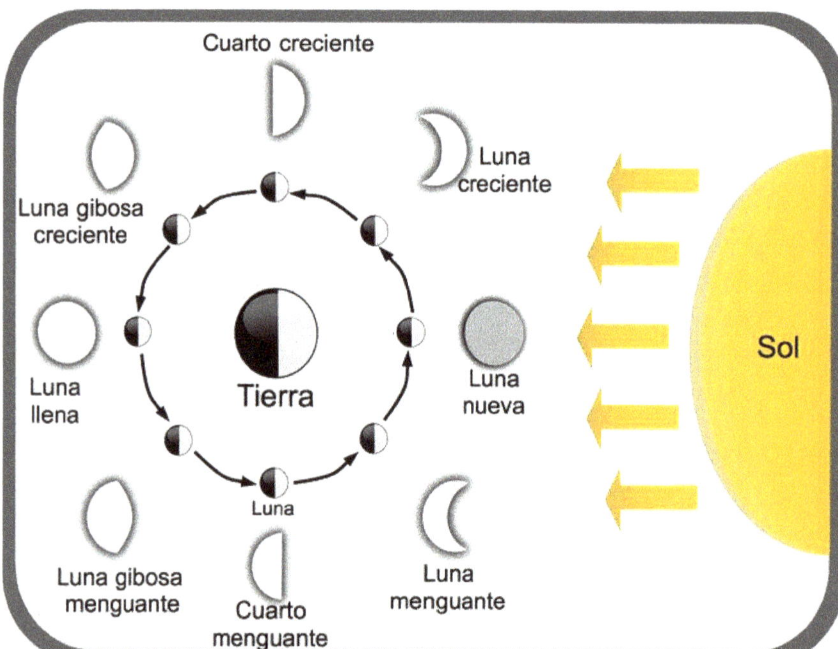

Fig. 4.30 La cantidad de luz que la Luna refleja del Sol varía a medida que gira alrededor de la Tierra. Créditos: diferenciador.

La probabilidad de detectar estas variaciones de brillo en un sistema planeta-estrella es mayor si el planeta está en una órbita cercana y posee una alta capacidad para reflejar la luz estelar o un alto *albedo*. Exploramos el concepto de albedo cuando discutimos la técnica de detección directa. Si las variaciones de brillo observadas del sistema son periódicas, esto puede ser un indicio de la presencia de un planeta.

Sin embargo, otros mecanismos pueden causar tales cambios periódicos en el brillo. Por ejemplo, la actividad magnética cíclica es común en las estrellas. Estamos bastante familiarizados con este fenómeno aquí mismo en el sistema solar. Una de las características más prominentes del Sol son las conocidas manchas solares. Las manchas solares son el resultado de un ciclo magnético de 11 años y aparecen como manchas oscuras en la superficie visual del Sol, la fotosfera. Una mancha solar se crea cuando un campo magnético fuerte impide que la energía del interior del Sol sea transportada a la fotosfera. Cuando esto sucede, la temperatura en esa región particular es más fría que en el resto de la superficie, lo que resulta en una región aparentemente más oscura. Cuando decimos que estas regiones que corresponden a manchas solares son más frías que el resto de la fotosfera, no significa que podamos ir allí y tener un picnic. La temperatura de la región más oscura (más fría) de una mancha solar es típicamente entre 2,700 y 4,200 Kelvin (aproximadamente 2,400 a 4,000 grados Celsius), lo cual sigue siendo considerablemente más frío en comparación con la temperatura de la fotosfera, alrededor de 5,500 Kelvin (5,300 grados Celsius).

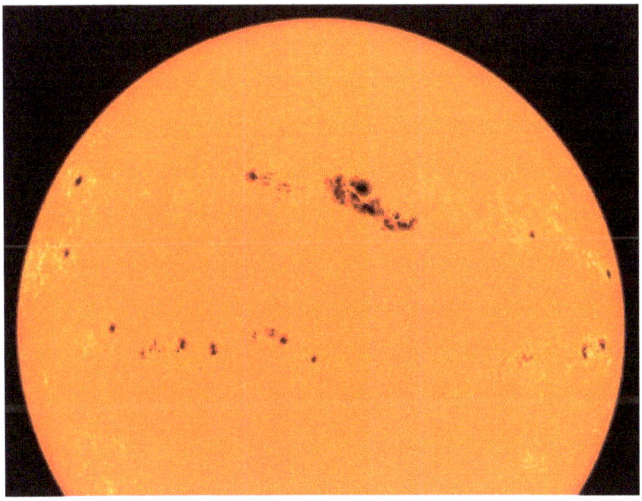

Fig. 4.31 Manchas solares fotografiadas por el Observatorio Solar y Heliosférico (SOHO) de la NASA. Las manchas solares se ven más oscuras debido a su temperatura más baja en comparación con el resto de la fotosfera. Créditos: SOHO/ESA/NASA.

El número de manchas solares y sus tamaños en cualquier momento dado varían con la intensidad del campo magnético que el Sol está experimentando. Durante el ciclo de 11 años de manchas solares, el número de manchas aumenta en el pico y disminuye en su mínimo. Estos cambios periódicos en el número y tamaño de las manchas solares causan variaciones en el brillo total del Sol.

Las manchas solares son indicadores visibles de campos magnéticos intensos en el Sol. Las manchas están llenas de campos magnéticos complejos que pueden actuar como catapultas, arrojando grandes cantidades de partículas cargadas al espacio. Estos eventos se conocen como *Eyecciones de Masa Coronal* (CME, por sus siglas en inglés). Cuando las partículas eyectadas interactúan con los campos magnéticos de la Tierra, pueden desencadenar *tormentas geomagnéticas* (Geotormentas), también llamadas *tormentas solares*. Las tormentas solares son más comunes en el pico del ciclo solar de 11 años del Sol. Las partículas eyectadas son capturadas por el campo magnético de la Tierra y aceleradas hacia los polos norte y sur. Las partículas aceleradas luego colisionan contra átomos en la atmósfera, transfiriendo energía y causando su excitación. La excitación es un proceso en el cual los electrones en un átomo ganan energía y transitan de un nivel de energía más bajo a uno más alto. Los electrones luego liberan esta energía recientemente ganada como fotones (luz), causando las magníficas auroras en ambos hemisferios. Estas auroras se denominan *auroras boreales* cuando se observan en el hemisferio norte y *auroras australes* cuando ocurren en el hemisferio sur.[38]

La tormenta solar más intensa y disruptiva jamás registrada se conoce como el *Evento Carrington*, que alcanzó su punto máximo entre el 1 y 2 de septiembre de 1859.[39] La tormenta solar fue tan intensa que causó que las auroras fueran visibles en lugares muy al sur como México y Hawái y perturbó los sistemas de telégrafo en toda Europa y América del Norte. Dado que nuestro mundo actual depende en gran medida de satélites, redes eléctricas y redes de telefonía celular, una nueva ocurrencia de tales eventos podría afectar profundamente nuestra vida diaria. Por esta razón, los astrónomos e investigadores continúan monitoreando estos eventos con la esperanza de poder predecir con más certeza cuándo ocurrirá la próxima gran tormenta geomagnética para que podamos prepararnos adecuadamente.[40]

Fig. 4.32 Una impresionante aurora austral capturada desde Eaglehawk Neck en Tasmania, Australia, en mayo de 2024. Créditos: foto por Sean O' Riordan.

Los ciclos magnéticos en las estrellas exhiben periodicidad relativa, pero las características similares a las manchas solares no son permanentes. El número y el tamaño de las manchas solares pueden variar considerablemente, lo que lleva a efectos variables en los cambios generales en el brillo del Sol. Los cambios en el brillo causados por un planeta tienden a ser más periódicos y estables. Esta distinción proporciona a los investigadores una forma de diferenciarlos.

La NASA solo lista nueve planetas detectados mediante el método de Modulaciones de Brillo Orbital (OBM, por sus siglas en inglés). Los científicos generalmente recopilan grandes conjuntos de curvas de luz con instrumentos como Kepler y luego las analizan utilizando un conjunto de algoritmos. El planeta Kepler-76 [41] fue descubierto utilizando el método OBM y luego confirmado con la técnica de velocidad radial.

Se pueden determinar varias características a partir de los efectos de un planeta sobre el brillo de la estrella que orbita. Por ejemplo, a medida que el planeta orbita la estrella, se acerca o aleja del observador. Al discutir el método de velocidad radial, ya exploramos el efecto que este movimiento causa en el espectro estelar según lo percibido por un observador. La luz recibida de una estrella orbitada por un planeta será periódicamente desplazada al rojo o al azul, y esto puede ayudar a los astrónomos a determinar la masa del planeta. Además, la interacción gravitacional entre un planeta y su estrella puede causar que la forma de la estrella se deforme en una elipse, algo que los astrónomos llaman el *efecto elipsoidal*. Tal cambio en la forma provoca una variación en el brillo medido de la estrella. El efecto elipsoidal ayuda a determinar el tamaño del planeta y la relación de masas entre el planeta y la estrella. Otras mediciones, como la luz reflejada y emitida por el planeta, ayudan a los científicos a comprender la reflectividad de la atmósfera del planeta, lo que puede revelar la presencia o ausencia de ciertos compuestos químicos.

Cinemática del disco

La cinemática es una rama de la física que estudia el movimiento de los objetos sin considerar las fuerzas involucradas ni las causas del propio movimiento. La idea es cuantificar el movimiento de un objeto analizando su cambio de posición, velocidad y aceleración a lo largo del tiempo.

Aplicado al campo de los exoplanetas, la técnica de cinemática del disco examina los movimientos del gas y el polvo en el disco circunestelar que rodea a una estrella joven. Al analizar la cinemática del disco, los astrónomos intentan identificar posibles patrones de movimiento o signos que puedan indicar la presencia de un planeta. Por ejemplo, como exploramos en el Capítulo 2, los espacios son una característica común en los discos protoplanetarios; los proponentes de la cinemática del disco destacan que algunos de estos espacios son el resultado de un planeta en formación que interactúa con el disco.

Solo se ha descubierto un planeta utilizando este método:[42] el planeta HD 97048 b, que fue detectado al analizar sus efectos en el gas que rodea a la estrella que orbita. Los investigadores utilizaron el observatorio Atacama Large Millimeter/submillimeter Array (ALMA), una matriz compuesta por 66 antenas. ALMA utiliza la técnica de interferometría, combinando todas las ondas de radio capturadas individualmente por cada antena, produciendo el mismo resultado que si fueran un solo telescopio gigante de 16 kilómetros de diámetro. ALMA observa en la porción del espectro entre el infrarrojo lejano y las ondas de radio. La longitud de onda de estas ondas electromagnéticas es del orden de milímetros o incluso submilímetros, lo que significa que tienen frecuencias más grandes y, por lo tanto, se consideran ondas de baja energía. En los discos protoplanetarios, se encuentran regiones densas con altas concentraciones de granos de polvo y moléculas de gas. Estas partículas de polvo son calentadas por la estrella joven y emiten radiación térmica en longitudes de onda milimétricas y submilimétricas. La ventaja es que la luz en estas longitudes de onda no interactúa con otras partículas o superficies, es decir, no se dispersa tanto ni es absorbida por moléculas de gas. Esto permite a los astrónomos observar dentro de estas regiones densas.

En el caso de HD 97048 b, los astrónomos infirieron la presencia del planeta al analizar el espacio y las espirales en el gas que rodea a la estrella. Para calcular el tamaño del planeta, los investigadores utilizaron simulaciones que variaban la masa del planeta. En estas simulaciones, también variaron el número de órbitas que el planeta realiza alrededor de la estrella central. En este caso, utilizaron 800 órbitas, lo que equivale a un millón de años. Luego, compararon los resultados de las simulaciones con lo que estaban observando y determinaron que la masa del planeta debía ser de alrededor de dos a tres veces la masa de Júpiter. El tamaño y la anchura del espacio observado y simulado dieron indicios a los investigadores sobre la masa del planeta. Un planeta más masivo creará un espacio más ancho y profundo en el disco protoplanetario en comparación con un planeta de menor masa. Al variar diferentes parámetros en sus simulaciones, como la viscosidad del disco (qué tan espeso es un fluido) y las propiedades físicas del material del disco, los astrónomos también pueden determinar la composición del planeta.

En estos últimos dos capítulos, hemos visto múltiples ejemplos de la extrema curiosidad, genialidad y practicidad que demuestran los científicos. Todas las técnicas discutidas son un testimonio de esa persistencia e inventiva. Pasamos de saber de la existencia de tan solo ocho planetas (los del sistema solar) a los miles que existen, todos descubiertos en las últimas décadas. Lo más emocionante es que este número de planetas continúa creciendo a un ritmo acelerado.

Con tal cantidad de planetas, los astrónomos necesitan clasificarlos de alguna manera que los ayude a entenderlos mejor. Clasificar cosas es parte de nuestra naturaleza humana, y los exoplanetas no son una excepción. En el próximo capítulo, exploraremos las diversas categorías que los astrónomos han creado para dar sentido a sus observaciones. Esta categorización ayuda a comprender la formación, configuración y evolución de los sistemas planetarios, una rama del estudio de exoplanetas conocida como *arquitectura de sistemas planetarios*.

Capítulo 5
Clasificación de exoplanetas

> "Es una estrella de la secuencia principal, muy parecida a la nuestra. Cinco planetas... y uno de ellos: justo en la zona habitable. Un candidato principal."
>
> — Ricks, Alien: Covenant (2017)

NTT

Usamos la clasificación como una herramienta para comprender mejor la naturaleza de las cosas. El obispo sudafricano Desmond Tutu (1931-2021), premio Nobel de la Paz en 1984, dijo sabiamente que "solo hay una manera correcta de comerse un elefante: un bocado a la vez". A menudo, es más conveniente construir nuestra comprensión utilizando una estrategia conocida como *de abajo hacia arriba*, considerando pequeñas piezas en lugar de abordar conceptos y estructuras complejas desde una vista macroscópica. Con esto en mente, construimos categorías que son instrumentales para agrupar entidades similares y entenderlas mejor. Por ejemplo, tomemos el complejo concepto de la arquitectura de sistemas planetarios en un sistema estelar. Podemos mejorar nuestra comprensión de los sistemas estelares desglosando la gran población de planetas en pequeños "bocados" o categorías.

Los planetas dentro de nuestro sistema solar pueden agruparse en dos grandes categorías: pequeños mundos rocosos terrestres (Mercurio, Venus, Tierra y Marte) y mundos con enormes atmósferas gaseosas (Júpiter, Saturno, Urano y Neptuno). No es sorpresa entonces que los astrónomos decidieran continuar con una técnica de categorización similar para los planetas descubiertos por fuera del sistema solar. Sin embargo, al intentar seguir con esta categorización con los diferentes planetas descubiertos, los astrónomos se dieron cuenta de que no todos los sistemas estelares son como el nuestro. Los exoplanetas vienen en tantas "formas" que se tuvieron que establecer nuevas categorías. La forma más práctica de clasificar estos objetos celestes es basándose en sus tamaños y masas. Por lo tanto, esta es la técnica de clasificación más ampliamente adoptada. Los planetas se clasifican en cuatro categorías diferentes:

i) *Gigantes gaseosos.* Constituyen el 30% de todos los exoplanetas descubiertos hasta la fecha. Sus masas varían desde 0.5 hasta 13 veces la masa de Júpiter, y sus tamaños varían entre 1 y 1.7 veces el tamaño de Júpiter. El más famoso de estos planetas es el primer exoplaneta descubierto orbitando una estrella de la secuencia principal: *51 Pegasi b*; un gigante gaseoso con una masa de 0.46 veces la masa de Júpiter y 1.27 veces el radio de Júpiter. Los gigantes gaseosos, como su nombre lo indica, están predominantemente compuestos de gas, específicamente exhiben una atmósfera muy gruesa de helio y/o hidrógeno que rodea un núcleo rocoso o fundido.

ii) *Gigantes de hielo* o *Neptunianos.* En el sistema solar, las grandes distancias del Sol a las que se encuentran Neptuno y Urano causan que los gases se solidifiquen en forma de hielo. A estas bajas temperaturas, los gases se comportan como rocas sólidas y, por lo tanto, estos planetas se conocen como Gigantes de Hielo. Con tamaños que van desde dos y medio hasta cuatro veces el tamaño de la Tierra, los gigantes de hielo están principalmente compuestos de agua, amoníaco, metano y dióxido de carbono. Sin embargo, la razón por la cual un exoplaneta es clasificado como neptuniano se debe realmente a si su tamaño y masa son similares a Neptuno. En otros sistemas estelares, los planetas neptunianos no se encuentran a grandes distancias de sus estrellas. Algo que sí observamos en el caso de Urano y Neptuno en nuestro sistema solar. Por lo tanto, la composición de exoplanetas neptunianos parece depender de la proximidad a su estrella. Estos planetas constituyen el 35% de todos los exoplanetas detectados.

iii) Terrestres. Con tamaños entre la mitad y el doble del tamaño de la Tierra y masas hasta una masa de la Tierra, estos planetas están hechos de un núcleo rocoso sólido y una atmósfera delgada o, en la mayoría de los casos, inexistente. Debido a su pequeño tamaño y la dificultad para encontrarlos, menos del 4% de todos los planetas detectados hasta la fecha pertenecen a esta categoría. Estos planetas representan nuestra mejor oportunidad de descubrir vida en otros lugares, al menos en las formas con las que estamos familiarizados aquí en la tierra. Una atmósfera, potencialmente debido a impactos de cometas o actividad volcánica temprana, podría crear condiciones que faciliten el desarrollo de vegetación y formas de vida complejas. Esta es la razón por la cual muchos astrobiólogos enfocan sus esfuerzos en el sistema planetario TRAPPIST-1 y en sus siete planetas rocosos. Debido a las distancias a la que están de su estrella, algunos de los planetas en el sistema TRAPPIST-1 podrían tener agua líquida en sus superficies, lo que implica que potencialmente sus éstas podrían albergar vida.

iv) Supertierras. Estos son planetas que varían entre dos y dos veces y media el tamaño de la Tierra, y que pueden tener hasta 10 veces la masa de la Tierra. En mi opinión, "supertierras" es un nombre bastante engañoso. Casi el 31% de todos los planetas detectados pertenecen a esta categoría. Las supertierras pueden ser rocosas (como la Tierra), pero también pueden estar hechas de gas, o una combinación de gas y roca. Cuando se encuentra que una supertierra está compuesta principalmente de gas, los astrónomos las llaman minineptunos o sub-neptunos, ya que son más pequeñas que el planeta Neptuno en el sistema solar, pero tienen composiciones similares.

Los investigadores también clasifican sistemas planetarios enteros en cuatro categorías:

i) ***Similares.*** Donde todos los planetas tienen masas aproximadamente similares entre sí.

ii) ***Mixtos.*** Sistemas planetarios donde no existe un patrón regular discernible en la distribución de masas de los planetas con respecto a sus distancias a la estrella.

iii) ***Anti-ordenados***. Donde la masa de los planetas disminuye según la distancia desde la estrella.

iv) ***Ordenados.*** Sistemas planetarios donde la masa de los planetas aumenta según su distancia desde la estrella.

Sin embargo, la mayoría de las veces, el tamaño o la masa de un planeta no es suficiente para describirlo adecuadamente. Un ejemplo de esto es la presencia de planetas gaseosos muy cerca de su estrella. Estos planetas se llaman *Júpiteres Calientes*, ya que sus temperaturas superficiales son extremadamente altas debido a la proximidad a sus estrellas; los Júpiteres Calientes exhiben tamaños similares o más grandes que Júpiter. Estos planetas no se parecen en nada a lo que encontramos en el sistema solar. Están tan cerca de su estrella que no necesitan años sino días o incluso horas para completar una revolución completa alrededor de su estrella. Esta diferencia en sus períodos es utilizada por los astrónomos para categorizarlos. Los Júpiteres Muy Calientes (VHJ, por sus siglas en inglés), por ejemplo, son planetas que tienen períodos entre dos y tres días. Los Júpiteres Ultra-Calientes (UHJ, por sus siglas en inglés) completan una revolución completa en cuestión de horas. El récord lo tiene el planeta WASP-19 b, que orbita su estrella en tan solo 18.9 horas.

Los astrónomos también tienen categorías basadas en cuántas estrellas un exoplaneta orbita, ya que hay planetas que pueden orbitar más de una. Un planeta *circumbinario* orbita un sistema binario, un planeta *circuntrinario* orbita un sistema con tres estrellas, y un *planeta multiestelar* pertenece a un sistema con más de tres objetos estelares. Por otro lado, hay planetas huérfanos que no tienen estrella; los llamados *planetas rebeldes*. Los planetas rebeldes se detectan utilizando la técnica de microlente gravitacional o mediante imágenes directas en el infrarrojo. Lo más probable es que estos planetas sean el resultado de fuerzas gravitacionales o colisiones en las primeras etapas de formación de sus sistemas planetarios de origen. Tales colisiones o la influencia gravitacional de otros planetas podrían haber ocasionado que estos planetas escaparan del campo gravitacional de la estrella central. Como espíritus errantes en una historia clásica de terror, estos planetas flotan libremente por el espacio, esperando que alguien los detecte.

Finalmente, todos los planetas descubiertos hasta ahora están en la proximidad cercana. Es decir, todos están ubicados en la Vía Láctea, la galaxia que habitamos. Pero nada parece indicar que la formación de planetas sea algo que solo suceda en nuestra galaxia. Por lo tanto, los astrónomos esperan que la existencia de planetas sea una característica común de los sistemas estelares en el universo. Sin embargo, dada la vastedad del mismo, detectar planetas que habitan en otras galaxias es extremadamente difícil. Estos planetas *extragalácticos* aún son esquivos y difíciles de detectar. Sin embargo, objetos tales como el objeto que orbita el sistema binario de rayos X M51-ULS-1 en la Galaxia del Remolino (M51), ubicada a unos 23.16 millones de años luz de distancia, son candidatos prometedores para tal categoría de planetas.

Fig. 5.1 Las diferentes categorías de exoplanetas descubiertos hasta ahora. Existe un claro sesgo a favor de los planetas más grandes. Créditos: NASA/JPL-Caltech.

Arquitectura de sistemas planetarios

Clasificar cosas ayuda a los humanos a entenderlas. Crear categorías según ciertas características da indicios sobre la naturaleza e incluso el origen de las cosas. La categorización también contribuye a reconocer patrones y proporciona una manera de ver cómo las cosas se relacionan o no entre sí. Con el aumento de grandes conjuntos de datos, los científicos pueden categorizar sistemas en formas que nunca habíamos pensado posible. Por ejemplo, cuando el mundo experimento la pandemia causada por el virus del COVID, los científicos pudieron clasificar cómo el virus afectaba a la población según su edad, sexo, peso, etc. Esto ayudó a los investigadores a entender el virus y les proporcionó ideas sobre cómo desarrollar una eventual vacuna salvando innumerables vidas.

El campo de los exoplanetas no es diferente. Ahora que tenemos más de 5,000 exoplanetas detectados, estos se clasifican según varias características. El objetivo es que esta clasificación pueda arrojar alguna luz sobre sus procesos de formación y el destino de estos exoplanetas, e incluso pueda ayudar a los astrónomos a determinar cómo se formaron los planetas dentro de nuestro sistema solar.

El campo de la Arquitectura de Sistemas Planetarios se ocupa de estudiar la configuración y características de los planetas, asteroides, lunas y otros cuerpos celestes en un sistema estelar en relación con la estrella central. Hasta 1992, los científicos solo tenían una muestra de cómo se formaban y disponían tales sistemas estelares. A medida que se descubren más y más exoplanetas, los astrónomos siguen mejorando su comprensión de la formación de planetas, lo que ayuda a formular nuevas hipótesis. Con este fin, los planetas se clasifican según su composición, tamaño y proximidad a la estrella central.

Composición

Como discutimos en el Capítulo 2, la composición final de un planeta depende de dónde se forme con respecto a su estrella. Los planetas que se forman cerca de la estrella central tienden a ser rocosos, ya que todo el gas que rodea sus núcleos se evapora debido a las altas temperaturas que experimentan. En el sistema solar, ejemplos de planetas rocosos incluyen Mercurio, Venus, Tierra y Marte, compuestos principalmente de metal y roca. Los tipos de roca pueden incluir rocas de silicato, que están compuestas principalmente de materiales de silicato (una combinación de silicio, oxígeno y uno o más metales), y rocas de hierro-níquel.

Por otro lado, si un planeta se forma más allá de la línea de hielo o nieve, las temperaturas son extremadamente bajas y el agua y otras moléculas/átomos pueden permanecer en estado congelado. Los planetas en estas ubicaciones contienen grandes partículas de hielo que se comportan como rocas. Este material congelado adicional hace que esos planetas sean más masivos que sus hermanos los planetas rocosos y esto les permite retener el gas acumulado.

Por supuesto, no es tan simple como solo decir que un planeta es rocoso o gaseoso. Tal clasificación se basa principalmente en la densidad del planeta observado. La densidad es esencialmente una medida de cuánta masa está empaquetada en un cierto volumen. Como los planetas, y de hecho los exoplanetas, son de naturaleza esférica, los astrónomos usan el volumen de una esfera para determinar la densidad de los mismos. El volumen de un planeta se puede calcular fácilmente conociendo su radio y su masa. Con este objetivo, los astrónomos combinan múltiples técnicas de detección para determinar la densidad de los planetas. El método de velocidad radial indica la masa, mientras que el método de tránsito ayuda en la determinación del radio (tamaño) de un planeta.

Planetas rocosos

Los planetas rocosos, también conocidos como terrestres o telúricos, están compuestos principalmente de silicio, magnesio, hierro, carbono y oxígeno. En otras palabras, estos son planetas cuyo tamaño está dominado por material sólido. Una forma de subcategorizar los planetas rocosos es distinguir entre los que pueden retener una atmósfera y los que tienen atmósferas delgadas o insignificantes. La capacidad de un planeta para retener una atmósfera depende de la masa y el radio del planeta, ya que esto tiene un impacto directo en la velocidad de escape del planeta.

Exploraremos la clasificación de los planetas según sus tamaños más adelante.

Planetas gaseosos

Los planetas gaseosos son grandes o súper grandes (si se puede decir así) en comparación con los planetas rocosos. Estos planetas poseen grandes cantidades de hidrógeno y helio, capturados del gas nebular original durante su formación. Contrario a los planetas rocosos, la mayor parte de su volumen se debe a la cantidad de líquidos y gases. Debido a la cantidad de gas en comparación con su núcleo sólido, algunos de estos planetas tienen densidades extremadamente bajas, incluso más bajas que el agua. Tenemos un ejemplo de estos planetas en el sistema solar, el gigante gaseoso Saturno. La densidad de Saturno es menor que la del agua, y si fuera posible tener una bañera increíblemente grande en la que pudiéramos colocar a Saturno, flotaría. Este es, por supuesto, un experimento que muy probablemente no podamos realizar. No solo porque no creo que podamos encontrar a alguien que nos ayude a hacerlo, sino porque el gas que rodea a Saturno se disolvería al entrar en contacto con el agua, dejando expuesto el núcleo sólido de Saturno. El núcleo de Saturno, que es rocoso, es más denso que el agua y, por lo tanto, se hundiría hasta el fondo de nuestra bañera imaginaria gigante.

Clasificación de acuerdo a tamaño y masa

Como dice mi mama, ya sé que parezco un loro repitiendo esto, pero hace menos de cuarenta años, el único sistema planetario que los astrónomos conocían era el sistema solar. Basándose en ese único ejemplo, los astrónomos dedujeron muchas reglas sobre las arquitecturas de los sistemas planetarios. Por ejemplo, los astrónomos solían afirmar que los planetas rocosos son normalmente pequeños y están más cerca de su estrella. También, que los planetas gaseosos son más grandes que los planetas rocosos y están lejos de la estrella central. Basándose en esa comprensión, no es difícil imaginar por qué, en 1989, David Latham y sus colaboradores en el Centro de Astrofísica Harvard-Smithsonian, utilizando el método de velocidad radial,[1] descartaron el descubrimiento de lo que creían ser un planeta gigante orbitando muy cerca de su estrella HD 114762. A diferencia de cualquier planeta en el sistema solar, este hipotético planeta, HD 114762 b, era 11 veces más masivo que Júpiter y orbitaba su estrella a menos de una décima parte del tamaño de la órbita de Júpiter, o 0.36 AU. Tal distancia es similar al tamaño de la órbita de Mercurio alrededor del Sol; esto no tenía ningún sentido. En el sistema solar, los planetas gigantes gaseosos tienen órbitas grandes, y solo los pequeños planetas rocosos orbitan cerca de la estrella central. Con base en eso, decidieron reportar el descubrimiento de una enana marrón y solo mencionaron la posibilidad de que este objeto fuera un planeta de manera especulativa. Sin embargo, si avanzamos 34 años desde ese descubrimiento, encontramos que los planetas gaseosos de gran masa en órbitas cercanas ya no son una imposibilidad o ni siquiera una rareza. Los astrónomos han encontrado miles de estos planetas, y nadie actualmente duda de que tal configuración de sistema planetario exista. Curiosamente, volviendo al descubrimiento de 1989, nuevas investigaciones han proporcionado evidencia de que HD 114762 b en realidad sí es, de hecho, una enana marrón.[2] Su masa se ha estimado entre 82 y 139 veces la masa de Júpiter, que es mucho mayor que las masas encontradas en el dominio planetario. Independientemente de la naturaleza de HD 114762 b, la moraleja de la historia es que, en ciencia, no podemos asumir que conocemos todas las respuestas; eso es algo bueno, ya que así es como el conocimiento científico progresa.

Afortunadamente, y con base en ese episodio, otros científicos aprendieron la lección, y en 1995, Mayor y Queloz decidieron reportar el descubrimiento de 51 Pegasi b, un planeta con un período de solo 4.2 días y una masa la mitad de la masa de Júpiter, equivalente a 150 veces la masa de la Tierra. ¡Este planeta orbita su estrella 51 Pegasi a tan solo 0.05 AU! No hay ningún planeta como 51 Pegasi b en el sistema solar. Desde entonces, se han descubierto miles de planetas, que de hecho no tienen nada que ver con lo que encontramos en nuestro sistema planetario. De repente, los astrónomos se dieron cuenta de que se necesitaban crear nuevas categorías. Exploremos éstas a continuación.

Fig. 5.2 Expresión artística de 51 Pegasi b. Créditos: NASA.

Gigantes gaseosos

El término "Gigante gaseoso" fue acuñado por el autor de ciencia ficción James Blish en su historia *Solar Plexus* en 1952:

"Una mirada rápida a los paneles reveló que había un campo magnético de cierta intensidad cerca, uno que no pertenecía al *gigante gaseoso* invisible que giraba a medio millón de millas de distancia."

Un ejemplo notable de este tipo de planetas es KELT-9 b, reportado en 2017 y descubierto utilizando el método de tránsito.[3] KELT-9 b es un planeta que es más caliente que la mayoría de las estrellas. Orbita la estrella KELT-9, una estrella muy joven, de solo 300 millones de años y ubicada a 667 años luz de la Tierra. Con una temperatura diurna de 4,600 Kelvin (4,326.85 grados Celsius), una masa casi tres veces la masa de Júpiter y casi el doble del tamaño de Júpiter, este planeta orbita su estrella con un período orbital de 1.5 días a una distancia de 0.03 AU. Debido a lo cerca que está de su estrella, la atmósfera del planeta es constantemente bombardeada con altos niveles de radiación ultravioleta, posiblemente causando que exhiba una cola de material planetario evaporado similar a la cola de un cometa.

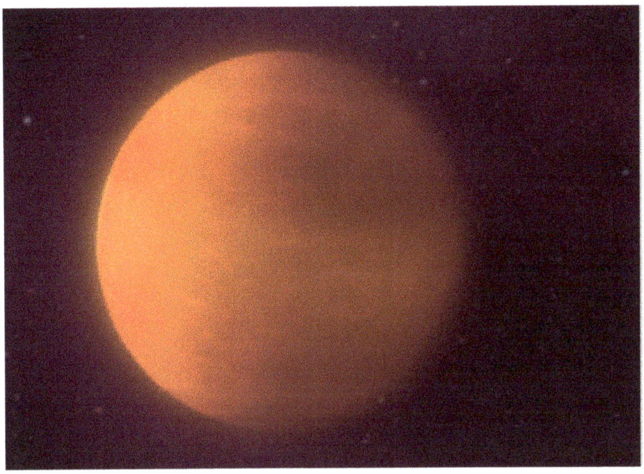

Fig. 5.3 Concepto artístico del gigante gaseoso KELT-9 b.
Un "año" en este planeta dura menos de dos días.
Créditos: NASA / JPL-Caltech / Robert Hurt.

Los gigantes gaseosos típicamente tienen un núcleo rocoso o fundido rodeado por una atmósfera gruesa compuesta principalmente de helio y/o hidrógeno. En el sistema solar, Júpiter y Saturno pertenecen a esta categoría. Lo extraño de esta composición es que si alguien pudiera viajar a estos planetas esa persona no podría pisar el suelo, porque no hay suelo, o, en otras palabras, estos planetas no tienen una superficie como tal. Se estima que el núcleo de Saturno se extiende aproximadamente hasta el 60% del radio total del planeta y solo constituye alrededor del 18% de la masa total.[4] En el caso de Júpiter, la diferencia es aún mayor. Se ha estimado que la masa del núcleo de Júpiter representa solo hasta el 0.2% de la masa total del planeta, mientras que el radio del núcleo del planeta representa solo hasta el 0.07% del radio total.

La proximidad de los exoplanetas gigantes gaseosos a su estrella central, junto con sus enormes masas y radios, causa efectos gravitacionales y de brillo en la estrella, lo que facilita su descubrimiento. Esto es debido a la naturaleza de los métodos de velocidad radial y tránsito tal y como se discutió en el Capítulo 3. Por lo tanto, no es para nada una sorpresa que dichos planetas representen el 30% de todos los exoplanetas detectados hasta ahora.

Típicamente, los gigantes gaseosos tienen tamaños que varían de 1 a 1.7 veces el tamaño de Júpiter, y sus masas se sitúan entre la mitad y 13 veces la masa de Júpiter. El entendimiento actual es que sus enormes masas resultan directamente de haberse formado lejos de la influencia gravitacional y el calor de la estrella. Esto les permite acumular gas alrededor de sus grandes núcleos. Los astrónomos creen que si los gigantes gaseosos se forman alrededor de estrellas similares al Sol lo hacen durante los primeros 10 a 100 millones de años,[5] lo que se considera un proceso "a corto plazo" con respecto a la formación de sistemas planetarios. Las presiones extremas que experimentan las atmósferas de estos planetas causan fenómenos meteorológicos asombrosos. Por ejemplo, la famosa *Gran Mancha Roja* de Júpiter es en realidad una gran tormenta que ha durado al menos 193 años.[6] Las nubes en esta tormenta giran en sentido antihorario con vientos que tienen más del doble de la intensidad que la intensidad de un ciclón de categoría 5 en la Tierra. Usando datos del Hubble, científicos han aprendido recientemente que los vientos en esta gran marcha roja soplan a más de 640 kilómetros por hora.

Fig. 5.4 La Gran Mancha Roja de Júpiter es tan grande que podrían caber tres Tierras dentro de ella. Créditos: NASA, ESA, A. Simon (Goddard Space Flight Center) y M. H. Wong (University of California, Berkeley), y el equipo OPAL.

Otro increíble fenómeno meteorológico observado en un gigante gaseoso del sistema solar es la asombrosa tormenta en forma de hexágono de Saturno. Se hipotetiza que el hexágono, que es más ancho que dos Tierras, resulta de la interacción entre la atmósfera de Saturno y su rápida rotación. Los científicos han propuesto que la tormenta en forma de hexágono es el resultado de un sistema de vórtices, que son columnas de aire giratorias que pueden formarse en fluidos. En este caso, se cree que los vórtices son inducidos por el campo magnético de Saturno. El patrón hexagonal emerge como consecuencia de la interacción entre los vórtices y los vientos generados por la rápida rotación de Saturno.

Fig. 5.5 La tormenta en forma de hexágono de Saturno, ubicada alrededor de las regiones polares norte, capturada por la nave espacial Cassini en abril de 2014. Créditos: NASA.

Es de esperar que los astrónomos encuentren fenómenos meteorológicos como los exhibidos por los gigantes gaseosos en el sistema solar o incluso fenómenos más extraordinarios en exoplanetas de naturaleza similar.

Planetas neptunianos

En el sistema solar, Urano y Neptuno se encuentran a 19 AU y 30 AU del Sol, respectivamente, lo que significa que están más lejos que Júpiter y Saturno, los cuales están ubicados a 5 AU y 9.5 AU, respectivamente. Para Urano y Neptuno, las mayores distancias a las que están del Sol han permitido que el agua, el amoníaco, el metano y el dióxido de carbono existan en forma sólida, o, en otras palabras, que existan como hielos. Estos hielos se comportan como rocas sólidas, enriqueciendo el núcleo y aumentando la masa de Urano y Neptuno, permitiéndoles acumular el gas que los rodea. Esta es la razón por la que a estos planetas se les denomina como *gigantes de hielo*.

La composición de estos hielos es lo que causa el hermoso color azul que vemos en las imágenes de Neptuno y Urano. Las atmósferas de estos gigantes de hielo contienen altas concentraciones de metano, que absorbe la luz roja y refleja la luz azul. Sin embargo, podemos ver que Urano es más pálido que Neptuno. Hasta hace poco, esto era un misterio, dadas las similitudes en la composición de sus atmósferas. Investigadores de la Universidad de Oxford han encontrado[7] que el color más pálido de Urano se debe a una capa extendida de neblina o vapor ligero en su atmósfera compuesta principalmente de hidrocarburos y otros compuestos orgánicos. Esta neblina diluye el color azul de Urano y lo hace parecer más pálido que Neptuno.

Fig. 5.6 Urano (izquierda) y Neptuno (derecha) son similares en tamaño, masa, composición y estructuras, pero Urano parece menos azul que Neptuno. Imagen tomada por la Voyager 2. Créditos: (NASA/JPL-Caltech; NASA).

La ubicación actual de los gigantes de hielo, plantea un problema para nuestra comprensión de la formación planetaria. Como discutimos en el Capítulo 2, el modelo de acreción del núcleo es la hipótesis más aceptada hoy en día. En esta hipótesis, los planetas terrestres y los núcleos de los gigantes gaseosos crecen por impactos o colisiones de granos de polvo, que eventualmente forman pequeñas rocas. Estas pequeñas rocas también colisionan, formando rocas más grandes conocidas como planetesimales. Este proceso continúa hasta que se forma un núcleo sólido. Los núcleos de los gigantes gaseosos son lo suficientemente grandes como para atraer gravitacionalmente y mantener el gas en la nebulosa original. Los pequeños planetas rocosos no tienen suficiente masa para retener los gases que los rodean, y terminan con una atmósfera muy delgada o inexistente. En su forma más pura, el modelo de acreción del núcleo explica principalmente la formación de gigantes gaseosos o planetas rocosos más pequeños, en función de su distancia de la estrella central. El modelo no explica completamente la formación de gigantes de hielo en su ubicación actual en el sistema solar. Sin embargo, el modelo puede refinarse para incluir conceptos como la composición del núcleo y la migración planetaria para ayudar a explicar su existencia. La raíz del problema de la ubicación actual es que el proceso de acumulación de colisiones en la nebulosa solar externa, es más lento que en las regiones donde se formaron los gigantes gaseosos debido a los períodos orbitales más largos y una concentración reducida de partículas sólidas. Además, a 20 AU o 30 AU del Sol, que es donde se encuentran estos planetas gigantes de hielo en el sistema solar, la velocidad que un objeto necesita para escapar del sistema solar—*velocidad de escape del sistema solar*— es de alrededor de 8 kilómetros por segundo. Según simulaciones, esta velocidad es comparable a las velocidades experimentadas por los embriones planetarios en crecimiento. A estas velocidades, cuando los embriones sufren los efectos de encuentros mutuos, esto resulta en que esos embriones sean expulsados del sistema solar o puestos en órbitas cometarias muy excéntricas. Por estas razones, no pareciera que Urano y Neptuno se formaron dónde están actualmente ubicados. La hipótesis principal que explica por qué hoy están dónde están indica que se formaron originalmente entre Júpiter y Saturno al mismo tiempo que se formaron estos gigantes gaseosos. Neptuno y Urano habrían sido entonces empujados hacia afuera a su ubicación actual debido a interacciones gravitacionales con los planetas más grandes.[8]

En el ámbito de los exoplanetas, contrario a lo que observamos en el sistema solar con Urano y Neptuno, la mayoría de los exoplanetas similares a Neptuno—planetas con un tamaño similar al de Neptuno—que los astrónomos han encontrado hasta ahora, están cerca de sus estrellas. Sin embargo, al igual que los gigantes gaseosos, los planetas neptunianos también tienen atmósferas compuestas principalmente de hidrógeno y helio. Los gigantes de hielo son planetas con masas que van desde aproximadamente 10 a 20 masas terrestres y radios de aproximadamente entre 2.5 y 4 veces el de la Tierra.

Fig. 5.7 Impresión artística de Kepler-1655 b. Este planeta neptuniano orbita muy cerca de su estrella, algo que no tenemos en el sistema solar. Créditos: NASA.

Los grandes tamaños de estos planetas y la proximidad a sus estrellas también los hacen "más fáciles" de detectar con las técnicas actuales. No es sorpresa entonces que casi el 35% de todos los exoplanetas detectados estén categorizados como neptunianos. Por ejemplo, el planeta Kepler-1655 b, descubierto en 2018,[9] es un planeta similar a Neptuno que realiza una órbita completa alrededor de una estrella de tipo F ubicada a 694 años luz de la Tierra en tan solo 11.9 días. Con una masa equivalente a casi seis veces la masa de la Tierra, está ubicado a solo 0.1 AU de su estrella. Su tamaño es más del doble que el de la Tierra y fue detectado utilizando el método de tránsito. Al estar tan cerca de la estrella, es muy probable que su atmósfera se expanda y se evapore.

Planetas terrestres

NASA define un planeta terrestre como aquel que tiene entre la mitad del tamaño de la Tierra y el doble de su radio, y que posee hasta una masa terrestre. En el sistema solar, los planetas rocosos son Mercurio, Venus, Tierra y Marte. A diferencia de los gigantes gaseosos y de hielo, estos planetas sí tienen una superficie sólida. Por lo tanto, son buenos candidatos para la búsqueda de vida extraterrestre.

Como hemos discutido en capítulos anteriores, con las técnicas de detección actuales es bastante difícil detectar estos planetas debido a sus pequeños tamaños. Menos del 4% de todos los exoplanetas descubiertos hasta la fecha son planetas rocosos. Sin embargo, estudios estadísticos[10] han indicado que solo en nuestra galaxia podrían haber más de 10 billones de planetas terrestres esperando ser detectados y analizados.[11]

Fig. 5.8 Los planetas terrestres del sistema solar. De izquierda a derecha, Mercurio, Venus, Tierra y Marte. Venus es casi del mismo tamaño que la Tierra, pero Mercurio y Marte son más pequeños. Créditos: NASA.

Los planetas rocosos o terrestres están compuestos principalmente de roca, silicato, agua y/o carbono. Pueden tener atmósferas, continentes o incluso agua en forma líquida en sus superficies si están a una distancia de su estrella donde esta pueda existir en ese estado.

Al igual que la Tierra, la mayoría de los planetas rocosos tienen un núcleo compuesto principalmente de roca o hierro y una atmósfera. Pueden tener una superficie sólida o líquida dependiendo de la distancia a su estrella, las diferentes temperaturas que experimentan y la cantidad de radiación que reciben. A diferencia de los gigantes gaseosos o de hielo, la atmósfera de los planetas rocosos no se originó a partir de la nebulosa solar original. Sus atmósferas son el resultado de impactos de cometas, o lo que los científicos llaman, *desgasificación*. La desgasificación se refiere a la liberación de gases desde el interior del planeta a través de la actividad volcánica. Gases como vapor de agua, dióxido de carbono, dióxido de azufre y óxidos de nitrógeno son expulsados a la atmósfera durante erupciones volcánicas. Tales componentes enriquecen la atmósfera de un planeta y pueden desempeñar un papel importante en la evolución de la atmósfera de un planeta rocoso.

El sistema solar está compuesto por una mezcla de planetas rocosos y gaseosos. Sin embargo, hay un sistema planetario en el que el 100% de sus planetas son rocosos. TRAPPIST-1 es un sistema planetario que tiene siete planetas rocosos llamados TRAPPIST-1 b hasta TRAPPIST-1 h. Estos son mundos rocosos con el potencial de que al menos tres puedan albergar agua líquida en sus superficies.

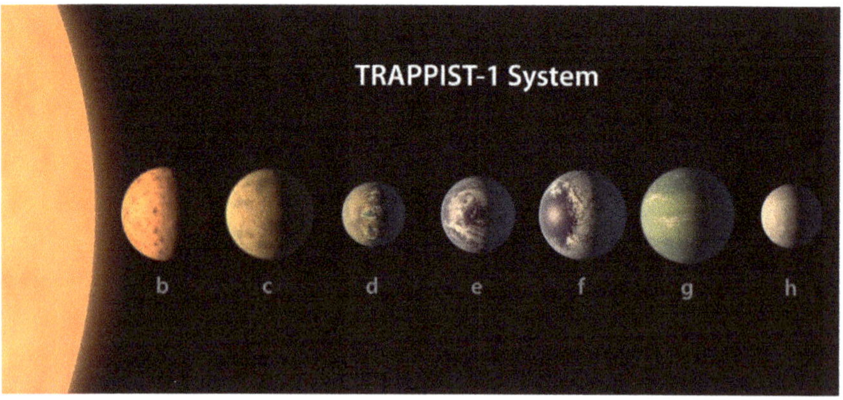

Fig. 5.9 Impresión artística del sistema TRAPPIST-1. Todos los planetas son del tamaño de la Tierra, con tres de ellos en la zona habitable de la estrella. Créditos: NASA-JPL/Caltech.

Clasificación de exoplanetas

El descubrimiento del sistema TRAPPIST-1 fue anunciado por la NASA, en el 2016.[12] La detección se realizó utilizando el Telescopio Espacial Spitzer de la NASA, que, al igual que el JWST, observa el universo en la parte infrarroja del espectro electromagnético. Sin embargo, lo hace en diferentes longitudes de onda que las que el JWST observa. El objetivo principal de Spitzer es investigar objetos más cercanos a la Tierra, como nubes de polvo, discos protoplanetarios y exoplanetas. El JWST, por otro lado, es capaz no solo de cubrir los objetivos científicos de Spitzer, sino que está mejor equipado para profundizar en el universo temprano analizando estrellas, galaxias y sistemas planetarios muy jóvenes.

El sistema TRAPPIST-1 es extremadamente interesante, dadas las repercusiones que tiene en la búsqueda de vida extraterrestre. El sistema está ubicado a unos 40 años luz de la Tierra. Si alguien envía un mensaje a uno de esos planetas, dicho mensaje tardaría cuarenta años en llegar al sistema y luego otros cuarenta años para que la respuesta de ellos (los que habitaran dichos planetas) llegara a la tierra. Esto, por supuesto, depende de la existencia de "ellos" y si, "ellos" deciden responder.

Desde su detección, el sistema planetario TRAPPIST-1 ha estado rompiendo récords. Primero, al momento de su descubrimiento, este era el sistema extrasolar con el mayor número de planetas alrededor de una estrella, con siete. Sin embargo, actualmente, este título pertenece al sistema Kepler-90 con ocho planetas. No obstante, TRAPPIST-1 sigue siendo el sistema estelar con el mayor número de planetas en la zona habitable, con tres. Además, los siete planetas son del tamaño de la Tierra. Esto significa que los tres planetas ubicados en la zona habitable pueden tener un entorno similar al que tenemos en la Tierra, con grandes océanos y continentes.

Los siete planetas en el sistema TRAPPIST-1 orbitan muy cerca de la estrella central, con períodos entre 1.5 días en el caso del planeta más cercano, ubicado a solo 1.66 millones de kilómetros de la estrella, y 20 días para el planeta más distante, que se encuentra a casi 9 millones de kilómetros. Como comparación, Mercurio, el planeta más interno del sistema solar, orbita el Sol a casi 58 millones de kilómetros. Esto significa que todos los planetas de TRAPPIST-1 están en una órbita que es más cercana a su estrella, que la órbita de Mercurio, el planeta más interior de nuestro sistema solar, al Sol, como se ilustra en la Figura 5.10.

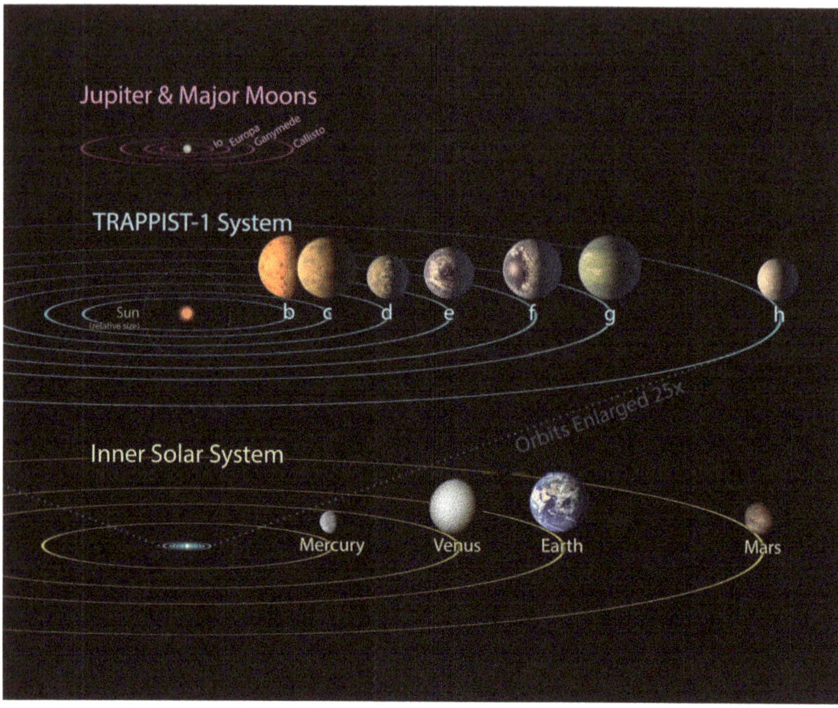

Fig. 5.10 El sistema planetario TRAPPIST-1 ubicado a 40 años luz de la Tierra. Los siete planetas podrían caber dentro de la órbita de Mercurio. Créditos: NASA/JPL-Caltech.

Los científicos creen que hay tres planetas donde podría existir agua líquida en sus superficies. Estos planetas, TRAPPIST-1 e, TRAPPIST-1 f y TRAPPIST-1 g, se encuentran respectivamente a 4.19, 5.53 y 6.73 millones de kilómetros de distancia de su estrella. El lector muy probablemente se estará preguntando: si están tan cerca de la estrella, ¿cómo es posible que pueda haber agua en su superficie? ¿No causaría esta proximidad a la estrella que el agua se evaporara? La cuestión es que la estrella TRAPPIST-1 no es del mismo tipo que el Sol. TRAPPIST-1 es una enana ultra-fría con temperaturas efectivas por debajo de los 2,700 Kelvin (2,426.85 grados Celsius). Esta temperatura relativamente baja permitiría a los planetas estar cerca de la estrella y aún tener agua en forma líquida en sus superficies.

Otra peculiaridad del sistema TRAPPIST-1 es el hecho de que todos sus planetas están en *rotación síncrona* con su estrella. Lo que esto significa es que todos los planetas siempre presentan la misma cara o hemisferio a la estrella. Esto no es algo que sea nuevo o desconocido. Dada la cercanía de nuestra Luna, ésta se encuentra en rotación síncrona con la Tierra, por lo que siempre vemos la misma cara de la Luna en todo momento. Esto es lo que hace que algunas personas se refieran al lado de la Luna que no vemos como el "lado oscuro", lo cual es incorrecto. La Luna también recibe la luz del Sol en ese lado, por lo que no es oscuro. Es solo que no podemos ver ese lado desde la Tierra dada su rotación síncrona. Por lo tanto, un término más adecuado para ese lado de la Luna, desde nuestro punto de vista desde la Tierra, sería el "lado lejano" o el "lado oculto". Esta condición de rotación síncrona ocurre cuando el período de rotación de un objeto coincide con su período orbital alrededor del cuerpo principal. Esto es típicamente causado por la proximidad del cuerpo orbitante al cuerpo principal y por el hecho de que la velocidad de rotación del cuerpo orbitante disminuye con el tiempo. En nuestro caso, el período orbital de la Luna, 27.3 días, coincide con el período de rotación de la Luna, resultando en este fenómeno.

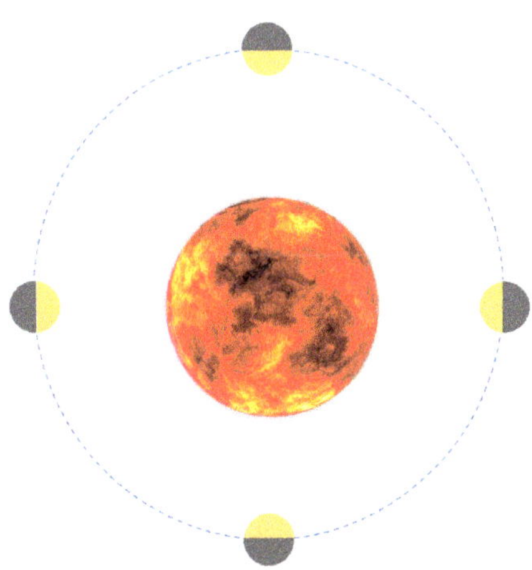

Fig. 5.11 Un planeta en rotación síncrona siempre mostrará la misma cara a su estrella, lo que resultará en que en un lado siempre sea de día y el otro siempre esté de noche. Créditos: imagen producida por el autor.

En el caso del sistema TRAPPIST-1, debido a la proximidad a la que los planetas orbitan la estrella, las interacciones gravitacionales hacen que los planetas solo muestren el mismo lado. Esto significa que hay un lado del planeta donde siempre es de día, y otro lado donde siempre es de noche. Esto implica que un lado siempre es demasiado caliente y el otro demasiado frío para la vida tal y como la conocemos. Curiosamente, algunos científicos creen que el *terminador* de un planeta, que es como se le conoce a la región divisoria entre el día y la noche, podría ser un buen lugar para albergar vida. Otros científicos piensan que mientras el planeta tenga una atmósfera capaz de redistribuir el calor alrededor del planeta, podría existir agua en forma líquida en cualquier lado y potencialmente sostener vida.

La existencia, o falta de una atmósfera en un planeta juega un papel importante en la posibilidad de vida en ese planeta. En el sistema solar, las condiciones en Marte eran extremadamente diferentes en el pasado en comparación con lo que lo son hoy. Los rovers Spirit y Opportunity enviados a Marte por la NASA en el 2004, y Curiosity y Perseverance enviados en el 2020, han encontrado muchas características en la superficie del planeta que indican que hubo agua fluyendo en la superficie del planeta rojo en algún momento. Se cree que ríos, lagos y océanos formaban parte del paisaje marciano.

Fig. 5.12 Según los científicos de la NASA, un río muy rápido y profundo es la causa de estas bandas de rocas. Capturado por el rover Perseverance de la NASA en Marte entre el 28 de febrero y el 9 de marzo de 2023. Créditos: NASA/JPL-Caltech/ASU/MSSS.

Entonces, ¿qué pasó? ¿Por qué Marte perdió toda su agua? La explicación más probable es debido a su atmósfera actual delgada. La misión Evolución de la Atmósfera y los Volátiles de Marte (MAVEN, por sus siglas en inglés) de la NASA, que fue lanzada en noviembre de 2013 y llegó a Marte en septiembre de 2014, ha encontrado evidencia de que la atmósfera de Marte ha estado escapando al espacio debido a los efectos del viento solar. Los datos de MAVEN indican que el gas se elimina a un ritmo de 100 gramos cada segundo. Esto puede no parecer mucho, pero sumando esto a lo largo de miles de millones de años resulta en una atmósfera tan delgada y fría hoy en día, que resulta en una baja presión atmosférica lo cual impide la existencia de agua en forma líquida en su superficie. Además, la masa de Marte es mucho menor que la de la Tierra. Hablamos sobre la velocidad de escape en el Capítulo 2 y cómo la masa del planeta la determina. Para un planeta con baja masa, es más difícil retener su atmósfera ya que todos los gases eventualmente escaparán al espacio.

Como podemos ver, el grosor de la atmósfera es una característica muy importante para que un planeta pueda soportar agua líquida en su superficie. Por eso, muchas personas, incluyéndome a mí, se entristecieron cuando los astrónomos informaron en junio de 2023[13] que la existencia de una atmósfera gruesa de dióxido de carbono para TRAPPIST-1 c era muy poco probable. Usando el Telescopio Espacial James Webb, y más específicamente, su Instrumento de Infrarrojo Medio (MIRI, por sus siglas en inglés), los investigadores determinaron que la temperatura del lado diurno de este planeta es de alrededor de 380 Kelvin (106.85 grados Celsius), lo cual no favorece la existencia de una atmósfera gruesa en el planeta. Los astrónomos recolectaron curvas de luz de la estrella TRAPPIST-1 mientras el planeta TRAPPIST-1 c transitaba frente a ella en cuatro ocasiones diferentes. Estas curvas de luz permitieron a los investigadores determinar la temperatura de brillo del planeta. Un resultado similar se había compartido solo tres meses antes, en marzo de 2023, para TRAPPIST-1 b.[14] TRAPPIST-1 b es el planeta más cercano a la estrella enana ultra-fría del sistema. También en esa ocasión, al analizar las curvas de luz estelar recolectadas durante los tránsitos del planeta alrededor de su estrella, los investigadores pudieron indicar que no se detectó una atmósfera de dióxido de carbono. Con temperaturas diurnas de alrededor de 534 Kelvin (260.85 grados Celsius), los astrónomos han concluido que TRAPPIST-1 b tiene una atmósfera muy delgada o tal vez no tiene atmósfera en absoluto.

Los planetas de TRAPPIST-1 son todos del tamaño de la Tierra, pero hay un tipo diferente de planeta que podría ser rocoso, pero más grande que la Tierra, mucho más grande: las Supertierras.

Supertierras y Minineptunos

Las supertierras son raras. No tenemos de esas en el sistema solar (¿o tal vez nuestro sistema solar es el raro?). Estos son planetas que tienen entre dos y dos veces y media el tamaño de la Tierra y entre una y diez veces la masa de la Tierra. Vamos a mencionar una vez más que las técnicas actuales de detección de planetas favorecen el encontrar planetas grandes. Por lo tanto, casi el 30% de todos los planetas que los astrónomos han encontrado pertenecen a esta categoría. Como es habitual en astronomía (a veces pienso que los astrónomos lo hacen a propósito), el nombre *supertierras* es engañoso, ya que no necesariamente significa que los planetas que pertenecen a esta categoría sean similares a nuestra madre Tierra o a algún tipo de superhéroe de planetas. Las supertierras de hecho si pueden ser rocosas (como la Tierra), pero también pueden estar hechas de gas, una combinación de gas y rocas, o incluso podrían ser mundos acuáticos, como en la película de 1995 *Waterworld* (Mundo acuático) con Kevin Costner (si no ha visto esta película, deje este libro por un momento y hágase un favor, vaya y véala, es bastante buena).

Fig. 5.13 Al contrario de lo que se podría pensar, supertierras no son algún tipo de planeta con superpoderes. Son planetas muchos más grandes y masivos que la tierra. Créditos: imagen generada por ChatGPT de OpenAI.

Cuando se descubre que una supertierra está compuesta principalmente de gas, los astrónomos las llaman *minineptunos* o *subneptunos*, ya que dichos planetas son más pequeños que el planeta Neptuno, pero exhiben composiciones similares.

La primera supertierra descubierta, GJ 876 d, es un planeta con más de 7.5 veces la masa de la Tierra. Su estrella, GJ 876, se encuentra a unos 15 años luz de la Tierra. El planeta, detectado utilizando el método de velocidad radial y reportado en el 2005,[15] hace una revolución completa alrededor de su estrella en menos de dos días. Al igual que GJ 876 d, la mayoría de las supertierras que los astrónomos han encontrado son planetas que orbitan muy cerca de su estrella.

Hablemos de una supertierra bastante interesante: Kepler-452 b. [16] Este planeta descubierto por medio del método del tránsito exhibe el récord del eje semieje mayor—distancia promedio a su estrella— más grande medido hasta ahora para una supertierra. Ubicado a 1.046 AU de distancia de la estrella central, Kepler-452 b tiene un período de 384 días, lo que es un poco más largo que nuestro año terrestre.

Fig. 5.14 Impresión artística de Kepler-452 b, un planeta probablemente rocoso categorizado como una supertierra, que orbita una estrella similar al Sol ubicada a 1,846 años luz de la Tierra. Créditos: NASA.

Kepler-452 b, con 1.6 veces el tamaño de la Tierra, pero con 3.3 veces su masa, es considerado por muchos como el planeta más análogo a la Tierra. Además de tener un período orbital muy similar al de la Tierra, Kepler-452 b orbita una estrella de clase G, que es la misma categoría a la que pertenece el Sol. Al igual que la Tierra, el planeta también se encuentra dentro de la zona habitable de la estrella. Aún más, los científicos tienen una confianza de alrededor del 60% de que este es un planeta rocoso. Dado que Kepler-452 es una estrella de tipo G, el planeta, que está a una distancia similar de su estrella a la que la Tierra esta del Sol, recibe una cantidad similar de luz y temperatura. Aún más, los científicos creen que el planeta tiene unos 6 billones de años de edad, lo que significa que, si hay vida allí, comparado con la vida aquí en la Tierra, habría tenido 1.5 billones de años adicionales para evolucionar. Definitivamente, un tema para reflexionar.

Hemos discutido cómo los astrónomos clasifican los exoplanetas por sus tamaños y masas. Tener una noción de cómo estas características se comparan con los planetas en el sistema solar les da una perspectiva única al tratar de entender cómo están configurados sus respectivos sistemas planetarios.

Clasificación de sistemas planetarios

El esfuerzo de clasificar planetas individuales según sus características físicas contribuye con uno de los principales objetivos que tienen los astrónomos en el campo de los exoplanetas: la clasificación de sistemas planetarios enteros. Lograr tal clasificación podría ayudar a los astrónomos a identificar diferentes mecanismos de formación y proporcionar información sobre la historia dinámica de los sistemas planetarios.

Se han propuesto muchas ideas, pero una de las formas más aceptadas y consensuadas de clasificación se basa en la masa de los planetas y la disposición de esos planetas en sus sistemas planetarios. Con este fin, se han sugerido cuatro clases de arquitecturas planetarias.[17, 18]

Clase-I - Similar

En este tipo de sistemas planetarios, todos los planetas tienen masas que son aproximadamente similares entre sí. A estos sistemas se les ha asignado el apodo de *sistemas de arvejas*, ya que se asemejan a las arvejas en una vaina. Ejemplos de tales sistemas planetarios incluyen TRAPPIST-1 y sus siete planetas rocosos, y el sistema de seis planetas TOI-178 ubicado a 204 años luz de la Tierra, con planetas que varían desde supertierras hasta minineptunos. Estos sistemas son la arquitectura más común. Las observaciones indican, que, de todos los sistemas planetarios observados, la ocurrencia de sistemas Similares es aproximadamente del 58%.

Clase-II - Mezclado

Estos son sistemas planetarios donde no existe un patrón regular discernible en la distribución de masas de los planetas con respecto a sus distancias a la estrella central. Los planetas en estos sistemas exhiben diferentes rangos de masas, tamaños y distancias entre ellos. Ejemplos de tales sistemas incluyen el sistema GJ 876, ubicado a 15 años luz de la Tierra. GJ 876 es una estrella enana de tipo M que alberga cuatro planetas con masas entre 8 y 888 masas terrestres. Otro ejemplo de tales sistemas es el alojado por la estrella Kepler-89, ubicada a 1,548 años luz de la Tierra. Este sistema está compuesto por cuatro planetas con masas entre 10 y 100 veces la masa de la Tierra. Solo el 5% de los sistemas planetarios han sido observados con este tipo de arquitectura.

Clase-III – Anti-ordenado

En estos sistemas planetarios, la masa de los planetas disminuye según la distancia de la estrella. Los planetas que están más cerca de la estrella central muestran masas mayores en comparación con los que están más lejos. Estos sistemas solo se han reportado en simulaciones, ya que no se ha observado ningún sistema planetario que siga esta arquitectura. Sin embargo, las simulaciones indican que hasta el 8% de todos los sistemas planetarios en el universo deberían exhibir esta disposición. La falta de evidencia para tales sistemas podría indicar desafíos en nuestras capacidades actuales de observación y detección.

Clase-IV – Ordenado

Esta clase es lo opuesto a la categoría Anti-Ordenado. En esta arquitectura de sistemas planetarios, la masa de los planetas aumenta según su distancia de la estrella. Los planetas más cercanos tienen masas más pequeñas, mientras que los planetas más lejanos exhiben masas mayores. En algunos sistemas, este aumento de masa podría ocurrir regularmente en una dirección consistente sin ninguna excepción. Por ejemplo, en el sistema planetario TOI-561, ubicado a una distancia de 280 años luz de la

Tierra, cada uno de los cuatro planetas es consistentemente más masivo que el anterior con respecto a la distancia a la estrella.

Por otro lado, el aumento de masa podría seguir una tendencia general, donde se observa un aumento general, pero con algunas excepciones. ¿Le suena familiar? Sí, el sistema solar exhibe una arquitectura planetaria ordenada, con una tendencia general de los planetas a aumentar sus masas con respecto a su distancia del Sol, aunque existen algunas excepciones; por ejemplo, Neptuno, que está más lejos del Sol que Urano, es en realidad menos masivo. Aproximadamente el 37% de los sistemas planetarios observados exhiben esta arquitectura.

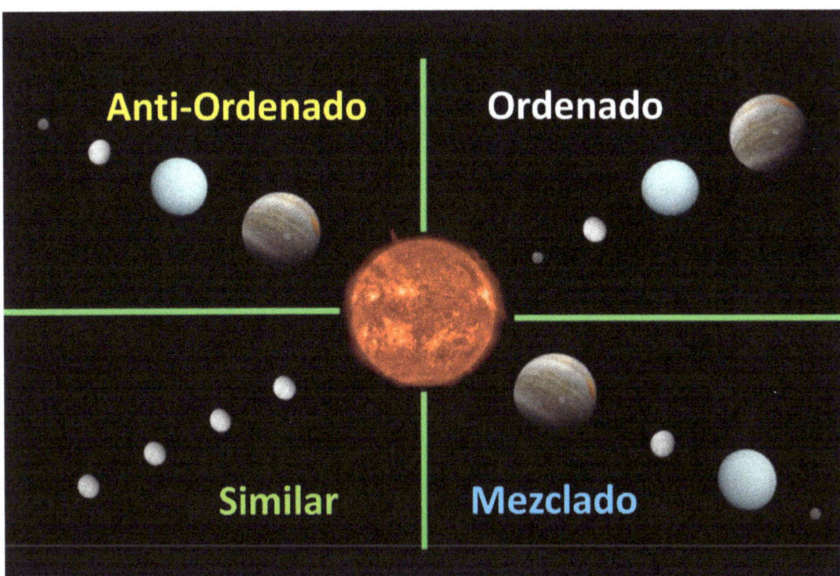

Fig. 5.15 Clases de arquitecturas de sistemas planetarios. La disposición de los planetas podría ayudar a los astrónomos a entender los diferentes mecanismos de formación planetaria. Créditos: @AstroPhil2000.

Hemos explorado cómo el tamaño y la masa son características muy útiles para clasificar planetas individuales. Se invita al lector a visitar el sitio web "Exodashboard".[19] Este es un sitio web que he creado usando Python y Streamlit.[20] Exodashboard importa la última base de datos del archivo de exoplanetas de la NASA, lo que permite al usuario extraer, exportar y visualizar información interesante sobre los exoplanetas detectados hasta la fecha y sus diferentes clasificaciones.

Además de la masa y el tamaño, otros tipos útiles de clasificación implican la relación, de qué tan cerca están los planetas de sus estrellas, o qué tipo de objeto orbitan, o ¡incluso si orbitan algo en absoluto! Exploremos otras categorías que usan los astrónomos.

Otros tipos de clasificación

Júpiteres calientes

Ya hemos discutido la existencia de grandes planetas que orbitan tan cerca de sus estrellas que completan una órbita en cuestión de días. Vale la pena mencionar una vez más que los métodos de detección actuales están fuertemente sesgados hacia la detección de estos grandes planetas cercanos, ya que afectan el comportamiento de sus estrellas de manera más significativa. En el caso de los *júpiteres calientes*, estos son planetas gigantes gaseosos que orbitan su estrella en menos de 10 días. Esto significa que estos planetas experimentan una irradiación extrema y exhiben temperaturas del orden de 1,500 Kelvin (1,226 grados Celsius). Dentro de la categoría de júpiteres Calientes hay dos subcategorías: los júpiteres muy calientes (VHJ, por sus siglas en inglés), que son planetas que tienen períodos entre 2 y 3 días y orbitan sus estrellas a una distancia de hasta 0.1 AU. Estos planetas tienen temperaturas que generalmente están entre 1,500 y 2,000 Kelvin (1,226 y 1,726 grados Celsius). La segunda subcategoría es la de los júpiteres ultra-calientes (UHJ, por sus siglas en inglés), que exhiben temperaturas desde 2,000 Kelvin hasta temperaturas de más de 4,000 Kelvin (1,726 a 3,726 grados Celsius), y usualmente se encuentra a distancias de entre 0.01 y 0.05 AU de sus estrellas. Los períodos orbitales de los planetas júpiteres ultra-calientes varían entre unas pocas horas y menos de un par de días. Las atmósferas de estos planetas se asemejan a las atmósferas estelares, ya que la mayoría de sus componentes moleculares se disocian debido a las temperaturas extremadamente altas a las que están expuestos.

El UHJ más rápido conocido es el planeta WASP-19 b, que fue descubierto en el 2009[21] y orbita su estrella en tan solo 18.9 horas. Esto significa que lo que consideramos un año en la Tierra dura menos de uno de nuestros días (24 horas) en ese planeta. El sistema WASP-19 está ubicado a unos 873 años luz de la Tierra, y fue descubierto utilizando el método de tránsito.

Fig. 5.16 Impresión artística de WASP-19 b. La atmósfera del planeta podría estar evaporándose debido a su proximidad a la estrella que orbita. Créditos: imagen generada por DALL·E de OpenAI.

Vale la pena hacer un pequeño paréntesis aquí. Cuando los astrónomos hablan de la temperatura de un planeta, se refieren a la *temperatura de equilibrio*. La temperatura de equilibrio es la temperatura de un planeta asumiendo condiciones de equilibrio, lo que significa que la energía total de un planeta es constante. En otras palabras, para propósitos prácticos, se asume que toda la energía recibida de su estrella se vuelve a emitir al espacio, causando que la temperatura del planeta permanezca constante. Esta temperatura de equilibrio supone que la temperatura del planeta es uniforme en toda su superficie. Se estima que la temperatura de equilibrio de la Tierra es de aproximadamente -19 grados Celsius (255 Kelvin). Sin embargo, si se considera el efecto invernadero, se estima una temperatura promedio más agradable de 15 grados Celsius (288 Kelvin).

Por supuesto, esto es solo una aproximación y no la realidad. Cuando viajo de Brisbane a Los Ángeles a mediados de diciembre, experimento estaciones completamente opuestas. Al abordar el avión en Australia, Brisbane está en pleno verano, mientras que Los Ángeles está en pleno invierno. Por lo tanto, para estar listo para mi destino final tengo que cambiar lo que llevo puesto mientras estoy a bordo del avión; tengo 12 horas para decidir qué ponerme, así que, no me preocupo demasiado.

La temperatura de equilibrio de un planeta se determina en función de la distancia promedio del planeta a su estrella—su semieje mayor, el tamaño y la temperatura de la estrella, y el albedo del planeta, que describe cuánta luz es reflejada de vuelta al espacio por la superficie del planeta. Sin embargo, la temperatura de equilibrio no es lo mismo que la temperatura de la superficie de un planeta, que al final es la que determina la habitabilidad del planeta. La temperatura de equilibrio de -19 grados Celsius de la Tierra está obviamente por debajo del punto de congelación del agua. Afortunadamente para la vida en la Tierra, esta no es la temperatura del planeta en su superficie. Para calcular la temperatura en la superficie de un planeta, es necesario considerar modelos que tengan en cuenta la atmósfera del planeta. En la Tierra, la atmósfera es responsable de gran parte del efecto invernadero, aumentando la temperatura global y permitiendo que el agua exista en su forma líquida en la superficie. Por lo tanto, los astrónomos siguen ansiosos por obtener datos que puedan ayudarlos a caracterizar la atmósfera de los exoplanetas, ya que esto les permitiría estimar la temperatura de la superficie de esos planetas. Afortunadamente, estos datos son los que el Telescopio Espacial James Webb (JWST) ha comenzado a proporcionar.

Aunque la temperatura de equilibrio no es una métrica perfecta para definir la habitabilidad de un planeta, sigue siendo una pieza fundamental de este rompecabezas. Para los planetas situados extremadamente cerca de sus estrellas y con atmósferas muy delgadas o inexistentes, la temperatura de equilibrio puede utilizarse como un indicador fiable de la temperatura real del planeta.

Los Júpiteres Calientes están extremadamente cerca de su estrella. Pero, ¿qué tan cerca puede estar un planeta de su estrella antes de ser destruido por la fuerza gravitacional de la estrella? Existe un límite conocido como el *Límite de Roche*, llamado así por Edouard Roche (1820-1883). El Límite de Roche, el cual es determinado por la densidad de los cuerpos involucrados, es la distancia mínima a la que un planeta puede acercarse a su estrella sin ser destruido por sus *fuerzas de marea* gravitacional o *fuerza gravitacional diferencial* (la fuerza gravitacional experimentada por el planeta es más fuerte en el lado que da hacia la estrella y más débil en el lado opuesto) hace que la forma del planeta se vuelva cada vez más alargada, causando oscilaciones en todo el planeta, con el resultado final de que el planeta se desintegre.

El Límite de Roche no solo es relevante para planetas girando alrededor de estrellas, sino también para lunas girando alrededor de sus planetas. Una de las explicaciones más populares sobre el origen de los anillos de Saturno indica que estos anillos son el resultado de una o varias lunas acercándose demasiado al planeta. La masa total de los anillos de Saturno es comparable a la de uno de los satélites de tamaño mediano de Saturno, como Mimas. Otras explicaciones para el origen de los anillos de Saturno incluyen restos de la formación del planeta, fragmentos de un cometa que se aventuró demasiado cerca del gigante gaseoso, o simplemente fragmentos de múltiples lunas pequeñas que colisionaron entre sí debido a los efectos gravitacionales de las lunas más grandes y del propio planeta.[22] Una hipótesis sólida se presenta en una investigación reciente.[23] Los autores de este artículo declaran que dos lunas heladas podrían haber colisionado y fragmentado hace unos cientos de millones de años. El impacto podría haber producido una amplia distribución de escombros, lo que incluiría grandes trozos de material de hielo puro que habrían entrado en el límite de Roche de Saturno. Este evento podría haber llevado a la formación o rejuvenecimiento del sistema de anillos de Saturno. Además, el impacto podría haber dispersado escombros por todo el sistema, causando disturbios y colisiones con otros cuerpos, contribuyendo a la formación o mantenimiento de los hermosos anillos que observamos hoy en día.

Fig. 5.17 Una imagen del sistema de anillos de Saturno capturada por el Telescopio Espacial Hubble. El Límite de Roche podría haber desempeñado un papel importante en la formación de los anillos. Créditos: NASA.

De manera similar, astrónomos han estimado que la luna de Marte, Fobos, podría ser destruida en un futuro no muy lejano (en escalas del universo) a medida que se acerque demasiado al planeta. Las estimaciones indican que Fobos entrará al Límite de Roche de Marte dentro de entre 20 a 40 millones de años,[24] momento en el cual empezará su desintegración, dando origen a un bonito pequeño sistema de anillos alrededor de Marte.[25]

Fig. 5.18 Una imagen asombrosa de Fobos, tomada por el Mars Express de la ESA. La luna está orbitando a solo 6,000 km sobre la superficie de Marte y se está acercando peligrosamente al Límite de Roche del planeta. Créditos: ESA/DLR/FUBerlin/AndreaLuck CC BY y coloreada por Andrew Luck.

Clasificación de exoplanetas

Planetas que orbitan dos o más estrellas.

Discutimos brevemente los planetas circumbinarios cuando presentamos el método de detección de exoplanetas Variaciones en el Tiempo de Eclipse en el Capítulo 4. Básicamente, un planeta circumbinario es un planeta que orbita un sistema estelar binario. Por extraño que parezca, los sistemas estelares binarios parecen ser bastante comunes en el universo. Los astrónomos estiman que alrededor del 85% de todas las estrellas tienen un compañero o múltiples compañeros.

Más allá de dos estrellas, a los sistemas con tres o más estrellas orbitando entre sí se les conoce como sistemas de estrellas múltiples; los planetas que orbitan un sistema de tres estrellas se conocen como planetas *circuntrinarios*. Hablando más genéricamente, me sorprendió no encontrar una definición general para un planeta que orbita un *sistema multiestelar*, así que decidí crear el término planeta *circunmultinario* para describirlos. Aunque suena pegajoso, debo admitir que quizás el término *planeta multiestelar* es más apropiado y fácil de pronunciar.

Un ejemplo bien conocido de un sistema estelar múltiple es el sistema planetario de Alfa Centauri, el sistema estelar más cercano al Sol. El sistema Alfa Centauri está ubicado a solo 4.37 años luz de distancia y está compuesto por tres estrellas: Alfa Centauri A, también conocida como Rigil Kentaurus, Alfa Centauri B o Toliman, y Próxima Centauri, la estrella más cercana al Sol y la estrella en este sistema que parece tener un planeta orbitando a su alrededor.

Próxima Centauri es una estrella enana roja que tiene una luminosidad del solo 0.15 por ciento de la luminosidad del Sol, junto con un radio que es apenas el 14 por ciento del radio del Sol y una masa de aproximadamente el 12 por ciento de la masa del Sol. El planeta, Próxima Centauri b, o simplemente Próxima b, descubierto en 2016 utilizando el método de velocidad radial,[26] completa una órbita alrededor de la estrella enana roja en tan solo 11.2 días, y está ubicado a solo 0.05 unidades astronómicas. Este planeta no solo es interesante por ser el exoplaneta más cercano a la Tierra, sino también porque, según descubrimientos recientes, parece estar en la zona habitable de la estrella.[27] Técnicamente hablando,

Próxima b orbita solo una estrella. Sin embargo, dado que la estrella Próxima Centauri orbita las otras dos estrellas en el sistema, Próxima b puede clasificarse como un planeta multiestelar.

La naturaleza es rica en contrastes; mientras que planetas como Próxima b existen dentro de un sistema multiestelar, también hay algunos planetas que no pertenecen a ningún sistema planetario. Hablemos de estos fascinantes casos atípicos

Planetas rebeldes

Los sistemas planetarios que aún se están formando son lugares caóticos. Los planetesimales, lunas y planetas recién formados se asemejan a una mesa de billar cósmica donde todos chocan entre sí. Estas colisiones pueden hacer que ciertos objetos celestes se liberen de la influencia gravitatoria de la estrella central. De vez en cuando, los planetas son golpeados por otros planetas u objetos con tanta fuerza que escapan de la influencia gravitacional de su estrella. Estos planetas ahora son libres de vagar por el universo sin estar gravitacionalmente ligados a una estrella. Estos objetos son comúnmente conocidos como *planetas errantes*, *planetas flotantes libres*, o más dramáticamente como *planetas rebeldes* o incluso, *planetas vagabundos.*

En el episodio "Rogue Planet" (Planeta rebelde) de 'Star Trek: Enterprise' (uno de mis episodios favoritos de esta franquicia), el teniente Reed se encuentra con uno de estos cuerpos celestes. Aparentemente, el planeta se había salido de la órbita de su estrella y simplemente vagaba libremente por el universo sin ataduras. Como el planeta no orbitaba alrededor de ninguna estrella y, por lo tanto, no recibía luz en absoluto, la tripulación de la Enterprise creyó que no había ningún tipo de vida en el planeta. Esto al final resulta no ser cierto, pero no les sigo contando en caso de que quieran ver el episodio.

El episodio afirma correctamente que ninguna porción de luz llega a la superficie del planeta, dado que no orbita ninguna estrella. Esta situación plantea algunas preguntas interesantes. Primero, ¿se consideran estos objetos realmente planetas? Recordemos que, según la Unión Astronómica Internacional (IAU, por sus siglas en inglés), el primer requisito para que un objeto celeste sea categorizado como planeta es que el cuerpo debe orbitar una estrella. Por lo tanto, Los planetas rebeldes no deberían considerarse planetas, ¿verdad? La segunda pregunta es, ¿cómo se detecta un objeto así? Las técnicas más comunes, velocidad radial y tránsito, detectan indirectamente un planeta al medir su influencia sobre la estrella que orbita; si no hay estrella, no hay influencia que medir. Sin embargo, los planetas rebeldes también tienen masa, y algunos son bastante masivos, incluso tan masivos como cinco veces la masa de Júpiter. Esto significa que las masas de estos objetos pueden curvar la luz (debido a la distorsión del espacio-tiempo causada por sus grandes masas) y, por lo tanto, se pueden detectar utilizando la técnica de microlente gravitacional discutida en el Capítulo 4.

De hecho, durante mucho tiempo, la técnica Microlente Gravitacional fue la única forma de detectar estos planetas solitarios. Recordemos que en un evento de microlente gravitacional, un objeto en primer plano se detecta al magnificar la luz proveniente de una fuente en segundo plano. Aprovechando esto, los grupos Observaciones de Microlente en Astrofísica (MOA, por sus siglas en inglés) y Experimento de Lente Gravitacional Óptica (OGLE, por sus siglas en inglés) realizaron sondeos que buscaban eventos de microlentes gravitacionales hacia la región central de nuestra galaxia, también conocida como el bulbo. Los datos recolectados incluyeron las curvas de luz de 50 millones de estrellas en el bulbo de la galaxia a intervalos de tiempo frecuentes, entre 10 y 15 minutos. El análisis reveló breves eventos de microlente gravitacional que duraron menos de dos días. Estas observaciones llevaron al descubrimiento de diez eventos causados por lentes de masa planetaria.[28] Aunque esto es ciertamente un logro impresionante, los eventos de microlente gravitacional son raros, y la probabilidad de que todo funcione de manera que los astrónomos puedan detectar tales eventos es relativamente baja. Por lo tanto, es mejor tener un plan de respaldo.

Una segunda forma de encontrar planetas rebeldes es aprovechando sus características cuando son jóvenes. Al igual que sus contrapartes gravitacionalmente ligados a una estrella, los planetas jóvenes rebeldes también son muy visibles en el infrarrojo. Por lo tanto, un grupo de investigadores aprovechó este hecho y examinó 80,818 imágenes individuales de campo amplio recolectadas utilizando 18 cámaras diferentes durante los últimos 20 años.[29] El catálogo resultante, llamado Análisis Dinámico de Cúmulos Cercanos (DANCe, por sus siglas en inglés), se utilizó para encontrar 70 nuevos planetas flotantes libres.

Sin embargo, parece que algunos planetas flotantes libres podrían no estar destinados a pasar sus vidas en total aislamiento. Sorprendentemente, un tipo de planeta flotante libre tiene la suerte de haber sido expulsado en pares. Científicos del Centro Europeo de Investigación y Tecnología Espacial (ESTEC, por sus siglas en inglés) anunciaron en septiembre de 2023 el descubrimiento de lo que llaman Objetos Binarios de Masa Júpiter (JuMBOs, por sus siglas en inglés).[30] Utilizando un nuevo estudio infrarrojo del JWST de la Nebulosa de Orión interna y el Cúmulo del Trapecio, ambos ubicados a aproximadamente 1,344 años luz de la Tierra, los investigadores han descubierto y caracterizado 540 candidatos a planetas rebeldes. La nebulosa de Orión es una de las regiones más cercanas de formación estelar masiva, mientras que el Cúmulo del Trapecio está compuesto por varias estrellas jóvenes y calientes, lo que convierte estas regiones en buenos objetivos para encontrar sistemas planetarios jóvenes. De todos los candidatos a planetas rebeldes de masa planetaria identificados, 49 de esos objetos están en una configuración binaria. Esto significa que estos planetas dobles fueron expulsados en pares y de alguna manera se mantuvieron juntos. Tal hallazgo es completamente inesperado, y no hay modelos actuales de formación de sistemas planetarios que predigan la expulsión de planetas en una configuración binaria. Estos binarios son planetas jóvenes con temperaturas superficiales de alrededor de 1,273 Kelvin (1,000 grados Celsius), pero se enfriarán rápidamente dado que no orbitan ninguna estrella.

Todos los planetas detectados hasta ahora están dentro de nuestro vecindario galáctico. Debido a las limitaciones de las actuales técnicas de detección, los planetas dentro de nuestra galaxia son más fáciles de encontrar. Sin embargo, no hay nada en los modelos de formación planetaria que sugiera que las estrellas en otras galaxias no puedan albergar planetas. Estos planetas hipotéticos hasta ahora se les conoce como *planetas extragalácticos*.

Planetas extragalácticos

Los astrónomos estiman la existencia de al menos 100 billones de galaxias en el universo observable. Los astrónomos también estiman que, en promedio, cada galaxia contiene 100 billones de estrellas. Entonces, si queremos una estimación aproximada del número de estrellas en el universo, necesitamos multiplicar el número de galaxias en el universo (100 billones) por el número de estrellas por galaxia (100 billones). El resultado es un número con un uno seguido de veintidós ceros, que expresado en notación científica es $1x10^{22}$, o diez sextillones de estrellas. Cada estrella puede potencialmente albergar múltiples planetas, como el Sol, con ocho planetas. Otras pueden no tener planetas, o algunas pueden tener menos de ocho planetas o más de ocho. Para simplificar los cálculos, los astrónomos asumen que, en promedio, cada estrella tiene al menos un planeta. Por lo tanto, si asumimos que cada estrella tiene, en promedio, un planeta, podemos estimar que el número de planetas en el universo es al menos igual al número estimado de estrellas. ¡Eso sería diez sextillones de planetas! Si además asumimos un promedio de dos planetas por estrella, el número de planetas en el universo se duplicaría, y así sucesivamente.

Con estos números, es de esperar que, en algún momento, planetas que no estén dentro de nuestra propia galaxia sean encontrados. Un grupo de investigadores informó sobre uno de estos posibles planetas en el 2021.[31] Se cree que este planeta candidato se encuentra orbitando el sistema binario de rayos X M51-ULS-1 en la galaxia M51. Un binario de rayos X es un sistema donde un remanente estelar (conocido como el acumulador), que podría ser una estrella de neutrones, una enana blanca o un agujero negro, acrecienta (roba) materia de una estrella compañera. A medida que el material robado de la estrella compañera cae sobre el remanente estelar, se convierte en una fuerte fuente de rayos X. Similar al método de tránsito, donde se observa una disminución en el brillo de una estrella cuando un planeta pasa frente a ella, un planeta que orbita el acumulador en un sistema binario de rayos X podría causar eclipses de rayos X detectables. Estos eclipses de rayos X son los que precisamente informaron los investigadores en el artículo del 2021.

Una ventaja de los tránsitos de rayos X sobre los tránsitos de luz óptica es que los rayos X se concentran en un área pequeña. En consecuencia, un planeta en tránsito puede bloquear una porción significativa, o incluso toda, de la luz de rayos X emitida. Esto hace que los tránsitos de rayos X sean más detectables a mayores distancias en comparación con los tránsitos de luz visible. Sin embargo, si un planeta realmente está causando los tránsitos de rayos X detectados, las posibilidades de encontrar vida allí serían bastante bajas. La presencia de un remanente estelar como este indica que una estrella murió en el pasado, liberando enormes cantidades de radiación que podrían haber afectado a cualquier planeta en el sistema, y muy probablemente, eliminando cualquier posibilidad de vida.

Esto es la vida tal como la conocemos. Sin embargo, ¿cómo podemos descubrir formas de vida que nos son desconocidas? Después de todo, podemos hipotetizar sobre diferentes químicas, pero adherirnos a lo que conocemos es lo más fácil. Por eso, los esfuerzos de búsqueda de los investigadores están principalmente dirigidos a encontrar vida como la que habita la Tierra.

En el próximo capítulo, examinaremos los esfuerzos de los científicos para encontrar dicha vida y discutiremos técnicas potenciales que podrían usarse en el futuro. No se vaya. Le prometo que las cosas se pondrán aún más interesantes.

Capítulo 6
Buscando señales de vida

> "¡Esos son primos! 2, 3, 5, 7, todos esos son números primos y no hay manera de que eso sea un fenómeno natural!"
>
> — Contacto, Eleanor Arroway (1997)

NTT

Con potencialmente diez sextillones de planetas en el universo, la posibilidad de encontrar vida más allá de la Tierra es bastante prometedora. Seres que vienen del cielo han sido parte de nuestras culturas desde el inicio de los tiempos. Millones de personas creen que hemos sido, y continuamos siendo, visitados por seres extraterrestres. El fenómeno anteriormente conocido como Objeto Volador No Identificado (OVNI o UFO, por sus siglas en inglés), ahora rebautizado como Fenómeno Aéreo No Identificado (FANI, o UAP, por sus siglas en inglés), es tan relevante hoy día como lo ha venido siendo en los últimos 60 años. A pesar de innumerables relatos y testigos, no se ha presentado ninguna evidencia o prueba concreta que ratifique las muchas historias que existen acerca de visitantes del espacio.

Astrónomos e investigadores no están sentados en sus oficinas esperando que alguien presente alguna prueba convincente de estas visitas y continúan en la búsqueda de señales que puedan usarse como evidencia sólida de que no estamos solos en el universo. En la búsqueda de vida extraterrestre, los investigadores buscan una señal que sea detectable y medible y que pueda indicar la presencia actual o pasada de vida. Una señal como esa se conoce como una *bioseñal* y puede ser producida tanto por vida no inteligente como por vida inteligente. Sin embargo, vida inteligente podría haber desarrollado herramientas y eventualmente tecnología, como lo han hecho los humanos aquí en la Tierra. Por lo tanto, una señal que sea una manifestación de capacidad tecnológica podría, en teoría, ser detectada. Estas señales se conocen como tecnoseñales y han sido definidas por la Dra. Jill Tarter como "evidencia de alguna tecnología que modifica su entorno de manera detectable".

Los científicos buscan bioseñales ya sea in situ (en el lugar) o de forma remota. Una búsqueda in situ requiere que se envié una sonda al objeto celeste de interés y de que se recojan muestras del entorno (otro planeta, una luna o un asteroide) para ser analizadas, ya sea por los instrumentos a bordo de la sonda o en laboratorios especializados, lo que requeriría el transporte de las muestras de vuelta a la Tierra; al menos por ahora.

Por ejemplo, el rover Perseverance, o Percy, es la última misión en Marte. Percy actualmente está recolectando muestras y analizándolas con sus instrumentos a bordo. Sin embargo, la NASA y la ESA están planificando una misión que traería esas muestras de vuelta a la Tierra a principios o a mediados de la década de 2030.

Debido a las limitaciones de nuestras tecnologías de propulsión actuales, la búsqueda in situ solo es posible para ciertos objetos en el sistema solar. Sin embargo, para cuerpos más distantes en el sistema solar y exoplanetas en general, los científicos solo pueden buscar vida de forma remota. Técnicas como la espectroscopía y la cromatografía ayudan a los científicos a detectar rastros de elementos químicos como el metano y el dióxido de carbono, que comúnmente están asociados con procesos metabólicos causados por la vida aquí en la Tierra.

Similar a las bioseñales, las tecnoseñales también pueden ser detectadas in situ y de forma remota. Artefactos tecnológicos podrían haber sido dejados por una civilización extraterrestre durante una de sus misiones de exploración a nuestro sistema solar, como los humanos lo han hecho en Marte y la Luna. De hecho, un número muy pequeño de astrónomos (este número continúa disminuyendo con el tiempo) cree que este fue de hecho el caso de Oumuamua, el primer objeto interestelar del que los astrónomos tienen registro.

La detección remota de tecnoseñales generalmente implica la detección de señales de radio u ópticas provenientes del espacio exterior. Basándonos en nuestra propia experiencia y tecnología, tales señales probablemente sean señales de banda angosta, dado que estas son más fáciles de transmitir y sintonizar.

Las tecnoseñales podrían ser intencionales o el subproducto de la existencia de una civilización alienígena. Se cree que una civilización extraterrestre tecnológicamente avanzada generaría grandes cantidades de energía que los astrónomos, en principio, podrían detectar. Este concepto de consumo de energía se explora en la escala de Kardashev, propuesta por el astrónomo soviético Nikolai Kardashev en 1964. La escala de Kardashev describe tres tipos de civilizaciones: Tipo I, que es una civilización que ha aprendido a utilizar eficientemente todos los recursos de su planeta natal. Tipo II es una civilización que puede extraer toda la energía producida por su estrella central, y la civilización Tipo III que es una civilización que puede aprovechar la energía producida por su galaxia. Con esto en mente, una civilización de tipo II, por ejemplo, podría haber desarrollado una esfera de Dyson, una megaestructura alrededor de una estrella, que potencialmente podría detectarse debido al exceso de calor (energía infrarroja) radiada.

Con el objetivo de encontrar señales no humanas que hayan sido transmitidas desde el espacio, se estableció el instituto Búsqueda de Inteligencia Extraterrestre (SETI, por sus siglas en inglés) en 1984. Sin embargo, la discusión ya había comenzado dos décadas antes, en 1961, en un seminario que tuvo lugar en el observatorio Green Bank en Virginia Occidental. El seminario fue planificado por el astrónomo Frank Drake y asistieron varios científicos distinguidos. El seminario fue parte del proyecto Ozma, que se considera el primer intento moderno de detectar transmisiones interestelares.

Profesionales y aficionados del SETI han estado buscando señales extraterrestres durante más de 60 años. La búsqueda se ha centrado principalmente en ondas de radio, dado que estas son ideales para comunicaciones de larga distancia. Las ondas de radio son menos susceptibles a ser dispersadas o absorbidas por el polvo que plaga el espacio interestelar. La frecuencia favorita en la que los astrónomos sintonizan sus receptores es la frecuencia de 1,420 MHz, ya que esta es la frecuencia de la línea de emisión de 21 centímetros del hidrógeno interestelar. Se cree que el conocimiento de tal frecuencia sería compartido por cualquier sociedad tecnológicamente madura y se considera muy probable que estas probablemente decidieran transmitir en esta frecuencia.

Como los recursos en esta área son bastante limitados, los investigadores están continuamente tratando de encontrar maneras de maximizar la forma en que se busca vida extraterrestre. La Dra. Sheikh, por ejemplo, propuso el concepto de ejes de mérito. El trabajo de la Dra. Sheikh establece un marco teórico en el cual las búsquedas de tecnoseñales son evaluadas objetiva y cuantitativamente para identificar en que tipos de búsquedas se deben centrar los esfuerzos de los astrónomos.

La búsqueda de tecnoseñales ha venido ocurriendo durante un largo tiempo, y desafortunadamente, ninguna civilización alienígena ha sido detectada hasta ahora. Sin embargo, los profesionales del SETI solo han explorado una fracción muy pequeña del universo, la cual es aproximadamente equivalente a la proporción del agua contenida en una gran tina con respecto al agua de todos los océanos de la Tierra.

En todos estos años de búsqueda, ¡la señal candidata más prometedora se conoce como la señal Wow!, detectada en agosto de 1977. Esta señal tiene todas las características correctas de una tecnoseñal y no ha sido totalmente descartada como una señal extraterrestre genuina.

Las iniciativas del SETI son reactivas, lo que significa que los astrónomos se limitan a "escuchar" pacientemente. Por el contrario, iniciativas como Enviando Mensajes a Inteligencia Extraterrestre (METI, por sus siglas en inglés) proponen enviar un mensaje intencional a las estrellas para que el resto del universo sepa de nuestra existencia. El METI se ha realizado incluyendo discos y placas en varias naves espaciales que han dejado el sistema solar y mediante el envío de mensajes dirigidos al cúmulo estelar globular M13, ubicado a 25,000 años luz de la Tierra. Los detractores de tal estrategia temen que la humanidad se enfrente a un destino similar al que han enfrentado las civilizaciones menos avanzadas tecnológicamente al encontrarse con una contraparte más avanzada aquí en la Tierra. La historia está llena de tales ejemplos.

Mientras tanto, avances recientes en técnicas de Inteligencia Artificial (IA) y Aprendizaje Automático (ML) están ayudando a los investigadores a buscar señales que podrían indicar que no estamos solos.

Fig. 6.1 El Allen Telescope Array en California es una de las instalaciones que se utiliza activamente para las búsquedas SETI. Créditos: Astronomy Staff.

Ángeles entre nosotros

Seres que vienen del cielo han cautivado la imaginación de la humanidad desde el comienzo de los tiempos. Casi todas las culturas en la Tierra tienen historias sobre seres celestiales. Estos seres suelen ser retratados con rasgos humanos, pero se distinguen por sus alas, para indicar su procedencia. En el pasado, estos seres han sido llamados ángeles, pero hoy en día son llamados extraterrestres. No soy la primera persona en notar esto. La poeta canadiense Margaret Atwood, autora de "The Handmaid's tale (El cuento de la criada)", argumenta que: "Los extraterrestres han tomado el lugar de los ángeles, demonios, hadas y santos...". [1]

En julio del 2023, el Congreso de los EE. UU. celebró una audiencia pública sobre Objetos Voladores No Identificados (OVNIs o UFOs) o, como se les llama hoy en día, Fenómenos Aéreos No Identificados (FANIs o UAPs). Las audiencias tenían como objetivo explorar lo que el gobierno de los EE. UU. sabe sobre los FANIs y las implicaciones de esos objetos como una cuestión de seguridad nacional. Testigos clave, o como los llama la prensa, "denunciantes", afirman que los FANIs o los OVNIs, como se les quiera llamar, son de hecho de naturaleza extraterrestre –notemos que las siglas usadas para referirse a estos fenómenos no implican que este deba ser el caso– y que el Pentágono está en posesión de varias naves espaciales que aparentemente se han estrellado en nuestro planeta. También afirman que, en los lugares de impacto, el gobierno de los EE. UU. ha podido recuperar cuerpos o incluso sobrevivientes, ¡sobrevivientes extraterrestres!

No voy a discutir la validez de estas afirmaciones, ya que mi conocimiento de la política interna de los EE. UU. es casi inexistente, y el enfoque de este libro es sobre la evidencia científica disponible. Dado que los hallazgos científicos se examinan minuciosamente y se comparten abiertamente, puedo decir con confianza que no hay ocultamiento de información relacionada con seres extraterrestres que visitan nuestro mundo.

Finalmente, me parece bastante extraño que una civilización extraterrestre que hubiera sido capaz de dominar las complejidades y la física del viaje interestelar consiga estrellar sus naves espaciales al llegar a la Tierra, y no solo una vez, sino muchas veces en un período de tiempo relativamente corto. ¿Quizás todos estos choques son consecuencia de pilotos adolescentes extraterrestres inexpertos que aún están aprendiendo a volar, y que han decidido tomar prestadas sin permiso las naves espaciales de sus padres y visitar la Tierra?

Fig. 6.2 ¿Será posible que adolescentes extraterrestres estén robando las naves espaciales de sus padres y estrellándose en la Tierra? Créditos: imagen generada por DALL·E de OpenAI.

Mientras tanto, los astrónomos se enfocan en hechos concretos y continúan buscando señales de vida extraterrestre, específicamente señales o firmas que los astrónomos puedan detectar y analizar. La rama de la astronomía que se ocupa de la vida extraterrestre se llama *astrobiología*. Básicamente, la vida genera subproductos como consecuencia de su existencia. En nuestra casa, por ejemplo, podríamos reconocer que no estamos solos si escuchamos a alguien o algo respirando en la habitación contigua a la que estamos. La persona o animal con nosotros en la otra habitación de pronto no tiene la intención de comunicarnos su presencia, pero inadvertidamente la hacen saber simplemente por el hecho de estar vivos; esto es un ejemplo de *bioseñal*. Más formalmente, una bioseñal es una señal que es detectable y medible, y que podría indicar la presencia de vida actual o pasada.

Por otro lado, podríamos inferir que no estamos solos en la casa ya que de repente comenzamos a escuchar ruidos que se asemejan a un narrador relatando un partido de fútbol. Esto podría indicar que alguien ha encendido la televisión. Al igual que en el ejemplo anterior, la persona en la habitación contigua podría no estar tratando de hacernos saber sobre su presencia, pero al escuchar los sonidos provenientes de la televisión y dejando de lado cualquier actividad paranormal o una rutina preprogramada del asistente de Google, podemos estar seguros de que alguien está realmente en esa habitación. En este caso, detectamos la presencia de esa persona porque está usando tecnología, y podemos detectar la manifestación física de ella. Este tipo de señal se llama *tecnoseñal*, ya que es una señal derivada de la existencia de un agente tecnológico. Nótese que las tecnoseñales son un subconjunto de las bioseñales. Como tal, estas señales podrían indicar la existencia de vida pasada o presente. Hablemos de bioseñales y tecnoseñales en más detalle.

Bioseñales

Antes de discutir cómo los científicos podrían potencialmente detectar vida extraterrestre, necesitamos comenzar por definir que es en sí la vida. Esta tarea no es tan sencilla como parece. Definir lo que es la vida trae consigo profundas implicaciones tanto desde el punto de vista científico como filosófico. Con absoluta certeza podemos afirmar que los científicos aún no han llegado a un consenso sobre una definición para la vida.

Desafortunadamente, los científicos actualmente solo tienen acceso a una muestra de tipo de vida en todo el universo: la vida en la Tierra. Esto, que es conocido como el paradigma o visión *biogeocéntrica*,[2] introduce un prejuicio en la búsqueda de vida en el universo. Para evitar tal prejuicio, se requiere una definición general de vida. Por ejemplo, la NASA define la vida como: "La vida es un sistema químico autosuficiente capaz de evolución darwiniana".[3, 4] Lo importante de esta definición es que no solo se puede aplicar a la vida tal y como la conocemos, vida terrestre, sino que también cubre a cualquier vida potencial en otros lugares. Sin embargo, la Tierra sigue siendo nuestro único punto de referencia para planetas habitados.

De la definición de la NASA, podemos ver que la vida tiene un componente químico muy importante. Los organismos vivos realizan transformaciones químicas para aprovechar el material que los rodea con el fin de sustentar y prolongar su existencia.

Afortunadamente, a medida que la vida transforma, o más técnicamente, metaboliza, el material circundante para convertir nutrientes en energía a través de reacciones químicas, produce señales que pueden ser medidas y cuantificadas.

A través de procesos biológicos, los organismos vivos producen señales que pueden ser muy simples, pero también extremadamente complejas. Sin embargo, ciertos problemas pueden aparecer cuando procesos no biológicos producen señales parecidas a las bioseñales, creando los llamados *falsos positivos*. En otras palabras, los científicos pueden pensar que han encontrado pruebas de vida, pero en realidad no lo han hecho. Un ejemplo típico es el oxígeno presente en la atmósfera de la Tierra. En la Tierra, la mayor parte del oxígeno es producido por el proceso de fotosíntesis, principalmente debido al plancton oceánico y las plantas terrestres. Las plantas convierten la luz solar, el agua y el dióxido de carbono en oxígeno. La actividad geológica normalmente haría que el oxígeno desapareciera rápidamente en un planeta como la Tierra, pero esto no es lo que sucede. Por lo tanto, en la Tierra, el oxígeno es una clara indicación de la presencia de vida. En otras palabras, el oxígeno es una fuerte bioseñal. Las plantas producen oxígeno, reponiendo rápidamente nuestra atmósfera con este elemento químico. Sin embargo, el oxígeno también puede ser producido por el proceso no biológico conocido como *fotodisociación del agua*. La fotodisociación es un proceso en el cual la luz ultravioleta proveniente del Sol puede descomponer las moléculas de agua en sus elementos constituyentes, hidrógeno y oxígeno. Por lo tanto, la sola presencia de estos elementos químicos en la atmósfera de un planeta no significa que sean organismos vivos los responsable de ello. Esto significa que la detección de oxígeno puede categorizarse en muchos casos como un falso positivo en el proceso de detectar vida.

Otro claro ejemplo de un posible falso positivo es la fosfina. En la Tierra, la fosfina puede ser producida por procesos no relacionados con la vida (abióticos) o relacionados con la vida (bióticos). Ciertas bacterias pueden producir fosfina durante su proceso metabólico en ambientes sin oxígeno. Sin embargo, la actividad volcánica también puede producir gas fosfina cuando las rocas volcánicas ricas en fósforo entran en contacto con el agua. En el 2021, un grupo de investigadores publicó un artículo[5] en el que afirmaban haber detectado fosfina en las nubes de Venus. En este artículo, los autores discuten cómo la fosfina detectada no puede ser explicada por ningún proceso abiótico en el planeta. Por lo tanto, los autores discuten que la posibilidad de producción biológica sigue siendo un fuerte candidato para explicar la presencia de fosfina. No obstante, Carl Sagan dijo una vez que "afirmaciones extraordinarias requieren evidencia extraordinaria". Un segundo grupo de investigadores publicó otro artículo[6] en el que cuestionan los resultados del primer artículo. Al realizar un nuevo análisis de los datos, los autores del segundo artículo concluyeron que la metodología del primer grupo produjo en realidad un falso positivo. Esta controversia aún continúa.

En este caso, la detección de fosfina se realizó de forma remota, analizando el espectro de la luz recolectada del planeta Venus.

La alternativa a la detección remota de vida es la recolección y análisis in situ (en el lugar). Por ejemplo, enviar un robot a Venus para tomar una muestra de sus nubes, quizás permitiría a los científicos resolver la controversia de una vez por todas.

Análisis in situ

El público está bastante familiarizado con la recolección y el análisis in situ en Marte, donde muchos rovers han viajado y recogido muestras. Se han enviado cinco misiones a Marte: Sojourner en 1996, Spirit y Opportunity en 2003, Curiosity en 2011 y la más reciente, Perseverance en 2020. Al momento de escribir esto, Perseverance, apodado Percy, ha estado en Marte durante 872 soles. Un Sol es el término utilizado para representar un día marciano, que es aproximadamente de 24 horas y 39 minutos. Según el sitio web de la misión de la NASA,[7] la misión de Percy es "buscar signos de vida antigua y recolectar muestras de roca y regolito (roca y suelo fragmentados) para un posible retorno a la Tierra". Percy cuenta con varios instrumentos que le permiten realizar análisis in situ de las muestras recolectadas. Sin embargo, la idea de la NASA y la ESA (Agencia Espacial Europea, por sus siglas en inglés) es enviar otra misión para recoger esas muestras y traerlas a la Tierra para realizar análisis más detallados en laboratorios avanzados. Todo esto parece sacado de un libro de ciencia ficción. El plan es enviar un vehículo a Marte en el 2028. El vehículo, llamado Módulo de Recuperación de Muestras (SRL, por sus siglas en inglés), se encontrará con Perseverance en una ubicación predefinida. Perseverance cargará las muestras recolectadas en el SRL. Dos pequeños helicópteros proporcionarán capacidad adicional para recuperar muestras. Una vez que todas las muestras hayan sido cargadas, serán lanzadas desde Marte a bordo del cohete Vehículo de Ascenso de Marte (MAV, por sus siglas en inglés), que se encontrará con la nave espacial Orbitador de Retorno a la Tierra (ERO, por sus siglas en inglés) en la órbita de Marte. La nave espacial ERO traerá las muestras a la Tierra de manera segura a principios o a mediados de la década del 2030. Una vez que las muestras estén aquí en la Tierra, se utilizarán laboratorios de última generación para analizarlas.

Fig. 6.3 Los diferentes vehículos involucrados en la misión de recuperación de muestras de Marte de la NASA y la ESA. Créditos: NASA.

Fig. 6.4 Varios robots trabajarán en equipo para recuperar las muestras recogidas por el rover Perseverance y traerlas de manera segura a la Tierra. Créditos: NASA.

Por obvias razones, en el campo de los exoplanetas, el análisis in situ está fuera de cuestión. El exoplaneta más cercano a la Tierra estaría a cuatro años luz de distancia, y una sonda con nuestra tecnología actual tardaría cerca de 18,000 años en recorrer esa distancia. Propuestas tecnológicas recientes, como la iniciativa Starshot, podrían reducir ese tiempo considerablemente. Starshot tiene como objetivo emplear viajes espaciales impulsados por haces de luz para alcanzar velocidades que sean una fracción significativa de la velocidad de la luz.

La idea es tener instalaciones terrestres de haces de luz que empujen pequeñas sondas espaciales con velas de luz adheridas a ellas. Estas sondas espaciales muy pequeñas, o *nanonaves*, podrían potencialmente alcanzar el planeta más cercano a la Tierra en tan solo 20 años, lo cual es mucho mejor que 18,000 años y dentro del tiempo de expectativa de vida de un ser humano.

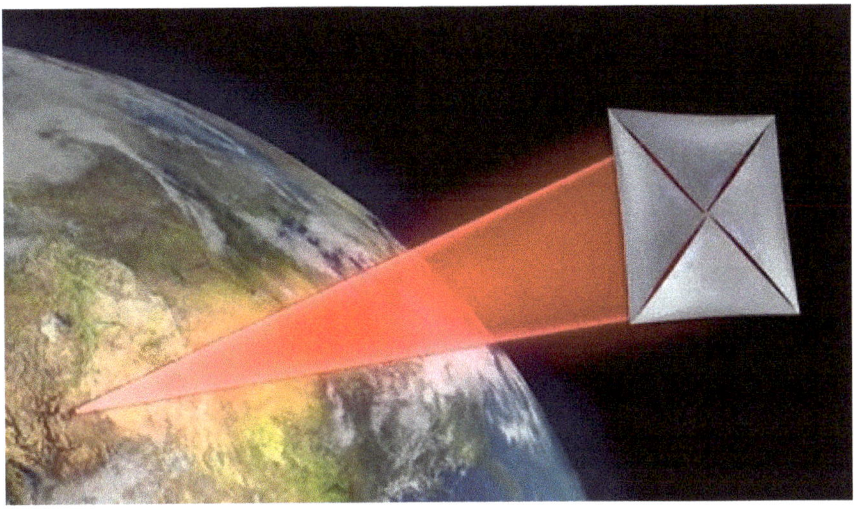

Fig. 6.5 Una nanonave es impulsada por un haz de luz desde una instalación terrestre. Créditos: Sky & Telescope.

Análisis remoto

Mientras los científicos e ingenieros descubren cómo llegar a la estrella más cercana, los astrobiólogos aún tienen sus trabajos diurnos (¿o nocturnos?) y continúan buscando bioseñales de forma remota. Para ello, emplean *espectroscopía* (la descomposición de la luz en sus colores primordiales utilizando un prisma) y *fotometría* (la medición del brillo de una estrella en una imagen), dos técnicas astronómicas muy populares.

Principalmente, los astrónomos utilizan dos métodos para "capturar" y analizar la atmósfera de un planeta. En el primer método, la luz reflejada proveniente del propio planeta se aísla de la luz producida por la estrella. Como se observa en la Figura 6.6, los astrónomos capturan el espectro combinado de la estrella y el planeta cuando el planeta está frente a la estrella. Una vez que el planeta se posiciona detrás de la estrella y, por lo tanto, queda oculto para nuestros instrumentos, los astrónomos solo pueden obtener la luz proveniente de la estrella. Al suprimir la luz recogida de la estrella, de la luz recogida de la estrella y del planeta, los astrónomos aíslan la luz que proviene directamente del planeta.

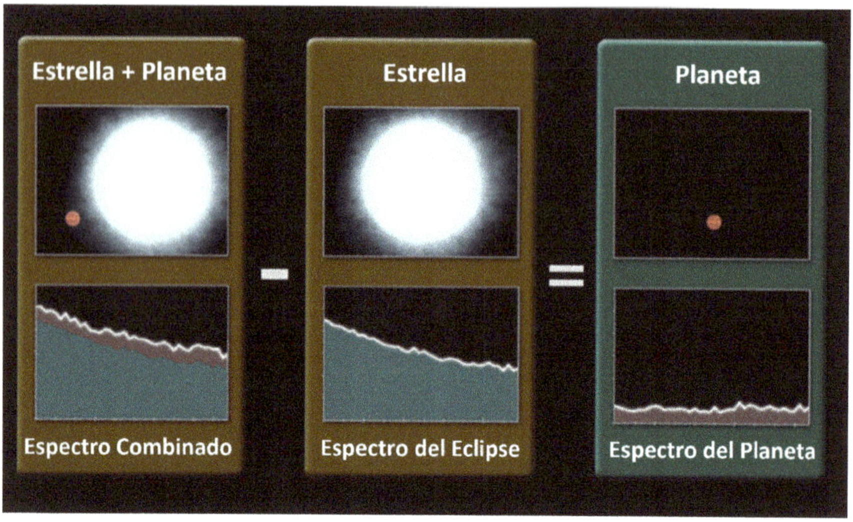

Fig. 6.6 El espectro de un planeta puede ser aislado una vez que desaparece de nuestro punto de vista. Créditos: NASA/JPL-Caltech/R. Hurt (SSC/Caltech).

El segundo método analiza la luz de la estrella cuando pasa a través de la atmósfera de un exoplaneta. Los gases en la atmósfera del planeta bloquean ciertas partes del espectro en la luz de la estrella. Esto significa que estos gases han absorbido fragmentos del espectro, indicando la presencia del gas en la atmósfera del exoplaneta.

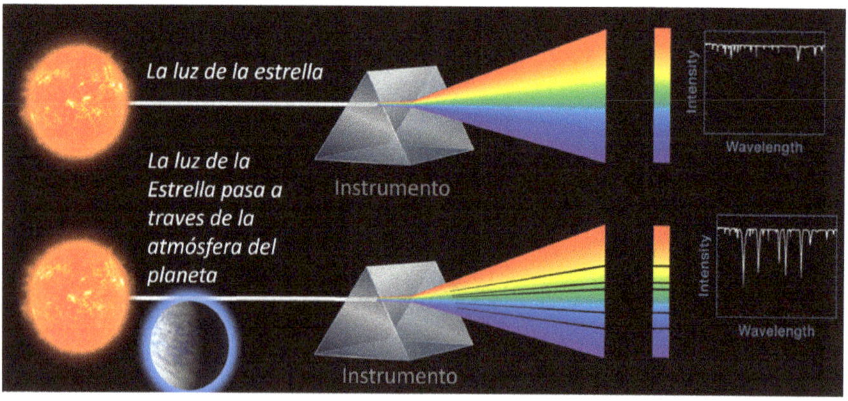

Fig. 6.7 Los gases en la atmósfera de un exoplaneta causarán bandas negras en el espectro de la luz estelar a medida que atraviesa la atmósfera del planeta. Créditos: NASA/JPL-Caltech.

Buscando señales de vida

En la búsqueda de bioseñales, los científicos manejan dos tipos. Primero, están las bioseñales que conocemos, y segundo las bioseñales que no conocemos. Las que conocemos son las señales con las que estamos familiarizados, ya que son las producidas por la vida en la Tierra. Conocemos ciertos gases que están compuestos por elementos químicos y moléculas con espectros bien conocidos. Por esta razón, los instrumentos a bordo del JWST son extremadamente importantes en la búsqueda de vida. Pueden detectar, por ejemplo, metano y dióxido de carbono en las atmósferas de otros planetas. Estos químicos suelen estar asociados con procesos metabólicos aquí en la Tierra. De hecho, los científicos que usan el JWST ya han detectado la presencia de dióxido de carbono en un planeta distante.[8] Los astrónomos hicieron este asombroso descubrimiento al analizar los espectros recogidos de WASP-39 b, un planeta que orbita una estrella de secuencia principal en un período de 4 días. El planeta en sí está demasiado cerca de su estrella, con una órbita de solo 0.05 AU, y, por lo tanto, demasiado caliente para albergar cualquier tipo de vida. Esto significa que la presencia de dióxido de carbono no es el resultado de un proceso biótico. Una de las hipótesis para la presencia de tal componente es que, posiblemente, cometas y asteroides bombardearon WASP-39 b durante su período de formación, llevando carbono y oxígeno a su superficie; algo que los científicos creen que sucedió durante los primeros días de la Tierra. A pesar de que esta detección no indica de por si vida en este caso, si ayuda a demostrar las capacidades del JWST para detectar bioseñales, lo cual es extremadamente emocionante y un gran paso en la dirección correcta en nuestra búsqueda de vida en otros lugares.

Investigadores de la Universidad de Cambridge anunciaron un segundo descubrimiento importante en septiembre de 2023.[9] Al analizar espectros recogidos por el JWST del planeta K2-18 b, que orbita la estrella enana fría K2-18, descubrieron la presencia de metano y dióxido de carbono en la atmósfera del planeta. La diferencia con WASP-39 b es que K2-18 b está en la zona habitable de su estrella, y estudios recientes han sugerido incluso que podría ser un mundo hiceano (de las palabras “hidrógeno” y “océano”). Estas observaciones sugieren que el mundo podría tener una atmósfera rica en hidrógeno y una superficie cubierta por un gran océano (nuevamente, vaya y vea esa película de Kevin Costner que le sugerí anteriormente).

K2-18 b, considerado una Super-Tierra y descubierto en 2015 como parte de los esfuerzos de la misión extendida Kepler K2, orbita su estrella en una órbita de 33 días, y su masa se ha estimado en 8.6 veces la masa de la Tierra. El sistema K2-18 está ubicado a aproximadamente 120 años luz de la Tierra y la estrella central es más fría y pequeña que el Sol.

El equipo pudo caracterizar la atmósfera del planeta al analizar la luz de la estrella cuando pasaba a través de la atmósfera del exoplaneta. Además del dióxido de carbono y el metano encontrado, el análisis también sugiere posibles signos de la molécula de dimetil sulfuro (DMS). Este descubrimiento es muy interesante, dado que, en los océanos de la Tierra, aunque el DMS puede ser producido por procesos abióticos como la luz solar y las reacciones químicas, la producción de esta molécula se atribuye principalmente a transformaciones biológicas, particularmente la producción y el consumo bacteriano.

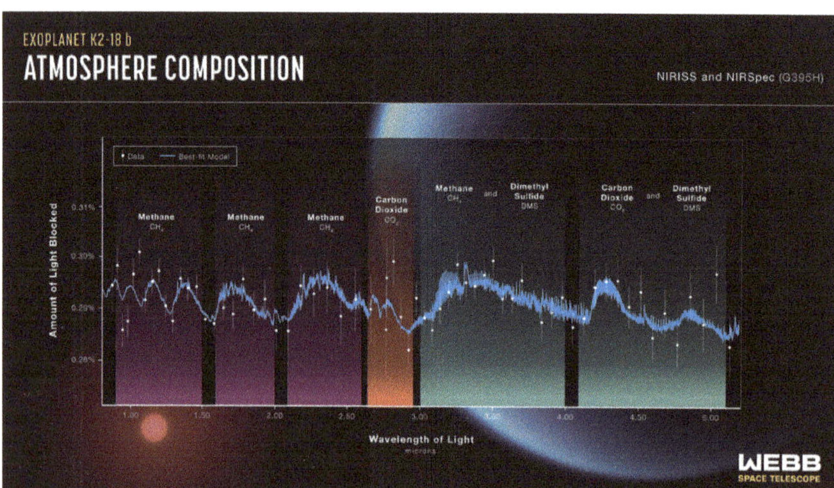

Fig. 6.8 Análisis del espectro de la atmósfera de K2-18 b. Esta es la primera vez que se detectan dióxido de carbono, metano y DMS en la atmósfera de un planeta en la zona habitable. Créditos: Ilustración: NASA, CSA, ESA, R. Crawford (STScI), J. Olmsted (STScI), Ciencia: N. Madhusudhan (Universidad de Cambridge).

Condiciones esenciales para la vida

Además de ciertos gases en la atmósfera que pueden atribuirse a procesos bióticos, también existen ciertas características en un planeta que pueden dar indicios sobre la existencia de vida. Aquí en la Tierra, una de estas características es la pigmentación. Cierta clase de seres vivos pueden llegar a modificar el paisaje de un planeta a un nivel que podría ser detectado desde el espacio.[10] Un ejemplo de esto es la vegetación en la Tierra, la cual "pinta" partes de la superficie terrestre con un color verde distintivo. Además, los organismos vivos producen patrones, estructuras y texturas que pueden ser reconocidos, así como ciertos minerales que no podrían existir sin la intervención directa de un organismo vivo.

Desafortunadamente, los esfuerzos hechos para encontrar vida más allá de la Tierra no han dado los resultados esperados por el momento. Pero el universo es enorme, y hasta ahora no hemos visto más que la punta del iceberg con respecto a los más de 5,000 exoplanetas encontrados. ¿Cómo saben los investigadores en qué parte del cosmos deben concentrar sus esfuerzos y a qué objetivos deben apuntar sus instrumentos? Los investigadores en este campo coinciden en cuatro conceptos fundamentales o requisitos para que la vida pueda darse.[11] Primero, la vida necesita un entorno de desequilibrio termodinámico. Un entorno de desequilibrio termodinámico es aquel en donde hay un desequilibrio de energía, materia o potencial químico que permite que ocurran procesos dentro del sistema. Se ha hipotetizado por ejemplo que, en la Tierra primitiva, moléculas simples pueden haberse producido debido a relámpagos. Otros factores que pudieron haber contribuido a la producción de moléculas simples son los procesos fotoquímicos que pudieron haber ocurrido en la corteza terrestre debido a reacciones entre agua y rocas. Adicionalmente, dichas moléculas simples, también pudieron haberse generado por los efectos del agua sobre meteoritos de carbono que se estrellaron en el planeta. Se cree que estas moléculas simples luego reaccionaron con otros elementos en la Tierra, como agua y minerales, para producir moléculas aún más complejas. Por lo tanto, un entorno que permita tal transferencia y conversión de energía es crucial para la posible aparición y éxito de la vida. Un planeta con una atmósfera que contenga gases como resultado de residuos de organismos vivos y que además dé muestras de la existencia de transferencias de energía que alteren la reflectividad o albedo del planeta, es un buen candidato para explorar. Sin embargo, como ocurre con otras posibles bioseñales, la existencia de un desequilibrio termodinámico no necesariamente está relacionada con la presencia de vida; puede ser crucial para ella, pero no una consecuencia.

Todos los planetas por definición orbitan una estrella, lo que genera una transferencia de energía obtenida a partir de la luz solar. Incluso, los planetas pueden tener procesos geológicos internos, como el vulcanismo y las placas tectónicas, que pueden proporcionar energía adicional. Es por esto que algunos científicos intentan comparar el desequilibrio de la Tierra, que sabemos que se debe a organismos vivos, con el desequilibrio observado en otros planetas del sistema solar, que sabemos se debe a procesos abióticos.[12] Al hacerlo, los investigadores pretenden entender la diferencia entre estas dos formas de desequilibrios para poder aplicar ese conocimiento al análisis de atmósferas de exoplanetas.

Segundo, la vida es compleja y necesita moléculas complejas para formarse. Por lo tanto, un entorno que facilite la aparición de tal complejidad es esencial. Los investigadores hablan de un entorno capaz de mantener enlaces covalentes, específicamente entre átomos de carbono, hidrógeno y otros átomos. Un enlace covalente es un enlace químico en el que los átomos comparten electrones, dando como resultado moléculas estables. Este tipo de enlace es la forma más común de enlace químico en los organismos vivos. Los enlaces covalentes permiten que las moléculas compartan electrones con otras moléculas, facilitando la creación de largas cadenas de compuestos químicos esenciales para la vida. Esto significa que la vida como tal es compleja, y no me estoy refiriendo a ese jefe al que no puedes aguantar, sino a nivel químico. La complejidad química es necesaria ya que la vida requiere la transmisión y codificación de información crucial y especializada. Se necesita información para que un organismo vivo pueda diversificarse, adaptarse e interactuar con su entorno, lo que le permite prosperar en una variedad de ambientes y realizar una amplia gama de funciones. Los enlaces covalentes son esenciales para formar moléculas orgánicas basadas en carbono, como nuestro

ADN, y proteínas, sin los cuales no tendríamos vida tal como la conocemos en la Tierra.

La formación de enlaces covalentes requiere entornos que faciliten las interacciones entre átomos, y donde los electrones puedan compartirse fácilmente. Además, necesitan un disolvente adecuado como el agua, que permita mezclar sustancias reactivas. Este es el tercer elemento para que la vida prospere: la existencia de un entorno líquido. En la Tierra, el agua proporciona un medio para que ocurran reacciones. Es por eso que los investigadores se enfocan en encontrar planetas donde el agua líquida pueda existir en sus superficies. El término *zona habitable* o *zona de Goldilocks* se refiere a una zona donde los planetas orbitan a una distancia de su estrella que permite que el agua fluya en sus superficies. Las temperaturas que experimenta un planeta que se encuentre demasiado cerca de su estrella pueden ser incluso mayores que la temperatura de la superficie de algunas estrellas, causando que cualquier agua líquida que exista se evapore. Por otro lado, si el planeta está demasiado lejos de la estrella, el agua se congelará.

Además, un planeta que está demasiado cerca de su estrella, también experimentará presiones extremas, lo que no es bueno para la formación de enlaces covalentes, no solo porque cualquier disolvente que pudiese existir podría llegar a evaporarse, sino también porque tales temperaturas y presiones no permitirían que los electrones estén en una configuración lo suficientemente estable como para poder compartirse. Por otro lado, las temperaturas también necesitan ser lo suficientemente altas de tal forma que los átomos sean capaces de superar las barreras de energía de activación. En química, una barrera de activación es la diferencia de energía entre el estado inicial de los reactivos y el estado de transición durante una reacción química. Para que una determinada reacción prosiga, esa barrera de energía mínima debe superarse. Por lo tanto, un planeta, luna o cualquier otro cuerpo celeste en el que los astrobiólogos aspiren a encontrar vida necesita estar a una cierta distancia de su estrella para que experimente una temperatura óptima que facilite tales reacciones químicas.

Finalmente, el cuarto elemento. Los sistemas vivos contienen sistemas moleculares autoreplicantes que son capaces de sustentar la evolución darwiniana. Curiosamente, mientras que la teoría de la evolución de Darwin enfatiza la ocurrencia y transmisión de mutaciones de manera aleatoria de una generación a la siguiente, los sistemas vivos pueden generar moléculas complejas de manera no aleatoria. Esta capacidad en particular distingue a los sistemas bióticos de los sistemas abióticos.

Investigadores han concebido ideas que son bastante ingeniosas para identificar cuán compleja una molécula es, infiriendo que tal complejidad puede indicar la existencia de vida. La molécula de ácido desoxirribonucleico, o ADN, es una molécula extremadamente compleja que lleva información genética en todos los organismos vivos. La complejidad es, por lo tanto, algo que parece ser crucial para la vida. En esa línea de pensamiento, un grupo de científicos que forman parte de la iniciativa de la Red de Detección de Vida de la NASA (NfoLD, por sus siglas en inglés) está tratando de crear un método para medir la complejidad de moléculas químicas. Estos científicos han propuesto usar el número de ensamblaje molecular (MA, por sus siglas en inglés) para determinar esta complejidad.[13] Básicamente, el número MA define el número de pasos que se requieren para construir una molécula. Es bastante improbable que las moléculas que exhiben un MA alto hayan sido producidas por organismos inanimados, o, en otras palabras, a medida que aumenta el MA de una molécula, es más improbable que tal molécula haya sido formada por un proceso abiótico. Este número MA es lo que podría ayudar a los científicos a detectar el segundo tipo de bioseñales: las bioseñales que no conocemos.

El ADN es esencial para la evolución darwiniana. La evolución darwiniana se refiere al hecho de que los organismos vivos en la Tierra han pasado por una serie de variaciones estructurales aleatorias. Las variaciones que son beneficiosas para su supervivencia se transmiten o se heredan a las siguientes generaciones. Esta transmisión de variaciones se hace utilizando la compleja molécula de ADN. Los organismos que pueden transmitir más variaciones beneficiosas para su supervivencia prevalecerán sobre otros que no logran transmitir esas variaciones esenciales. Los descendientes de organismos con mutaciones ventajosas tendrán más probabilidades de seguir reproduciéndose y transmitiendo esos buenos rasgos, algo que se conoce como *selección natural*.

Falsos positivos

Dada la magnitud de lo que significaría encontrar vida en otro lugar distinto a la Tierra, es imperioso encontrar métodos que permitan cuantificar experimentalmente las características de la vida y prevenir, en la medida de lo posible, la ocurrencia de falsos positivos. El 7 de agosto de 1996, el entonces presidente de los Estados Unidos, Bill Clinton, realizó una conferencia de prensa en la Casa Blanca. El tema: un meteorito, una roca de Marte, llamada ALH84001, que había caído a la Tierra desde el espacio hace unos 13,000 años y que fue encontrada en las Colinas Allan (AH) en la Antártida. Pero este no era simplemente otro meteorito de los tantos que caen cada año en la tierra. Los científicos que analizaron el meteorito habían publicado un artículo[14] en el que afirmaban que, tras estudiar cuidadosamente esta roca, se había encontrado la presencia de un mineral carbonatado. Un mineral carbonatado es un mineral que contiene el ion carbonato como componente fundamental en su estructura química. Lo interesante es que encontraron que el mineral carbonatado había formado pequeñas estructuras esféricas o casi esféricas llamadas glóbulos. Los investigadores estimaron que estos glóbulos carbonatados se habían formado hace 3.6 billones de años a altas temperaturas de alrededor de 973.15 Kelvin (700 grados Celsius). Su investigación también concluyó que los glóbulos eran originarios del meteorito o, en otras palabras, se formaron mientras la roca estaba en Marte y no durante el tiempo que transcurrió entre que cayó a la Tierra y fue recuperada.

El hecho de que la roca haya estado totalmente aislada sin peligro de contaminación por tanto tiempo, no es tan difícil de creer, ya que la lejanía y las condiciones extremas de la Antártida la convierten en un entorno casi perfecto para evitar que cualquier factor externo contamine las muestras recuperadas. Lo interesante aquí es que la textura y el tamaño de los glóbulos tienen una notable semejanza con los glóbulos carbonatados encontrados en la Tierra, que son el resultado de procesos realizados por bacterias. Los investigadores concluyeron que los procesos bióticos pueden explicar muchas de las características observadas, aunque la formación inorgánica podría ser también una posibilidad. ¿Eso es todo, entonces? ¿Estos astrobiólogos encontraron evidencia de vida en Marte en 1996? ¿Si éste es el caso, cuál es el propósito de este libro entonces? Desafortunadamente, y como muchas otras veces, la evidencia no era concluyente. Una nueva investigación en el 2022[15] reveló que procesos geoquímicos, como las interacciones que existen entre el agua y rocas en la Tierra, podrían haber dado origen a las características observadas en el meteorito ALH84001. Esta es una de las controversias que muy posiblemente ayudará a resolver en un futuro cercano el análisis de las muestras de Marte recogidas por Perseverance.

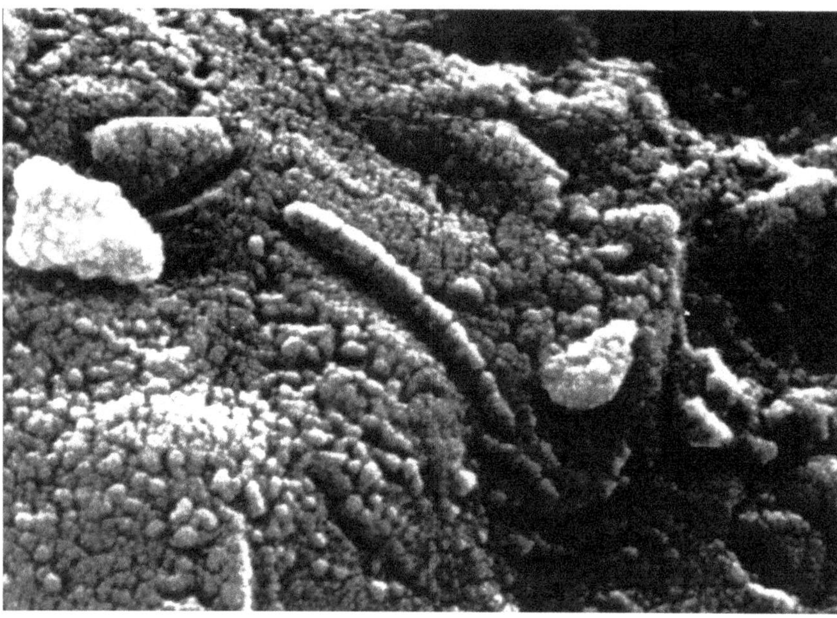

Fig. 6.9 El meteorito ALH84001. ¿Sera posible que esta roca contenga evidencia microscópica y química de vida en Marte? Créditos: Britannica.

Panspermia

En este momento de la discusión podemos plantearnos una pregunta interesante. ¿Qué pasaría si se encuentra vida en Marte y esta se asemeja a la vida en la Tierra? Por ejemplo, vida basada en carbono que utiliza ADN. Si descartamos por completo que nuestras naves espaciales, módulos de aterrizaje o rovers hayan "contaminado" las muestras analizadas, entonces existe la posibilidad de que la vida aquí en la Tierra se haya originado en Marte y luego transportada a la Tierra de alguna manera en el pasado. Tengamos en cuenta que lo contrario también es posible. Que la vida en Marte (si se encuentra) se originara en la Tierra. Este concepto se conoce como *panspermia.* La panspermia es una hipótesis científica que sugiere que la vida, en forma de microorganismos, podría haber sido distribuida a través de meteoroides, asteroides, cometas o cualquier otro mecanismo que permita el intercambio de material entre diferentes cuerpos del sistema solar (o entre sistemas planetarios). Esto significa que todos podríamos ser marcianos, o de cualquier lugar de donde la vida se haya originado. Tenga en cuenta que esta hipótesis no responde realmente a la pregunta de cómo se originó la vida, y solo tiene que ver con el lugar de origen de la misma.

Tecnoseñales

Es muy probable que el lector ya haya caído en cuenta que este campo le debe mucho a la Dra. Jill Tarter. De hecho, es a ella a la que se le debe la primera definición de lo que son las tecnoseñales. En su artículo, *La Evolución de la vida en el universo: ¿estamos solos? (The evolution of life in the Universe: are we alone?),*[16] la Dra. Tarter definió una tecnoseñal como la "evidencia de alguna tecnología que modifica su entorno de maneras que son detectables". Nosotros, los humanos, por ejemplo, hemos estado modificando nuestro entorno desde los albores de la humanidad. Consideremos la deforestación, por ejemplo. Una vez que nos establecimos y abandonamos nuestra vida nómada, comenzamos a cortar árboles para hacer espacio para nuestras vacas, para sembrar y para construir nuestros hogares. Esto modificó significativamente el paisaje de la superficie de la Tierra.

La búsqueda de tecnoseñales no humanas provenientes del espacio ha estado en la mente de muchos investigadores y entusiastas del espacio durante mucho tiempo. Sin embargo, este campo alcanzó su merecido estatus cuando la NASA estableció la Oficina del Programa de Búsqueda de Inteligencia Extraterrestre (Search for Extraterrestrial Intelligence, SETI) en el Centro de Investigación Ames en 1976.[17]

Antes de esa fecha, en un seminario planeado por el astrónomo Frank Drake en 1961, se llevó a cabo la primera reunión sobre el tema de SETI. El seminario tuvo lugar en el Observatorio de Green Bank en Virginia Occidental, y se sabe que asistieron al menos una docena de personas. Entre los notables asistentes se encontraban el bioquímico Melvin Calvin, quien ganó el Premio Nobel de Química de ese año, y un joven astrónomo en ascenso del que quizá hayas oído hablar, Carl Sagan.

El seminario fue parte del proyecto Ozma, considerado el primer intento moderno de detectar transmisiones interestelares. Como parte de este proyecto, se realizaron búsquedas durante seis horas al día, de abril a julio de 1960, utilizando el receptor en la antena de 26 metros del Observatorio Nacional de Radioastronomía (NRAO, por sus siglas en inglés) en Green Bank.

La búsqueda se llevó a cabo intentando recibir transmisiones de radio. Las ondas de radio son comúnmente consideradas como la forma más probable de comunicación electromagnética que una civilización extraterrestre utilizaría. Esto se debe a la capacidad de estas ondas de ser menos afectadas por el polvo y otras partículas en comparación con señales con longitudes de onda más cortas. Gracias al tamaño de las longitudes de onda de las ondas de radio, esto las hace menos susceptibles a interactuar con otras partículas en el espacio; un fenómeno conocido como dispersión. La razón principal de por qué esto no sucede, es debido a que las partículas de polvo son lo suficientemente pequeñas como para interactuar directamente con longitudes de onda de tamaños similares. Las longitudes de onda más largas, por lo tanto, sufren una dispersión mínima.

Debido a sus largas longitudes de onda, las ondas de radio también son menos afectadas por el fenómeno de la absorción. La absorción, como su nombre lo indica, es el proceso por el cual las ondas electromagnéticas son absorbidas por los diferentes elementos en el medio, en este caso, átomos, moléculas o partículas de polvo.

Dentro del rango de las ondas de radio, la frecuencia de 1,420 MHz es comúnmente la favorita para escuchar. Esta frecuencia corresponde a la línea de emisión de 21 centímetros del hidrógeno interestelar, que es bastante relevante y omnipresente en muchos eventos astronómicos. Por lo tanto, se supone que esta sería una frecuencia bastante conocida por una sociedad tecnológicamente madura.

Otra característica importante de las ondas de radio es que los humanos somos prolíficos en generarlas y usarlas. Nuestra tecnología de ondas de radio es bastante madura. Nuestros científicos han perfeccionado los radiotelescopios e incrementado nuestra capacidad para detectar tales señales. Esto significa que actualmente tenemos las capacidades de observación necesarias para detectar una posible tecnoseñal si se genera utilizando esta tecnología.

Los ejes de merito

Capacidad de observación es precisamente uno de los nueve ejes de mérito para la búsqueda de tecnoseñales que la Dra. Sofia Z. Sheikh propone en un notable artículo publicado en el 2019.[18] La Dra. Sheikh, actualmente una becaria postdoctoral de la Fundación Nacional de Ciencias – Fomento de Carreras STEM al Empoderar el Desarrollo de Redes (NSF-ASCEND, por sus siglas en inglés) en el instituto SETI, y que se describe a sí misma en su sitio web[19] como "una investigadora que se especializa en la Búsqueda de Inteligencia Extraterrestre" (se imaginan uno poder decir eso), ha propuesto un marco para la búsqueda de tecnoseñales que permita comparar de manera integral las diferentes técnicas de búsqueda. Exploremos brevemente, los nueve ejes de mérito que la Dra. Sheikh propone:

1. **Capacidad de observación.** Se refiere a la capacidad tecnológica de todo el campo de la astronomía en un momento dado para buscar una tecnoseñal específica. Esto significa que hay búsquedas que solo se pueden hacer en un futuro lejano, mientras que hay otras que se pueden hacer ahora mismo.

2. **Costo.** En este contexto, el costo no solo se refiere el aspecto financiero, sino también el tiempo de uso del telescopio, el tiempo de computación, los recursos de personal y cualquier otro costo asociado.
3. **Beneficios adicionales**. Este eje se refiere al hecho de que las búsquedas de tecnoseñales también pueden ser usadas para otros propósitos. No solo desde un punto de vista científico, sino también en contextos como la filosofía y la educación, por ejemplo.
4. **Detectabilidad.** Este eje trata de lo fuerte que es una tecnoseñal para que los astrónomos puedan detectarla inequívocamente.
5. **Duración.** Esto se refiere al tiempo durante el cual una tecnoseñal sería detectable. Si la vida útil de una civilización es demasiado corta, es posible que nunca podamos detectar una de sus transmisiones.
6. **Ambigüedad.** Las tecnoseñales pueden confundirse con fenómenos naturales. Por ejemplo, patrones inusuales de brillo observados en una estrella pueden confundirse con una megaestructura alrededor de la estrella o simplemente explicarse por la presencia de una nube de polvo no uniforme moviéndose alrededor de la estrella. Esto es lo que sucedió con la famosa, estrella WTF (sí, este acrónimo en inglés significa lo que piensas) también conocida como la estrella de Boyajian.[20] Esta estrella presenta un oscurecimiento muy inusual en el brillo, que algunos han tomado como evidencia de una megaestructura artificial alrededor de ella. La verdadera naturaleza de tales cambios en el brillo no se comprende completamente aún, pero el que esta estrella sea parte de un sistema multiestelar, un anillo de polvo que la rodea, o incluso una nube de cometas desintegrándose, han sido algunas de las posibles explicaciones para tal comportamiento.
7. **Extrapolación.** La seguridad que tienen los astrónomos en detectar una tecnoseñal aumentará si, como humanidad, ya poseemos y comprendemos la tecnología subyacente aquí en la Tierra. En otras palabras, si ya hemos desarrollado cierta tecnología, los astrónomos tendrán bastante confianza en que

una señal generada por una civilización extraterrestre con esa misma tecnología podrá ser detectada. Una cita muy famosa del notable escritor de ciencia ficción Arthur C. Clarke dice: "Cualquier tecnología lo suficientemente avanzada es indistinguible de magia". Por ejemplo, una civilización que haya encontrado una manera de controlar y aprovechar el poder de los agujeros negros estaría más allá de nuestras capacidades tecnológicas. Esto significa que durante muchos años los astrónomos no podrán detectar una señal generada con dicha tecnología.

8. **Inevitabilidad.** La búsqueda de tecnoseñales que sean una consecuencia inevitable del uso de cierta tecnología según nuestro entendimiento de la física, debe priorizarse sobre aquellas que dependen de suposiciones o motivaciones desconocidas. Por ejemplo, buscar calor residual similar al producido por tecnologías que ya tenemos en la Tierra debe tener prioridad sobre buscar comunicaciones intencionales, que implican motivaciones sociales que exhibimos aquí en la Tierra.
9. **Información.** El valor de una tecnoseñal sería proporcional a la cantidad de datos que podamos extraer de ella. Si encontramos un artefacto en el sistema solar dejado por algún extraterrestre, la información que se podría extraer de tal artefacto sería monumental. Sin embargo, si llegásemos a descubrir evidencia de la existencia de cierta tecnología a una gran distancia, no podríamos aprender mucho de ella en seguimientos posteriores.

El marco teórico de la Dra. Sheikh crea una forma muy práctica de categorizar las diferentes técnicas de búsqueda de tecnoseñales. Además, ella ha puesto a disposición el código que utilizó en el artículo para crear la Figura 6.10,[21] con el objetivo de que cualquier persona pueda asignar valores a los nueve ejes con el fin de evaluar sus propias tecnoseñales. Yo personalmente he creado una página web utilizando este código;[22] Los animo a que le den una mirada.

Fig. 6.10 Nueve ejes de mérito para la búsqueda de tecnoseñales. Las ideas a la derecha de la imagen son las que deberían tener prioridad. Créditos: Artículo de la Dra. Sheikh y modificado en el informe del Taller de Tecnoseñales de la NASA de 2018.

Por ejemplo, con la invención de las bombillas, nuestras ciudades se convirtieron en un faro de nuestra presencia durante la noche. Cualquiera allá afuera con un telescopio lo suficientemente potente podría detectar estas luces y concluir que son el resultado de vida inteligente. Sin embargo, si algo así estuviese sucediendo en un planeta distante, nuestra tecnología actual es aún limitada para detectarlo. Simplemente no tenemos un telescopio con la resolución que nos permita revelar las características en la superficie de un exoplaneta, ni siquiera el planeta que orbita Próxima Centauri, el sistema estelar más cercano a la Tierra. Por lo tanto, bajo el marco teórico de los nueve ejes de mérito, la detección de una ciudad extraterrestre se clasificaría como de *bajo mérito* en el primer eje, capacidad de observación; afortunadamente esto no sería por mucho tiempo. Astrónomos podrían ser capaces de detectar luces de ciudades nocturnas bajo ciertas circunstancias. Cuanto más brillante sea la ciudad, más posibilidades tendrían los astrónomos de observarla. Se espera que una civilización avanzada podría haber desarrollado una ciudad conocida como *ecumenópolis*, una ciudad que existe a escala planetaria. Este término se refiere a un planeta donde las ciudades de todo el mundo están interconectadas, creando efectivamente una sola ciudad en todo el planeta. En la Tierra, para que algo así suceda, los desafíos tecnológicos no son los más difíciles de superar. Los problemas políticos y sociales son muy probablemente los principales obstáculos que la humanidad necesitaría superar para que algo así se convierta en una realidad.

Fig. 6.11 Un planeta hipotético en donde todas las ciudades del mundo se han unido para crear una ciudad a escala mundial. Créditos: imagen obtenida de la Internet pública.

El profesor Thomas G. Beatty, actualmente en la Universidad de Wisconsin, ha estudiado [23] el cómo detectar posibles ciudades en planetas análogos a la Tierra (*exociudades*) que orbitan estrellas de tipo G, K y enanas M. Además, ha considerado la detectabilidad de luces de estas hipotéticas ciudades en exoplanetas que orbitan estrellas similares al Sol dentro de ocho pársecs de distancia. Finalmente, el profesor Beatty ha estimado la detectabilidad de posibles luces de ciudades en planetas terrestres que orbitan estrellas cercanas. Como hay que empezar por algún lado, en sus cálculos, el profesor Beatty asume que las luces de estas exociudades son similares a las que usamos en nuestras calles aquí en la Tierra. En su artículo, el Prof. Beatty sugiere usar dos telescopios que están próximos a entrar en operación, el Gran Observador de Encuestas UV/Óptico/IR (LUVOIR, por sus siglas en inglés) de la NASA y el Observatorio de Exoplanetas Habitables (HabEx, por sus siglas en inglés), como instrumentos que posibilitarían el hallazgo de dichas exociudades. LUVOIR, cuyo lanzamiento está programado para mediados de la década del 2030, tiene como objetivo principal estudiar las atmósferas de planetas rocosos identificados alrededor de varias estrellas. LUVOIR investigará las atmósferas planetarias en busca de componentes como agua, oxígeno, ozono, dióxido de carbono y metano, que se cree estarían presentes en las biosferas de posibles mundos habitables.

La misión HabEx es una misión conceptual que tiene como objetivo observar directamente sistemas planetarios alrededor de estrellas similares al Sol. HabEx también buscará agua atmosférica y gases que puedan indicar actividad biológica. El Prof. Beatty ha concluido que, utilizando una ventana de observación de 300 horas, LUVOIR podrá detectar una ciudad a escala planetaria en un planeta que orbita la estrella Epsilon Indi, una estrella ubicada a aproximadamente 12 años luz de la Tierra. En términos más generales, también ha estimado que ciudades a escala planetaria en planetas que orbitan entre 30 a 50 estrellas cercanas serían detectables mediante el empleo de LUVOIR y HabEx. Por lo tanto, podemos concluir que el eje número 3, Beneficios Adicionales, en el marco de la Dra. Sheikh para la búsqueda de tecnoseñales pertinente a luces artificiales, ofrecería muchos beneficios suplementarios y puede considerarse como una buena idea a seguir.

La escala Kardashev

Esta idea de una ciudad a escala planetaria se considera una característica de una presunta civilización de Tipo-I en la escala de Kardashev. La escala de Kardashev fue propuesta por el astrónomo soviético Nikolai Kardashev en 1964. En su artículo titulado "Transmisión de Información provenientes de Civilizaciones Extraterrestres",[24] Kardashev clasificó a las sociedades extraterrestres hipotéticas en términos de sus necesidades energéticas en una escala del 1 al 3. El argumento de Kardashev se centra en la suposición de que, si una civilización quiere hacer su presencia visible en todo el universo, debe transmitir una señal de alta potencia que mantenga la misma intensidad en todas las direcciones posibles (una señal isotrópica). Una señal con tales características es necesaria para superar las increíbles distancias y el ruido de fondo característico del espacio profundo.

El aspecto clave aquí radica en el concepto de "alta potencia". Generar una señal de alta potencia requiere fuentes de alta energía. Para hacerlo, ¿será que es necesario utilizar la totalidad de la energía disponible en el planeta natal, estrella o galaxia? Para nosotros los seres humanos, si quisiéramos aprovechar todo el potencial energético de la Tierra, necesitaríamos explotar completamente nuestros combustibles fósiles tradicionales (carbón, petróleo, gas natural) y toda la energía renovable que podamos obtener. En este contexto, el término energía renovable se extiende más allá de las fuentes de energía naturales tradicionales y populares (o impopulares, dependiendo de dónde el lector viva y/o sus opiniones políticas) de viento y solar. Las fuentes de energía renovable 'no tradicionales' incluyen la energía de biomasa, que se deriva de plantas y desechos animales; la energía oceánica, que transforma la energía cinética debido al movimiento del agua en electricidad; y la energía geotérmica, extraída del calor interno de la Tierra, incluyendo el calor generado por volcanes. Mi fuente de energía renovable no tradicional favorita es la supuesta energía tectónica, de donde se obtendría energía del movimiento de las placas tectónicas (el mecanismo en la Tierra que causa terremotos).

Entonces, ¿de cuánta energía estamos hablando? Kardashev estimó que la energía total disponible en un planeta sería del orden de un 4 seguido de 12 ceros ($4x10^{12}$) o 40 teravatios (40 TW). Para poner este número en perspectiva, en promedio, las bombillas incandescentes tradicionales usan alrededor de 60 vatios de electricidad, mientras que las bombillas LED usan alrededor de 10 vatios.

Civilización Tipo-I

La estimación de Kardashev se basa en el hecho de que toda la radiación que llega a la Tierra desde el Sol, si se convirtiera en energía, sería del orden de 40 teravatios. La suposición es que una civilización que puede aprovechar toda esa energía pertenece a la categoría Tipo-I. Se estima que la generación total de energía eléctrica de la Tierra en el 2022, incluyendo fuentes renovables y no renovables, fue de aproximadamente 3.3 teravatios (3.3 TW).[25] Según el argumento original de Kardashev, el consumo de energía de la Tierra ya sería entonces el de una civilización Tipo-I. Sin embargo, como se discutió anteriormente, en este ejercicio se debe considerar la energía solar, así como todos los diferentes tipos de energía disponibles para los habitantes de un planeta. Para tener en cuenta estas otras fuentes de energía, el astrónomo argentino Guillermo A. Lemarchand redefinió el consumo de energía de una civilización Tipo-I como aquella que genera 10 a la potencia de 16 (10^{16}) vatios.[26]

Entonces, ¿es o no es la humanidad considerada una civilización Tipo-I? Carl Sagan tenía su propia opinión al respecto. Sagan se dio cuenta de que categorizar civilizaciones con números enteros (1-3) no era el mejor modelo posible para capturar la evolución de las civilizaciones. Por lo tanto, propuso un nuevo esquema de clasificación, aun basado en los tipos que Kardashev propuso, pero introduciendo una construcción matemática que permite el cálculo de niveles intermedios. Esencialmente, Sagan propuso una fórmula que utiliza el consumo de energía de una civilización como dato de entrada y arroja un número que representa el Tipo de esa civilización. [27] Sagan calculó que la escala actual de la humanidad es 0.7 y definió a los humanos como una civilización que se encuentra en una "adolescencia tecnológica", con la peligrosa capacidad de autodestruirse. Usando la fórmula de Sagan, también se puede inferir que una civilización Tipo 0, que no fue nunca discutida por Kardashev, usa alrededor de 1 millón de vatios (1MW) de energía, lo que correspondería a la Edad de Piedra en nuestro caso.

Fig. 6.12 Una representación artística de la Tierra como una civilización Tipo-I. Las civilizaciones Tipo-I pueden utilizar todos los recursos disponibles en su planeta natal. Créditos: imagen obtenida de la Internet pública.

A pesar de que la humanidad parece aún no haber alcanzado la categoría Tipo-I, ya hemos desarrollado algo que podría considerarse una tecnología típica de esta categoría. Además de los requisitos energéticos ya descritos para este tipo de civilizaciones, los ciudadanos de estas estarían completamente interconectados y unidos hacia un objetivo único. Por lo tanto, muchos autores consideran que el Internet actual es una tecnología de Tipo-I en el sentido de que permite a la humanidad estar globalmente conectada. Esto se ha vuelto más evidente con los últimos avances en ciudades inteligentes, Internet de las Cosas (IoT, por sus siglas en inglés) y la aparición de monedas digitales como Bitcoin. Sin embargo, no es difícil de ver que todos estos avances tecnológicos exigen cada vez más unos requerimientos energéticos bastante altos, y de ahí la necesidad de producir la mayor cantidad de energía que sea posible. Esto es a pesar de los esfuerzos de personas como yo que han dedicado sus doctorados a investigar formas sobre cómo ahorrar energía.[28]

Civilización Tipo-II

Cuando todos los recursos disponibles en un planeta ya no son suficientes, una civilización debe encontrar lugares alternativos de donde obtener energía. Kardashev hipotetizó que una civilización de Tipo-II necesitaría, y, por lo tanto, sería capaz de producir energía en el orden de un 1 seguido de 26 ceros vatios (10^{26}). Para lograrlo, la civilización debe desarrollar una tecnología capaz de capturar la mayoría o la totalidad de la energía producida por su estrella; una megaestructura alrededor de la estrella principal sería suficiente. Esto, por supuesto, es más fácil decirlo que hacerlo. Tal megaestructura hipotética es conocida como una esfera de Dyson y proporcionaría a una civilización alrededor de 400 yottavatios (4×10^{26} vatios) de potencia — esencialmente, toda la energía que la estrella puede llegar a producir.

El escritor de ciencia ficción Olaf Stapledon propuso por primera vez el concepto de tal megaestructura en su novela "Creador de Estrellas" en 1937. Sin embargo, fue el físico Freeman Dyson (1923-2020), quien introdujo el concepto como una posible tecnoseñal en su artículo de 1960 *Búsqueda de Fuentes Estelares Artificiales de Radiación Infrarroja.*[29]

De manera similar a cómo usamos paneles solares aquí en la Tierra, una esfera de Dyson consistiría de satélites en órbita o paneles arqueados cubiertos con paneles solares alrededor de la estrella. Esos paneles solares irradiarían luz infrarroja que podría ser detectable utilizando nuestros telescopios. Por lo tanto, detectar un exceso de energía infrarroja alrededor de estrellas cercanas podría ser un paso importante para encontrar una de estas esferas de Dyson y, por ende, una civilización Tipo-II. Aunque, como advirtió el propio Dyson, tal descubrimiento "no implicaría por sí mismo el haber encontrado inteligencia extraterrestre".

Fig. 6.13 Impresión artística de una esfera de Dyson. Paneles arqueados en órbita capturan la mayor parte de la energía de la estrella. Créditos: Wikimedia Commons.

En el año 2000, un grupo de investigadores, incluido Kardashev, del Instituto Físico Lebedev del Centro Espacial Astro en Moscú, Rusia, propusieron el término *Construcción de Astroingeniería* (AC, por sus siglas en inglés) como un término más general que incluye esferas de Dyson y otras "construcciones" hipotéticas en el espacio, alrededor de una estrella central. En su artículo,[30] los autores exploraron la base de datos del Satélite Astronómico Infrarrojo (IRAS, por sus siglas en inglés) en busca de evidencia de esferas de Dyson y otras posibles construcciones alienígenas. Las Construcciones de Astroingeniería absorberían energía como resultado de un número de actividades y la reemitirían al espacio como radiación infrarroja. La base de datos de IRAS fue construida como resultado de un proyecto conjunto de EE.UU., Reino Unido y los Países Bajos. IRAS incluye 350,000 nuevas fuentes infrarrojas y, entre otras cosas, ayudó a identificar seis nuevos cometas y reveló por primera vez el núcleo de nuestra galaxia, la Vía Láctea. No se encontraron esferas de Dyson, pero los investigadores identificaron dos rangos de temperatura de interés: 110-120 Kelvin (-163 a -153 grados Celsius) y 280-290 Kelvin (7 a 17 grados Celsius). Se encontró que los objetos dentro de estos rangos de temperatura se concentraban directamente alrededor del plano galáctico y el centro galáctico. Estos son objetivos que pueden ser explorados en futuras observaciones en otras longitudes de onda, incluyendo ópticas y de radio.

Una estructura sólida única alrededor de una estrella sería difícil de construir y de mantener. Por lo tanto, se han propuesto variantes a la esfera de Dyson, siendo el enjambre de Dyson una de las más populares. El enjambre de Dyson está compuesto por hábitats vivientes, satélites, recolectores de energía y máquinas autoreplicantes, que orbitan alrededor de la estrella asemejando una red. La energía se transfiere de forma inalámbrica entre cada componente y el planeta de origen.[31]

Fig. 6.14 Muchos componentes, incluyendo máquinas autoreplicantes y recolectores de energía solar en órbita, rodean la estrella de una civilización de Tipo II. Créditos: Wikimedia Commons.

Otra variante de una esfera de Dyson es un anillo de Dyson. En un anillo de Dyson, se coloca un anillo de recolectores de energía solar alrededor de la estrella. Esta es la versión más simple y económica de una esfera de Dyson y una que una civilización potencialmente avanzada podría haber utilizado como el primer paso para recolectar la energía producida por su estrella.

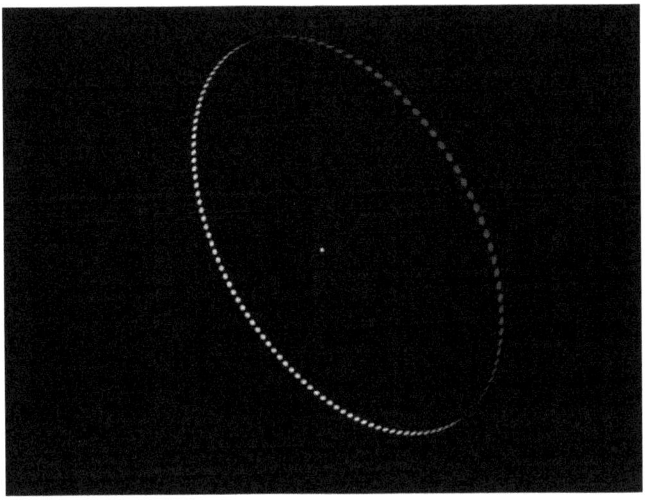

Fig. 6.15 Una flota de recolectores de energía solar orbita la estrella formando un anillo de Dyson. Créditos: Wikimedia Commons.

Civilización Tipo-III

Si la energía producida por la estrella de un planeta habitado por una civilización Tipo II no es suficiente, esta civilización necesitará recolectar la energía producida por estrellas cercanas. Eventualmente, los requisitos energéticos podrían llevarlos a un punto donde la civilización necesitaría utilizar la energía producida por todas las estrellas, incluidos agujeros negros, estrellas de neutrones y cualquier objeto celeste concebible en su galaxia. Los requisitos energéticos ahora se estiman estarían en el orden de un 1 seguido de 36 ceros (10^{36}) vatios. Los investigadores se refieren a tal civilización hipotética como Tipo III. Esto implica, por supuesto, que una de esas civilizaciones ha dominado el viaje interestelar y, muy probablemente, ha colonizado muchos de los mundos que orbitan las estrellas en su galaxia.

Una civilización Tipo III es difícil de concebir. De manera muy especulativa, los seres que compondrían tal civilización serían una especie de máquinas de inteligencia artificial (IA) inmortales y autoreplicantes que no tendrían restricciones de tiempo o la capacidad de sentir aburrimiento, dadas las inmensas distancias que requieren los viajes interestelares.

Fig. 6.16 Una civilización Tipo III habría logrado utilizar todos los recursos disponibles en su galaxia de origen. Créditos: Imagen generada por Midjourney.

Los mismos principios para detectar una posible civilización Tipo II también se aplican para detectar una Tipo III: el exceso de radiación infrarroja. En este caso, los astrónomos dirigen su atención a galaxias enteras en lugar de centrarse en estrellas individuales. En el 2015, Roger Griffith de la Universidad Estatal de Pensilvania y sus colaboradores compilaron un catálogo de 93 galaxias candidatas que exhibían emisiones infrarrojas inusualmente extremas.[32] El profesor Michael Garrett del Instituto Holandés de Radioastronomía (ASTRON) y el Observatorio de Leiden tomó ventaja de la existencia de este catálogo, y realizó una búsqueda de posibles emisiones de radio artificiales emanadas de los objetos dentro del catálogo que exhibían las firmas infrarrojas más distintivas. Sin embargo, el profesor Garret argumentó que todas estas emisiones infrarrojas atípicas podrían explicarse a través de interpretaciones astrofísicas comunes.[33] En consecuencia, Griffith concluyó que las civilizaciones Tipo III son "o muy raras o no existen en el universo local".

Otros posibles tipos de tecnoseñales

Artefactos tecnológicos

Una fuente significativa de tecnoseñales podría ser la detección de artefactos tecnológicos. En todas las misiones que llegaron a la Luna, comenzando con el Apolo 11 de la NASA en 1969, las tripulaciones realizaron varios experimentos (sí, a pesar de todas las teorías conspirativas locas, el alunizaje si ocurrió en 1969) y dejaron varios artefactos tecnológicos.

Fig. 6.17 Una buena idea para lidiar con los "conspiracionistas lunares". Créditos: Carlos Pazos (Instagram: @molasaber)

La lista, que no es de ninguna manera exhaustiva, incluye sismómetros, cámaras, etapas de ascenso de los módulos lunares y Retroreflectores láser de rango (LRRR, por sus siglas en inglés). Estos últimos aún funcionan y han sido vitales para medir con precisión la distancia entre la Luna y la Tierra. Los Apolos 15, 16 y 17 dejaron módulos lunares.

Fig. 6.18 El módulo lunar "Orion" y el vehículo de exploración lunar fotografiados por el astronauta Charles M. Duke durante la misión Apolo 16 el 21 de abril de 1972. El módulo permanece en la Luna. Créditos: NASA.

Sin embargo, Estados Unidos no es el único país que ha dejado objetos en el satélite natural de la Tierra. En el 2023, el mundo entero celebró el logro de la Organización India de Investigación Espacial (ISRO, por sus siglas en inglés), la agencia espacial nacional de la India. La ISRO lanzó la nave espacial Chandrayaan-3 a bordo del vehículo de lanzamiento pesado LVM3-M4 el 14 de julio de 2023. El cohete LVM3-M4 despegó desde la Segunda Plataforma de Lanzamiento del Centro Espacial Satish Dhawan en Sriharikota, Andhra Pradesh, India. Chandrayaan-3 entró con éxito en la órbita lunar el 5 de agosto de 2023; su carga incluía el módulo de aterrizaje lunar llamado Vikram y un rover lunar llamado Pragyan.

El 23 de agosto, el módulo de aterrizaje tocó tierra cerca del polo sur lunar. Este magnífico logro hizo de la India el cuarto país (hasta ese entonces) en alunizar (EE.UU., China y Rusia son los otros tres) y el primero en hacerlo cerca del polo sur lunar.

Menos de seis meses después, el 19 de enero de 2024, la Agencia de Exploración Aeroespacial de Japón (JAXA, por sus siglas en inglés) alunizó, haciendo de Japón el quinto país con presencia en la Luna. El Aterrizador Inteligente para la Investigación Lunar de Japón (SLIM, por sus siglas en inglés), apodado "El Francotirador Lunar", utilizó una tecnología conocida como aterrizaje de precisión. Esta tecnología permitió que la nave espacial aterrizara dentro de una zona de alta precisión de tan solo 100 metros de ancho. SLIM llevaba dos pequeños rovers autónomos, vehículos de excursión lunar, LEV-1 y LEV-2, que se liberaron justo antes del alunizaje.

Estos módulos de aterrizaje, rovers e instrumentos indios y japoneses se han unido a sus contrapartes estadounidenses como artefactos tecnológicos dejados por la humanidad en la Luna.

Como discutimos anteriormente, en Marte, también se han dejado varios rovers, sondas e incluso un pequeño helicóptero (ver Figura 6.18), entre otras cosas. Si una hipotética misión de exploración alienígena en el futuro llega a explorar el sistema solar mucho después de que nos hayamos extinguido (discutiremos el concepto del "Gran Filtro" en el próximo capítulo), estos artefactos podrían servir como evidencia de nuestra existencia. Es lógico pensar que civilizaciones extraterrestres hipotéticas también podrían haber dejado evidencia dispersa de sus exploraciones en su sistema planetario de origen, o incluso en el nuestro.

Fig. 6.19 El helicóptero Ingenuity en su lugar de descanso final, fotografiado por el rover Perseverance de la NASA en Marte el 25 de febrero de 2024. El helicóptero experimentó una falla irrecuperable que puso fin a su misión. Crédits: NASA/JPL-Caltech/LANL/CNES.

Buscar artefactos en el sistema solar posiblemente dejados por otras civilizaciones es un esfuerzo que realmente vale la pena. La Dra. Sheikh describe la búsqueda de artefactos tecnológicos como una empresa que vale la pena perseguir. En términos de capacidad de observación, podemos buscarlos ahora mismo. El costo es bajo, ya que contamos con instrumentos y recursos existentes. Los beneficios adicionales por otra parte son altos, ya que podríamos aprender sobre los procesos en las superficies de los planetas en donde se encuentren dichos artefactos. La cantidad de información que los científicos podrían extraer de tal hallazgo sería enorme. Sin embargo, quién sabe si podríamos ser capaces de descifrar el idioma o entender el propósito de tales artefactos.

Oumuamua

¿Pero qué tan cerca están los científicos de observar un artefacto tecnológico alienígena? Bueno, para un número muy pequeño de astrónomos, siendo uno de estos astrónomos el eminente Profesor Avi Loeb, esto ya ocurrió. El profesor Loeb ha sido el que más ruido ha hecho acerca de esto e incluso lo afirma en su libro *Extraterrestrial* (Extraterrestre),[34]. En el 2017, un objeto interestelar entró y luego salió de nuestro sistema solar. El objeto, llamado *Oumuamua*, que en hawaiano significa "un mensajero que llega primero desde lejos", fue el primer cuerpo interestelar detectado pasando por el sistema solar. El objeto fue observado utilizando el telescopio PAN-STARRS en el Observatorio Haleakala, en Hawái, el 19 de octubre de 2017. Desafortunadamente, en el momento en el que se descubrió Oumuamua, este ya se alejaba del Sol y estaba bastante lejos de la Tierra.

Oumuamua forma parte de un grupo selecto de objetos conocidos como objetos interestelares (ISO, por sus siglas en inglés). Contrario a lo que hemos aprendido en las películas de Hollywood, este término no significa que dichos objetos sean de una naturaleza extraterrestre artificial, sino que provienen de un sistema planetario diferente. Se puede llegar a esta conclusión debido al ángulo de oblicuidad con el que el objeto viaja. Recordemos de nuestras discusiones en los capítulos 1 y 2, que la hipótesis de formación planetaria más aceptada plantea que todos los elementos en un sistema planetario provienen de la misma nube molecular y, por lo tanto, están ubicados en el mismo plano. Los astrónomos pueden identificar que un objeto no es originario de un sistema planetario si no se encuentra en el mismo plano que el resto de los objetos en ese sistema. Además, la alta velocidad de Oumuamua reveló que no estaba sujeto a la gravedad del Sol. Cuando pasó por el sistema solar, exhibió una velocidad notablemente alta, lo que significa que tenía suficiente energía para escapar de la atracción gravitatoria del Sol, lo que implica que estaba vinculado a otra estrella.

Ser un objeto interestelar en sí mismo es una característica peculiar, ya que fue la primera vez que se detectó algo así. Pero las cosas extrañas no terminaron ahí. Por ejemplo, cuando Oumuamua estaba cerca del Sol, no se observó ninguna evidencia de una cola o coma —lo que rodea a un cometa. Además, parecía continuar acelerando mientras salía del sistema solar. A partir de las grandes variaciones en brillo y color que se observaron, se estimó que el objeto interestelar media entre 100 y 400 metros y que era aproximadamente diez veces más largo que ancho, es decir, el objeto tenía forma de cigarro. Debido a estas características extrañas, una posible explicación es que Oumuamua es una sonda alienígena enviada para explorar el Sol y el resto del sistema solar.

Fig. 6.20 Representación artística de Oumuamua. Esta roca en forma de cigarro es el primer objeto interestelar detectado. Créditos: Observatorio Europeo Austral / M. Kornmesser.

Sin embargo, un grupo de astrónomos ha presentado varios argumentos científicos para demostrar que Oumuamua no es una nave espacial extraterrestre. Por ejemplo, la Dra. Jennifer Bergner, profesora asistente de química en UC Berkeley, explica que la aceleración observada cuando Oumuamua abandonaba el sistema solar es consistente con la liberación de gas debido a la sublimación de hidrógeno. A diferencia de los cometas normales, que expulsan monóxido de carbono o dióxido de carbono, un cometa que expulsa hidrógeno carecería de coma o cola, ya que el hidrógeno es menos masivo y no tiene el impulso suficiente para arrastrar demasiada cantidad de polvo.

La forma extraña del objeto también se puede explicar como el resultado de una extensa fragmentación por mareas. La idea es que Oumuamua fue una vez parte de un cuerpo principal, en este caso, un iceberg de hidrógeno,[35] que tuvo un encuentro cercano con su estrella central. Este encuentro causó la fragmentación del iceberg, siendo Oumuamua uno de los fragmentos resultantes. La controversia continúa. Pero no puedo evitar recordar una vez más una de las frases más populares del Dr. Sagan: "Afirmaciones extraordinarias requieren evidencia extraordinaria". Una frase, que, sorprendentemente, el Dr. Loeb parece no apreciar, como lo expresa en su libro *Extraterrestrial.*

La procedencia natural de Oumuamua parece haberse reforzado con el descubrimiento de un segundo objeto interestelar: el cometa Borisov. Este cometa, que exhibe una apariencia claramente cometaria, fue descubierto por Gennady Borisov en agosto de 2019. Se ha encontrado que la órbita de este objeto es altamente hiperbólica con respecto al Sol —contraria a elíptica o circular— con velocidades de aproximadamente 32 kilómetros por segundo. La naturaleza hiperbólica de la órbita indica que el objeto pudo entrar en el sistema solar, pasar cerca del Sol y luego continuar su viaje hacia el espacio exterior. Estas características son consistentes con las características orbitales de Oumuamua.[36]

Fig. 6.21 Cometa Borisov fotografiado por el Hubble en octubre de 2019 cuando estaba a unos 418 millones de kilómetros de la Tierra. Créditos: NASA, ESA y D. Jewitt (UCLA).

Desechos industriales

Los desechos industriales o contaminación atmosférica también han sido propuestos como una tecnoseñal que podría ser detectable. Los productos de desecho gaseosos de civilizaciones extraterrestres tecnológicamente avanzadas podrían estar presentes en la atmósfera de un exoplaneta en niveles que podrían ser observables. Esto es lo que la Dra. Sara Seager del Instituto de Tecnología de Massachusetts (MIT) y un grupo de colaboradores proponen en su investigación.[37] Ellos proponen que la vida tiende a evitar la producción o el uso de ciertos gases basados en flúor, los cuales son desechos específicos de la producción industrial. Por lo tanto, sugieren, que los científicos podrían buscar dichos gases en los espectros recogidos por observatorios como el JWST. La clave aquí está en cuánto tiempo se necesita observar un planeta para detectar estos contaminantes industriales. Gases conocidos, como clorofluorocarbonos (CFC) o hidrofluorocarbonos (HFC), requieren largos tiempos de observación, lo cual es difícil de obtener debido a la limitada cantidad de observatorios espaciales y al gran número de propuestas de observación. Por el contrario, los gases propuestos por la Dra. Seager y su equipo son compuestos totalmente fluorados, no basados en carbono, que presentan baja solubilidad en agua, lo que significa que no se disolverán en el agua de lluvia cayendo al suelo o al mar. Esto aumenta la probabilidad de que dichos compuestos tengan una vida útil extensa y altas concentraciones en la atmósfera de un planeta, lo que resultaría en tiempos más cortos de observación para poder detectarlos.

Fig. 6.22 Izquierda: La contaminación puede tener un efecto temporal y detectable en la atmósfera del planeta donde una civilización extraterrestre tecnológicamente avanzada habita. Derecha: imagen del agujero en la capa de ozono de la Tierra (en azul) sobre la Antártida en 2019. Desde la prohibición de los CFC, la capa de ozono se ha recuperado sustancialmente. Créditos: NASA.

¿Ya los encontramos?

Muchas tecnoseñales, muchas ideas. Sin embargo, hasta ahora, los científicos no han tenido suerte. Los astrónomos que se dedican a esto han estado buscando durante más de 60 años y, más allá de toda duda razonable, no han encontrado ninguna prueba de que los seres extraterrestres realmente sean una realidad.

Pero el universo tiene 13.8 billones de años y es increíblemente vasto. Esto significa que, aunque 60 años parezcan mucho tiempo desde la perspectiva de la vida humana, en el gran esquema de las cosas, es un período bastante corto.

¿Pero cuánto del universo se ha explorado? El profesor de astronomía de Penn State, Jason T. Wright, y sus colaboradores concluyeron en un artículo de 2020[38] que la fracción del universo que se ha explorado hasta la fecha es aproximadamente "similar a la proporción del volumen de una gran tina o una pequeña piscina en comparación con toda el agua de los océanos de la Tierra". Se podría argumentar que concluir que los extraterrestres no existen porque no se ha detectado ninguna señal en estos 60 años, sería equivalente a llevar una gran tina a la playa, llenarla con agua y luego concluir que los tiburones no existen porque no se encontró ninguno en el volumen de agua recogido.

La señal ¡Wow!

Después de todos estos años, lo más cerca que los astrónomos han estado de encontrar una tecnoseñal de origen no humano es la famosa señal ¡Wow! La señal es tan importante e intrigante que se han escrito una miríada de libros y artículos sobre ella, siendo "La elusiva señal WOW – En Búsqueda de Inteligencia Extraterrestre" de Robert H. Gray,[39] probablemente, en mi opinión, uno de los libros más completos sobre el tema que se pueden encontrar.

El lunes 15 de agosto de 1977, el Dr. Jerry R. Ehman era un investigador voluntario que trabajaba con el radiotelescopio Big Ear (gran oído) de la Universidad Estatal de Ohio. Big Ear se había convertido en la primera instalación de búsqueda de vida extraterrestre de tiempo completo en 1971. Ese lunes, poco después de las 11:15 a. m., el sistema registró una señal que duró unos 72 segundos y fue impresa automáticamente en papel por la computadora junto con el resto de los resultados de las observaciones. Para el ojo inexperto, la impresión solo muestra un montón de números y letras que no tienen ningún sentido. Sin embargo, el Dr. Ehman notó algo en la impresión que era sorprendente y emocionante. Lo que estaba impreso indicaba exactamente lo que él y otros investigadores de SETI habían estado esperando (y siguen esperando): una señal de radio de una fuente celestial que es mucho más fuerte que el ruido de fondo. Cuando vio lo que se había impreso y su potencial, escribió ¡Wow! en la hoja de papel.

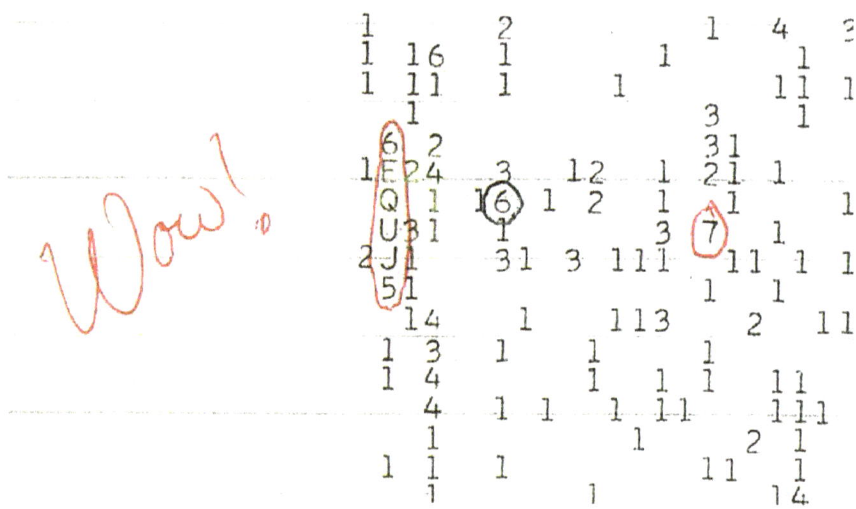

Fig. 6.23 Una copia de la impresión original que muestra la anotación "Wow!" del Dr. Ehman. Créditos: imagen obtenida de la Internet pública.

Desafortunadamente, la señal nunca fue observada de nuevo. Pero las personas involucradas en el análisis descartaron su origen como una fuente de radio natural, dado que no se encontraron fuentes naturales en las cercanías de esa parte del cielo de donde provino la señal. Además, no se encontraron registros de naves espaciales durante el tiempo de la detección.

Al igual que las señales que generamos aquí en la Tierra, se espera que una potencial señal extraterrestre sea de banda angosta. Este tipo de señal solo cubre una pequeña fracción del espectro de frecuencias. Las señales de banda ancha (lo opuesto a banda angosta), que son características de la mayoría de las fuentes naturales, se asemejan al ruido y se extienden sobre una amplia gama de frecuencias. Las señales de banda ancha requieren grandes cantidades de energía si se desean crear artificialmente.

Por el contrario, las señales de banda angosta requieren menos energía y son ideales para las comunicaciones de largo alcance. En una señal de banda angosta, la información se transmite en una frecuencia fija, lo cual es ideal para el instrumento receptor, ya que puede sintonizarse para escuchar en un rango específico.[40]

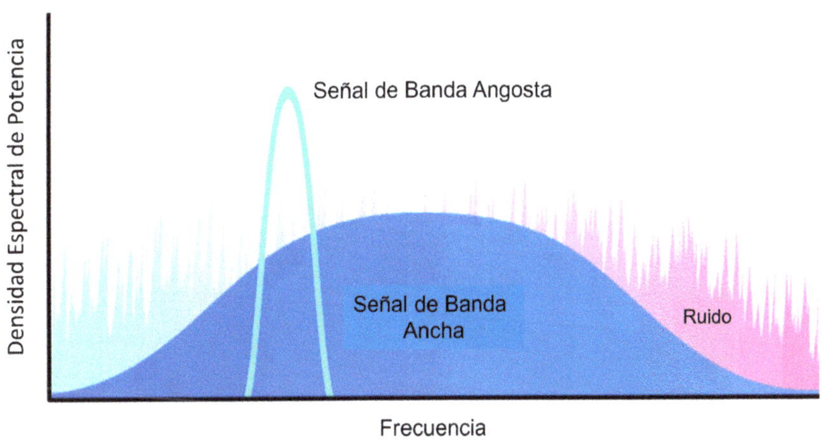

Fig. 6.24 Las señales de banda ancha se extienden a lo largo de un rango de frecuencias, mientras que una señal de banda angosta se enfoca en una frecuencia fija. Créditos: Sparkfun.

Las señales de banda angosta, por lo tanto, son más fáciles de distinguir que las señales que son generadas por la mayoría de eventos astronómicos naturales. Pues imagínense que la señal ¡Wow! era efectivamente una señal de banda angosta centrada en la frecuencia de 1,420 MHz. ¿Le resulta familiar? Sí, esta es la frecuencia que mencionamos anteriormente, la cual, debido a su importancia en el universo, los investigadores de SETI esperan que una civilización tecnológicamente avanzada decida usar para transmitir información

El hecho de ser de banda angosta y estar centrada en esa frecuencia particular no son las únicas cosas que hacen de la señal ¡Wow! una fuerte candidata a señal de radio extraterrestre. También se reconoció un patrón acompañando a la frecuencia central principal. Similar a lo que ocurre en el libro y la película del mismo nombre, "Contacto", un posible emisor extraterrestre podría elegir transmitir un patrón, como la serie de números primos 2, 3, 5, 7, 11, 13, 17..., para demostrar que su señal es artificial. El patrón que estaba codificado en la señal ¡Wow! se parece muchísimo a la serie de Lyman de líneas espectrales emitidas por el hidrógeno caliente en longitudes de onda ultravioletas. Dicho patrón es algo bien conocido por astrónomos y físicos y, por lo tanto, un hecho que contribuye a la importancia y misterio de la señal.

Fig. 6.25 ¿Podrían ser cometas la fuente de la misteriosa señal ¡Wow! Créditos: imagen obtenida de la Internet pública.

Sin embargo, dos investigadores, el astrónomo Antonio Paris y Evan Davies, del St. Petersburg College de Florida, sostienen en un artículo de 2015 que, contrariamente a lo que creen los entusiastas del SETI, la señal ¡Wow! podría haberse originado debido al paso de cometas.[41] En concreto, su artículo destaca que los cometas 266P/Christensen y P/2008 Y2 transitaban por las proximidades en el momento en que se detectó la señal ¡Wow!

Los núcleos de los cometas están rodeados de grandes nubes de hidrógeno, con extensiones de varios millones de kilómetros de radio. Las nubes de hidrógeno explicarían la frecuencia principal de la transmisión.

A pesar de esta fuerte hipótesis, aún quedan muchas incógnitas por resolver y la señal ¡Wow! sigue siendo la candidata más prometedora hasta ahora en la detección de una comunicación extraterrestre.

La estrella de Przybylski

¿Y si una civilización extraterrestre tecnológicamente avanzada fuera capaz (y quisiera) de utilizar su estrella para deshacerse de sus residuos nucleares? Esto es algo que los investigadores Daniel Whitmire, y David Wright sugirieron en un artículo que apareció en 1980 en la revista de planetología Icarus,[42] dirigida en ese entonces por Carl Sagan. Tal civilización extraterrestre podría utilizar esta capacidad para mantener su planeta de origen libre de tales residuos o como una forma de anunciar su presencia al resto del universo.

Conocida coloquialmente como "echándole sal a una estrella", esta práctica hipotética se ha sugerido como una fuerte tecnoseñal. Según la comprensión actual de los procesos estelares, si esto efectivamente está ocurriendo en algún lugar del universo para una estrella dada, los astrónomos verían rastros muy distintivos de elementos que no deberían estar presentes en el espectro de tal estrella.

¿Qué quiero decir con "elementos que no deberían estar presentes"? Como ya se ha explicado en el capítulo 1, las estrellas generan su energía a través del proceso de fusión nuclear, empezando por la fusión de hidrógeno en helio y continuando con elementos más pesados hasta llegar al hierro. Por tanto, es habitual encontrar una mezcla de elementos, incluido el hierro, en la mayoría de las estrellas. Sin embargo, no es de esperar que elementos pesados como el prometió, con una vida media inferior a 20 años, y el plutonio, con una vida media de hasta 24.000 años, se encuentren en grandes cantidades en una estrella. Estos elementos, si están presentes, deberían observarse en pequeñas proporciones, ya que, dadas las extensas edades de las estrellas, se esperaría que se hubieran desintegrado hace mucho tiempo. Una presencia significativa de estos elementos en una estrella podría indicar procesos químicos o nucleares aún desconocidos o un mecanismo de reposición que sigue añadiendo esos elementos a la estrella. En resumen, una estrella típica debería contener grandes cantidades de hierro; y se espera que elementos más pesados que el hierro sólo se encuentren en cantidades muy pequeñas.

Pues bien, prepárense. Hay una estrella que muestra todo lo contrario: trazas muy bajas de hierro y grandes cantidades de elementos pesados. La estrella HD 101065, más conocida como la estrella de Przybylski, fue descubierta por el astrónomo polaco-australiano Antoni Przybylski (1913-1985) en 1960.[43] Su peculiar espectro sigue desafiando nuestra comprensión de la física estelar y tiene a muchos investigadores rascándose la cabeza.

La estrella de Przybylski, situada a unos 310 años luz de la Tierra, está clasificada como una estrella de tipo Ap; la “p” en el nombre de esta categoría significa “peculiar”. Las estrellas de tipo Ap giran más lentamente que las estrellas normales de tipo A, lo que favorece la medición fiable de sus composiciones químicas.

Fig. 6.26 ¿Es posible que haya una civilización extraterrestre vertiendo residuos nucleares en su estrella? Créditos: imagen generada por DALL-E de OpenAI.

Se han propuesto muchas hipótesis para explicar el inusual espectro de la estrella de Przybylski. Sin embargo, siguiendo el concepto de la *navaja de Occam*, que sugiere que lo más probable es que, para algún fenómeno, la explicación más sencilla sea la correcta (y también la más aburrida en este caso), es posible que, de algún modo, la presencia de estos elementos pesados se deba a una interpretación errónea de los datos recolectados. Sin embargo, se han propuesto otras explicaciones más interesantes. Una de ellas es la propuesta de una "*isla de estabilidad química*". Esta idea sugiere que existen elementos superpesados, aún no observados en la naturaleza, que podrían descomponerse en los elementos que los astrónomos observan en el espectro de la estrella de Przybylski. Otra hipótesis sugiere que la estrella de Przybylski no está sola y que una estrella de neutrones aledaña está "contaminando" su atmósfera. Esta explicación tendría sentido debido a las inmensas presiones y temperaturas presentes en una estrella de neutrones, lo que hace muy probable la existencia de elementos más pesados que el hierro. Por desgracia, nada parece indicar la presencia de un objeto aledaño de este tipo. Eso nos deja con la posible explicación de que se trate de una civilización extraterrestre. Tal y como lo sugirieron Whitmire y Wright en su artículo de 1980, una civilización extraterrestre podría estar utilizando "su estrella local como depósito de material radiactivo de desecho fisible". Si ese es el caso, tal práctica causaría cambios en el espectro estelar de la estrella durante largos periodos de tiempo. Algo en lo que todo el mundo está de acuerdo es que se necesitan más datos y más estudios. La comprensión de lo que está ocurriendo con esta estrella podría tener un profundo impacto en nuestra comprensión de los procesos estelares y químicos, y potencialmente también en la vida tal y como la conocemos.

Usando inteligencia artificial para encontrar a ET.

La búsqueda continúa, y con el avance de tecnologías como la inteligencia artificial (IA), el aprendizaje automático (ML, por sus siglas en inglés) y disciplinas como la ciencia de datos, el campo de SETI ha experimentado un nuevo aire. En realidad, todo el campo de la astronomía ha recibido un impulso.

La astronomía se beneficia enormemente del progreso en la ciencia de datos. Se podría argumentar, que, de entre todas las ciencias, este campo es el que genera el mayor volumen de datos. Un ejemplo es el Observatorio de la Matriz de Kilómetro Cuadrado (SKAO, por sus siglas en inglés), una organización intergubernamental que consta de dos telescopios en Sudáfrica y Australia, y tiene su sede global en el Reino Unido. Aunque la matriz de telescopios aún está en construcción, se estima que, una vez en pleno funcionamiento, el SKAO transmitirá un promedio de 8 terabits por segundo desde su sede en Australia y de 20 terabits por segundo desde su sede en Sudáfrica. En total, se estima que el SKAO generará 300 petabytes de datos por año. El acceso, almacenamiento y análisis de toda esa información entra dentro de lo que se conoce en la industria de la computación como big data (gran volumen de datos). El big data se refiere a datos que son tan grandes, rápidos o complejos que es difícil procesarlos utilizando métodos tradicionales.

Los humanos somos buenos en muchas cosas. Somos creativos, espontáneos e intuitivos. Las computadoras no tienen estas capacidades (no todavía), pero algo que las computadoras hacen muy bien, mucho mejor que los humanos, es identificar patrones. La ciencia de datos, y más específicamente, el aprendizaje automático aplicado (ML), es el futuro de SETI, la astronomía y la ciencia en general.

Los algoritmos de aprendizaje automático se dividen en dos categorías:

1. **Aprendizaje supervisado**: donde las clases de objetos que se quieren categorizar están predefinidas, y se le proporciona al algoritmo, conjuntos adecuados de ejemplos de entrenamiento, validación y prueba para definir la clasificación óptima de los objetos.
2. **Aprendizaje no supervisado**: donde solo con los propios datos se puede determinar la cantidad de las diferentes clases de objetos analizados. Ningún ejemplo es proporcionado al algoritmo.

Dado que el segundo tipo de aprendizaje requiere poca o ninguna intervención humana, se considera un enfoque más imparcial. El aprendizaje profundo (deep learning) es una técnica de aprendizaje no supervisado que entrena a la computadora para que aprenda por sí sola mediante el reconocimiento de patrones. El aprendizaje profundo es la técnica responsable de los avances significativos que observamos hoy en día en las áreas de reconocimiento de voz, identificación de imágenes y modelización predictiva. Estas tecnologías se están encontrando cada vez más presentes en nuestra sociedad, e incluso están en nuestros hogares y vidas diarias, gracias a la adopción generalizada de asistentes digitales y agentes conversacionales como ChatGPT, Copilot y Gemini.

Los astrónomos están aprovechando estos avances en inteligencia artificial y aprendizaje automático. Un grupo de investigadores publicó en enero de 2023 el resultado de una búsqueda profunda de tecnoseñales en 820 estrellas cercanas.[44] Este proyecto analizó 480 horas de datos obtenidos de observaciones realizadas con el telescopio Robert C. Byrd Green Bank en los EE. UU. Los investigadores aplicaron técnicas de aprendizaje automático en el rango de frecuencia entre 1.1 y 1.9 Gigahercios (GHz) para identificar cualquier señal potencial de inteligencia extraterrestre (ETI, por sus siglas en inglés). Para entrenar el modelo con datos "reales", los científicos generaron eventos simulados inyectando artificialmente señales ETI en un subconjunto de los datos recopilados. Los resultados iniciales arrojaron un total de casi 3 millones de señales de interés.

Después de un análisis más detallado, que descartó la interferencia de radiofrecuencia de fuentes humanas, como señales GPS, se identificaron ocho señales prometedoras, provenientes de cinco estrellas diferentes situadas a menos de 90 años luz de la Tierra. Desafortunadamente, nuevas observaciones de estas estrellas de interés no reprodujeron los resultados obtenidos inicialmente, lo que significa que, independientemente de la naturaleza de las señales, lo que las originó no persistió en el tiempo, o, en otras palabras, fueron generadas por eventos transitorios. A pesar de estos resultados, esos objetivos prometedores pueden ser revisitados en futuras observaciones.

Reconocer una señal que podría ser potencialmente extraterrestre requiere eliminar cualquier posible señal de origen humano, referida en este contexto como falsos positivos. Incluso los electrodomésticos comunes, como un inocente horno microondas, pueden contaminar los datos recopilados por los astrónomos a pesar de que la mayoría de los observatorios se encuentran en zonas de silencio radioeléctrico. Mi ejemplo del horno microondas no es al azar, esto de hecho ocurrió una vez en el radiotelescopio Parkes en Australia, como se informó en un artículo en 2015.[45] Por lo tanto, los algoritmos de aprendizaje automático se entrenan para reconocer tales señales que son generadas por seres humanos y eliminarlas de los datos analizados.

En otro proyecto bastante interesante,[46] los investigadores también utilizaron técnicas de aprendizaje automático para encontrar el módulo de aterrizaje del Apolo 15 en la superficie de la Luna. El estudio es una prueba de concepto que demuestra que dicha técnica puede aplicarse a otros objetos del sistema solar y a la propia Luna para potencialmente encontrar artefactos tecnológicos dejados por una hipotética civilización extraterrestre. Se utilizó la Luna como banco de pruebas para este concepto, debido a la gran cantidad de datos satelitales disponibles y al hecho de que numerosas misiones de exploración han dejado artefactos no naturales en la superficie. Con el objetivo de entrenar los algoritmos, los investigadores utilizaron imágenes de partes de la superficie lunar donde no había artefactos creados por el hombre. Luego se le indicó al algoritmo que tales imágenes eran muestras no anómalas (normales). Por el contrario, las partes de la superficie lunar donde si habían artefactos hechos por el hombre, como los módulos de aterrizaje dejados por las misiones Apolo 15 y 17, se categorizaron como muestras anómalas. Se realizaron tres experimentos, en los cuales se alimentó al algoritmo con un gran número de imágenes, la mayoría de las cuales no contenían artefactos. Por ejemplo, uno de los experimentos utilizó un conjunto de datos de 8000 imágenes alrededor del sitio de aterrizaje de la misión Apolo 15, incluyendo diez imágenes que mostraban artefactos dejados por la tripulación de la misión. Al final del ejercicio, la computadora, entrenada usando técnicas de aprendizaje no supervisado, identificó con éxito en las imágenes, el módulo de aterrizaje de la misión Apolo 15. Proyectos como estos son excelentes demostraciones del potencial de la inteligencia artificial y de cómo los astrónomos pueden emplearla en la búsqueda de este tipo de tecnoseñales en otros lugares del sistema solar.

Enviando mensajes a los extraterrestres (METI)

Hasta ahora, todos los esfuerzos de los que hemos hablado pueden describirse como esfuerzos reactivos. Los astrónomos escuchan o buscan tecnoseñales con la esperanza de que alguna civilización allá afuera haya dado el primer paso en la comunicación interestelar. Sin embargo, iniciativas como Enviando Mensajes a Los Extraterrestres (METI, por sus siglas en inglés) pretenden adoptar un enfoque más proactivo. Algunos de los defensores de las iniciativas METI proponen crear un mensaje y enviarlo a las estrellas. La idea es que todo el que esté escuchando sepa que hay alguien más y que ellos no están solos.

Los aspectos técnicos de tal empresa requieren, entre otras cosas, definir en qué longitud de onda se debe transmitir; cuánta energía se necesita; cuáles son los objetivos a donde se transmitirá el mensaje; y cuál sería la estructura del mensaje. Sin embargo, los aspectos más filosóficos se refieren a cuestiones como ¿por qué deberíamos transmitir un mensaje interestelar? ¿O cuáles son los peligros de hacer METI?

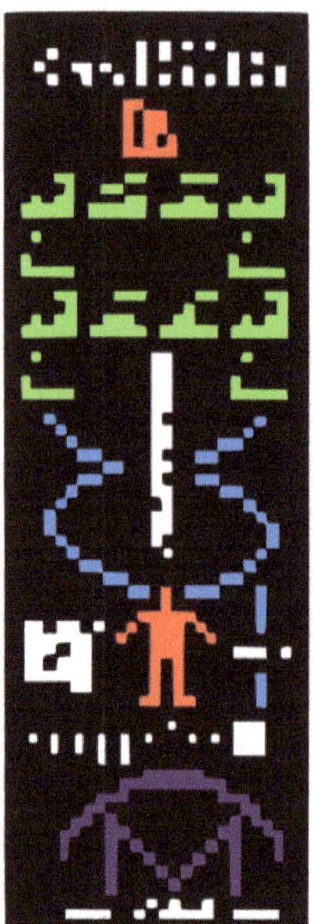

Fig. 6.27 Representación gráfica del mensaje de Arecibo. El mensaje incluía una imagen del telescopio de Arecibo, el sistema solar, ADN, una figura humana y algunos detalles sobre la bioquímica de la vida terrestre. Créditos: Instituto SETI.

Cabe señalar que el ser humano ya ha enviado mensajes a las estrellas. El primer mensaje, y el más conocido, es el mensaje de Arecibo, enviado desde el radiotelescopio de Arecibo (Puerto Rico) en 1974. El lugar al cual se envió el mensaje fue el cúmulo estelar globular M13, situado aproximadamente a 25.000 años luz de la Tierra. Algunas de las personas parte de este esfuerzo, fueron el pionero del SETI Frank Drake, Carl Sagan (otra vez este señor), entre otros. El mensaje transmitido en binario, ceros y unos, contenía los números del uno al diez, el elemento atómico de cinco elementos que componen nuestro ADN, una figura gráfica de un ser humano, la población humana de la Tierra en ese momento, un gráfico del sistema solar y las características físicas del plato de antena utilizado para transmitir el mensaje.

Quizá los segundos mensajes interestelares más conocidos que ha enviado el ser humano sean los que fueron enviados a bordo de los vehículos espaciales Pioneer 10 y 11, y Voyager 1 y 2.

Las Pioneer 10 y 11 fueron las primeras naves espaciales que atravesaron el cinturón de asteroides. La Pioneer 10, lanzada en marzo de 1972, fue la primera nave espacial en realizar observaciones directas e imágenes en primer plano de Júpiter y el primer objeto fabricado por el hombre en pasar por la órbita de Plutón. Tras su misión principal, la sonda continuó explorando las regiones exteriores del sistema solar hasta marzo de 1997. Su nave hermana, Pioneer 11, fue el primer objeto fabricado por el hombre que sobrevoló Saturno y obtuvo las primeras imágenes de las regiones polares de Júpiter. La NASA recibió la última transmisión de Pioneer 11 en septiembre de 1995.

Los Pioneer llevaban a bordo placas de aluminio anodizado en oro. Las placas muestran una imagen de un hombre y una mujer junto con símbolos diseñados para servir de instrucciones a una posible vida inteligente extraterrestre para ayudarles a encontrar la Tierra.

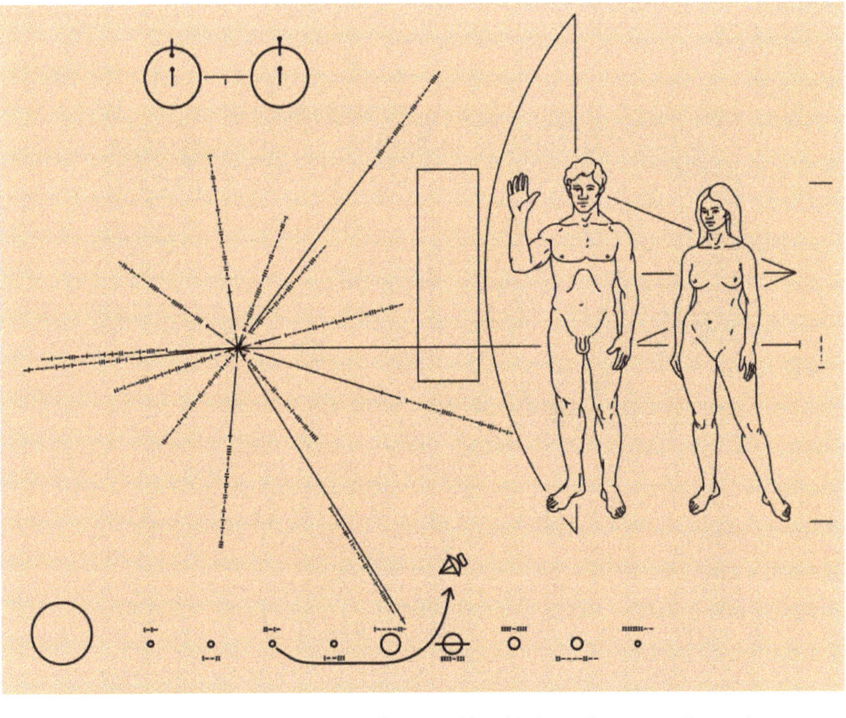

Fig. 6.28 Placa a bordo de los Pioneer 10 y 11. Las placas contienen la posición del Sol en relación con 14 púlsares y el centro de la vía láctea, junto con una representación de los planetas del sistema solar. Créditos: NASA.

Las Voyager, lanzadas en 1977, tenían como misión principal explorar Júpiter y Saturno. Una vez concluida la misión principal, estas sondas continuaron su viaje espacial. Estos instrumentos se han convertido en los primeros objetos interestelares fabricados por el hombre. En agosto de 2012, la Voyager 1 entró oficialmente en el espacio interestelar, mientras que la Voyager 2 logró este hito en noviembre de 2018. El personal que forma parte de esta misión confía que las sondas sigan enviando datos al menos hasta 2025. Hasta esa fecha, se espera que los instrumentos científicos de a bordo sigan funcionando con la energía eléctrica y el combustible restantes. Una característica que cautivó la imaginación y la atención del público fue el Disco de Oro. El Disco de Oro es un disco de cobre chapado en oro de 12 pulgadas que contiene sonidos y 115 imágenes de la Tierra. El disco incluye sonidos naturales como los producidos por el viento, los truenos, los pájaros, las ballenas y otros animales. También contiene una selección de canciones y música de diferentes culturas y épocas, y saludos hablados en cincuenta y cinco idiomas.

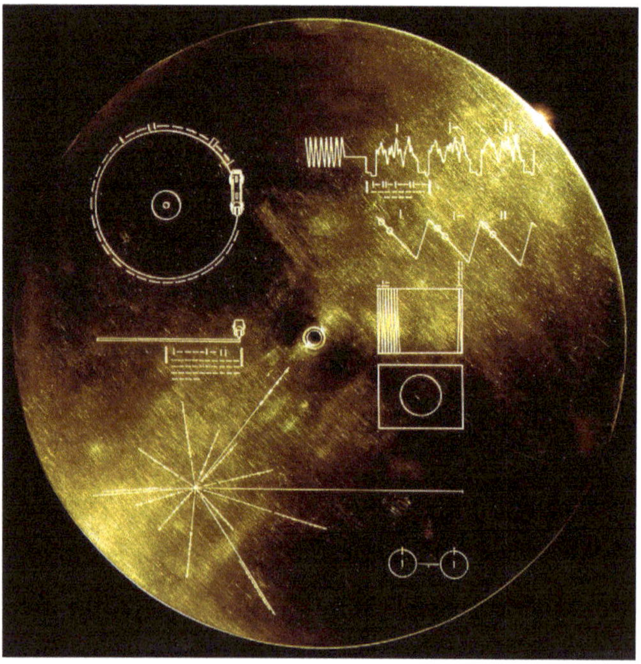

Fig. 6.29 Un mensaje a las estrellas. Este disco de oro, que contiene, entre otras cosas, instrucciones para encontrar la Tierra, ha dejado el sistema solar y continua su camino hacia las estrellas. Créditos: NASA.

La portada del disco muestra la ubicación del sistema solar en relación con 14 púlsares, el dibujo del átomo de hidrógeno en sus dos estados más bajos e instrucciones gráficas sobre cómo reproducir el disco, así como el aspecto de la forma de onda de las señales de vídeo que se encuentran en la grabación.

Los detractores del envío de mensajes, como los enviados por el telescopio de Arecibo y los enviados a bordo de las sondas Pioneer y Voyager, suelen citar ejemplos de lo que ha ocurrido aquí en la Tierra cuando una civilización avanzada se ha encontrado con otra menos desarrollada tecnológicamente hablando. Estos detractores temen que los humanos se enfrenten a una situación similar a la que vivieron los indígenas de América del Sur y América Central cuando se encontraron con los conquistadores europeos en el siglo XV, por citar sólo un ejemplo. Sin embargo, argumentos como los esgrimidos no abarcan todo el rango de posibilidades que significaría el entrar en contacto con una civilización extraterrestre. Los posibles beneficios de la comunicación y la cooperación con una de esas sociedades bien podrían valer el riesgo. Sin embargo, para que esa cooperación se produzca, primero tenemos que encontrar esas civilizaciones extraterrestres. ¿Y qué tal si utilizan tecnologías que simplemente no podemos comprender, que no son prácticas para nosotros o que ni siquiera sabemos que existen?

SETI y la era de la astronomía de mensajeros múltiples

Varios investigadores del SETI y escritores de ciencia ficción han propuesto la posibilidad de que civilizaciones extraterrestres utilicen ondas gravitacionales o neutrinos como forma de comunicación.[47]

Las ondas gravitacionales, como ya explicamos en el Capítulo 1, son deformaciones en el tejido mismo del espacio-tiempo causadas por procesos extremadamente violentos y energéticos. En ese capítulo hablamos de cómo la fusión de estrellas de neutrones, o agujeros negros, son principalmente los acontecimientos que los astrónomos saben son responsables de la generación de dichas ondas. Una civilización Kardashev Tipo II o Tipo III teóricamente podría manipular este tipo de objetos celestes. Independientemente de la capacidad para manipular tales objetos con el fin de generar ondas gravitacionales, el empleo de estos eventos que requieren cantidades descomunales de energía para comunicarse parece bastante innecesario, especialmente, para realizar comunicaciones cotidianas. Una civilización extraterrestre, sin embargo, tal vez podría utilizar este tipo de tecnología para enviar un mensaje único en su vida con el fin de anunciar su presencia al resto del universo.

Fig. 6.30 El observatorio IceCube situado en el Polo Sur. Fotografía: Josh Veitch-Michaelis, IceCube/NSF.

Por otro lado, se han propuesto los neutrinos como alternativa de comunicación a las ondas electromagnéticas.[48] Los neutrinos son partículas fundamentales expulsadas de diversas reacciones subatómicas, como las que se producen en el interior de las estrellas. Estas partículas "fantasma", como son también conocidas, tienen una masa extremadamente baja e interactúan muy débilmente con la materia. Al no interactuar con la materia, resultan ideales como forma de comunicación en entornos en los que las ondas electromagnéticas pueden ser fácilmente absorbidas, dispersadas o reflejadas, o durante períodos en los que el enlace de comunicaciones se encuentra bloqueado. Sin embargo, emplear neutrinos como sistema de telecomunicaciones es muy poco práctico para el ser humano por el momento. Por ejemplo, el Observatorio de Neutrinos IceCube es un telescopio de hielo del tamaño de un kilómetro cúbico diseñado para observar neutrinos. El instrumento contiene masa suficiente de tal manera que uno de cada millón de neutrinos que pasan por IceCube choque con algo, produciendo un destello de luz que puede detectarse y medirse. En junio de 2023, el equipo de IceCube anunció la cartografía de la Vía Láctea mediante neutrinos. [49]

Hace tiempo que se sospechaba que la Vía Láctea podría ser una fuente de neutrinos de alta energía, y ahora el equipo de IceCube lo ha confirmado. Además, el equipo ha utilizado los neutrinos detectados para producir una imagen de la galaxia.

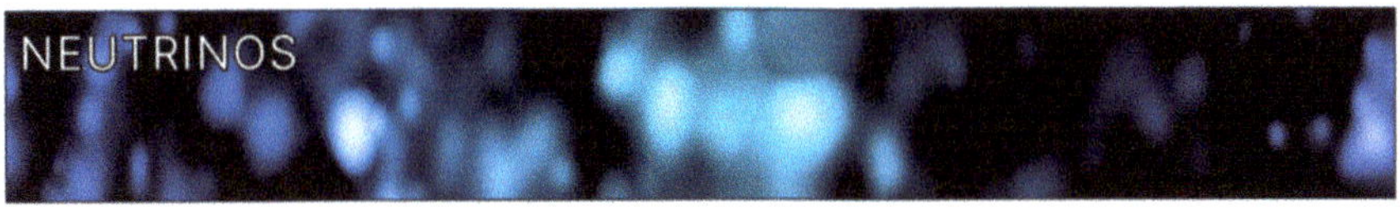

Fig. 6.31 El primer mapa de la Vía Láctea usando Neutrinos. Créditos: Colaboración IceCube.

Los neutrinos, por lo tanto, representan otro recurso añadido a la caja de herramientas de la llamada era de astronomía de mensajeros múltiples. Sin embargo, al igual que ocurre con las ondas gravitacionales, los recursos y la energía necesarios para construir y poner en funcionamiento un sistema de comunicación basado en neutrinos parecen inverosímiles. Independientemente de lo descabellados que nos parezcan a nosotros estos sistemas de comunicación, para otras civilizaciones podrían ser algo común y corriente.

Pero olvidemos por un momento si podríamos detectar o comunicarnos con una civilización extraterrestre tecnológicamente avanzada. ¿Sera que sí existen estas civilizaciones extraterrestres? No todo el mundo es tan optimista, y a lo largo de los años se han presentado muchos argumentos sobre por qué muy probablemente ese no sea el caso. En el último capítulo exploraremos algunos de estos argumentos, conocidos colectivamente en este campo como las soluciones a la paradoja de Fermi.

Capítulo 7
El Gran Silencio – ¿Estamos solos?

> "¿Sabes lo que dice la paradoja de Fermi? Que es improbable que existan otras formas de vida"
>
> — Leverage (S5.E3. El trabajo del primer contacto, 2012)

NTT

Uno de los principales argumentos de los detractores de las iniciativas de Búsqueda de Inteligencia Extraterrestre (SETI) es que los astrónomos llevan más de 60 años buscando señales y hasta ahora no se ha encontrado nada. Sin embargo, este argumento no tiene en cuenta la inmensidad del universo y lo poco que se ha cubierto. Sin embargo, si la vida fuese común en el universo, es muy probable que ya hubiéramos tenido noticias de alguien. Los humanos pasamos de no ser capaces de volar a convertirnos en exploradores del sistema solar en menos de 100 años. Teniendo en cuenta lo antiguo que es el universo, y algunas estimaciones de que ciertos planetas similares a la Tierra podrían ser al menos 2.000 millones de años más antiguos que la Tierra, ya deberíamos haber escuchado o visto evidencia de la existencia de una civilización que dispusiera de los medios para realizar viajes interestelares.

En el verano de 1950, el físico italoamericano Enrico Fermi, mientras almorzaba con algunos de sus colegas preguntó "¿Dónde están todos?", refiriéndose a la falta de pruebas de civilizaciones extraterrestres. Esta pregunta se conoce popularmente como *La paradoja de Fermi*. Desde que se formuló y popularizó la pregunta, personas de distintos ámbitos han intentado responderla. Hay miles de libros y artículos dedicados al tema. Las posibles respuestas a por qué no hemos obtenido evidencia de civilizaciones extraterrestres se conocen como *las soluciones a la paradoja de Fermi*. Tradicionalmente, buena parte de las soluciones se enmarcan en el contexto de la *ecuación de Drake*, un argumento probabilístico introducido por Frank Drake en 1961. El objetivo de Drake era estimular un diálogo científico en torno a la existencia de civilizaciones tecnológicas. La ecuación de Drake pretende estimar el número de civilizaciones tecnológicamente avanzadas en la Vía Láctea. Las soluciones que consideran los términos de la Ecuación de Drake discuten la posibilidad de que el universo no tenga suficientes planetas o que los planetas no estén a la distancia adecuada de su estrella natal para permitir el florecimiento de la vida. Otras soluciones plantean el tema de cuánto tiempo podría sobrevivir una civilización antes de ser capaz de dar a conocer su presencia en el universo. Tales civilizaciones podrían haberse extinguido antes de que sus señales fueran capaces de llegar a otras estrellas, sucumbiendo a una especie de gran filtro universal.

El Gran Filtro es la idea de que vida inteligente similar a la humana debe superar múltiples obstáculos antes de poder colonizar el universo. También es posible que algunas civilizaciones guarden silencio a propósito, temerosas de cualquier peligro aún desconocido (o conocido para ellas).

La ecuación de Drake ha sido criticada y apreciada por muchos desde su creación, y se han propuesto nuevas versiones. Una de las versiones más populares es, sin duda, la ecuación de Seager, presentada por la profesora del MIT y astrobióloga Sara Seager. La profesora Seager propone un argumento probabilístico que se basa en nuestras herramientas y limitaciones actuales y calcula las probabilidades de encontrar vida basándose en la detección de bioseñales.

Fig. 7.1 Las civilizaciones extraterrestres deberían ser comunes, pero no tenemos noticias de nadie. Entonces, ¿dónde están todos? Créditos: imagen generada por ChatGPT de OpenAI.

Iniciativas para la búsqueda de inteligencia extraterrestre (SETI)

Incluso con el rápido ritmo de nuestras vidas, la gente todavía sigue mirando al cielo nocturno y preguntándose, si alguien como nosotros está en un planeta lejano, preguntándose lo mismo.

Hay una famosa cita de Mark Twain que dice: "Encuentra un trabajo que te guste y no tendrás que trabajar un solo día de tu vida". Siempre he sentido envidia de la buena suerte de dos tipos de profesionales: los futbolistas y los científicos, los que, para mí, son personas que tienen el tipo de trabajo al que Mark Twain se refería. A los astrónomos, y a los que buscan señales de inteligencia extraterrestre (SETI) en particular, les pagan por recopilar datos, analizarlos y escribir sobre sus hallazgos (dejando a un lado las tareas administrativas y los aspectos políticos de sus trabajos, que por desgracia consumen gran parte de su tiempo). Esto, para mí, encaja perfectamente con la cita de Mark Twain. Por desgracia, no todo el mundo comparte el mismo entusiasmo por encontrar vida más allá de la Tierra. Tales esfuerzos han sido calificados de fútiles, de pérdida de tiempo y ridiculizados por mucha gente, políticos estadounidenses en particular.

En febrero de 1994, John Gibbons, asesor científico del presidente Clinton, dejó claro que no entendía en absoluto la naturaleza del SETI.[1] Opinó: "ya hemos hecho muchas observaciones y escuchado bastante, y si hubiera algo evidente ahí afuera, creo que ya habríamos recibido alguna señal". Los comentarios de Gibbons se produjeron después de que el Congreso de EE.UU. ya hubiera cancelado la financiación de las iniciativas SETI de la NASA en 1993, [2] tras años en los que los miembros del SETI prácticamente suplicaron por apoyo financiero.

La falta de financiación ya había obligado al instituto SETI a constituirse como institución privada sin ánimo de lucro el 20 de noviembre de 1984, de la mano del consejero delegado Thomas Pierson (1950-2014) y la científica del SETI Jill Tarter. Un modelo de financiación que persiste hasta nuestros días. El instituto SETI depende en gran medida de donaciones para continuar su labor. Las iniciativas SETI han tenido dificultades para conseguir la tracción que merecen. Afortunadamente, esto parece estar cambiando.

El 20 de julio de 2015, Stephen Hawking, Yuri Milner y Lord Martin Rees, anunciaron una nueva iniciativa SETI llamada *Proyecto de Escucha Avanzada* (Breakthrough Listen Project). Esta iniciativa fue la primera de varias iniciativas SETI financiadas con fondos privados. El programa de investigación de Escucha Avanzada[3] pretende buscar mensajes provenientes de las 100 galaxias más cercanas a la Tierra. La búsqueda, que se realiza con instrumentos que son hasta 50 veces más sensibles que los telescopios existentes, cubre más de 10 veces porciones del cielo que los programas anteriores y cinco veces más el rango de espectro radioeléctrico observado. Además, y en comparación con las búsquedas tradicionales realizadas en el pasado, el programa lleva a cabo la "búsqueda más profunda y amplia jamás realizada de transmisiones láser ópticas".[4] El aspecto más importante es la financiación, que se ha asegurado por diez años por un total de 100 millones de dólares estadounidenses.

Como parte de la búsqueda de vida inteligente de Escucha Avanzada, los científicos han observado miles de estrellas cercanas en el centro galáctico de la Vía Láctea en varias frecuencias. Por desgracia, hasta ahora no hemos recibido ninguna confirmación positiva de la existencia de vida en otros lugares. Así que, una vez más, ¿dónde están todos?

La paradoja de Fermi

Dejando por un momento de lado el argumento que expusimos en el último capítulo sobre que los científicos sólo han cubierto una pequeña fracción del universo en sus búsquedas, si la vida —la vida inteligente en particular— floreciera en todas partes, es posible que ya tuviéramos noticias de alguien. Después de todo, el universo tiene miles de millones de años, y dado que nosotros los seres humanos pasamos de ser una sociedad que no tenía la capacidad de volar a una capaz de pisar la Luna en menos de 70 años, no tener noticias de alguien parece contradictorio.

Tal contradicción tiene un nombre: la *paradoja de Fermi*. La historia cuenta que el físico italoamericano Enrico Fermi, al que se le ha llamado "el arquitecto de la era nuclear" por sus contribuciones al Proyecto Manhattan, se encontraba almorzando un día en el verano de 1950. Mientras disfrutaba de su comida, Fermi entabló una conversación informal con sus colegas Edward Teller, Herbert York y Emil Konopinski sobre una imagen de Alan Dunn en el New Yorker en la que aparecían extraterrestres robando tarros de basura en las calles de Nueva York. La imagen se refería a dos noticias recientes: una sobre tarros de basura públicos que habían estado desapareciendo de las calles de Nueva York y otra que hablaba del aumento de informes sobre observaciones de platillos voladores. Los tres colegas jocosamente estuvieron de acuerdo con que la imagen representaba con precisión una buena hipótesis que explicaba las dos historias simultáneamente.

Fig. 7.2 Visitantes de otros mundos robando tarros de basura, posiblemente para mejorar su conocimiento de los seres humanos. Créditos: The New Yorker collection 1950, dibujado por Alan Dunn, de cartoonbank.com; todos los derechos reservados.

Cuando los tres colegas terminaron de bromear, se cuenta que Fermi preguntó: "¿Dónde están todos?". Fermi se refería a visitantes extraterrestres y al hecho de que ya podrían existir muchas civilizaciones antiguas con la tecnología necesaria para visitar toda su galaxia natal. Por lo tanto, deberíamos ver pruebas de ello, pero no las vemos.

Se cree que las galaxias más antiguas que han encontrado los astrónomos se formaron sólo 320 millones de años después del Big Bang. Por ejemplo, se cree que la galaxia JADES-GS-Z13-0 encontrada usando el JWST y de la que se informara en abril de 2023,[5]se formó cuando el Universo tenía sólo el 2% de su edad actual. Si extrapolamos esto con lo que sabemos sobre la vida aquí en la Tierra, se podría argumentar que una galaxia tan antigua podría albergar civilizaciones hasta tres veces más antiguas que la humanidad. Utilizando el *Principio de Copérnico,* que afirma que los seres humanos, la Tierra y el sistema solar no son privilegiados y no tienen nada de especial, cabría esperar que hubiera vida en muchos lugares del universo.

La edad de la Tierra se ha estimado en 4.500 millones de años. Ahora, imaginemos planetas más antiguos que la Tierra. Por el bien del argumento y continuando con nuestro sesgo antropocéntrico (basado en lo que sabemos de la vida en la tierra), podemos enfocar nuestra discusión solo en planetas terrestres. Para que puedan formarse planetas terrestres, se necesitan elementos como carbono, silicio, oxígeno, hierro y magnesio, entre otros. Estos elementos más pesados que el hidrógeno y el helio, sólo se forjan en el interior de las estrellas, y luego se diseminan por el cosmos en eventos de supernovas, como resultado de los vientos estelares.

Por lo tanto, podemos deducir que los planetas terrestres no han existido desde el principio del universo. Las estimaciones de la distribución de la edad de los planetas terrestres en el universo han determinado que los planetas terrestres más antiguos podrían tener unos 2.000 millones de años más que la Tierra[6]. Si existe vida en estos planetas y la inteligencia evolucionó a un ritmo similar al de la Tierra, entonces en el último tramo de sus primeros 4.500 millones de años, la vida podría haber llegado a ser capaz de transmitir mensajes a las estrellas y visitar otros mundos dentro de su propio sistema planetario. Eso significa que esa vida podría haber tenido dos mil millones de años más de ventaja sobre la humanidad y por lo tanto deberían de haber sido capaces de ampliar sus conocimientos y aplicarlos para expandir sus capacidades de comunicación y exploración de su propia galaxia y el universo.

En menos de 100 años, los humanos lograron enviar sondas a mundos tan lejanos como Plutón, situado en el borde del sistema solar, y actualmente tienen rovers explorando Marte y la Luna. Además, existen planes concretos para enviar una nave espacial a recoger muestras de los chorros que emanan de los océanos de Encélado.[7] Imaginemos todo lo que la humanidad podría lograr dentro de los próximos mil millones de años si conseguimos evitar la autodestrucción o defendernos con éxito de cualquier amenaza externa.

La naturaleza contradictoria de la paradoja de Fermi se centra en la ausencia de pruebas concluyentes de la existencia de vida extraterrestre tecnológicamente avanzada, a pesar de la alta probabilidad de su existencia según el Principio de Copérnico. Por ejemplo, dado que los planetas terrestres de la Vía Láctea podrían ser dos mil millones de años más antiguos que la Tierra, ha transcurrido suficiente tiempo para que una de esas civilizaciones hipotéticas haya colonizado muchos mundos.

Como los seres vivos no podemos vivir eternamente, se ha sugerido el uso de máquinas de IA autoreplicantes, o *sondas Von Neumann*, como se las conoce, como uno de los posibles métodos utilizados por una civilización extraterrestre para extender su presencia más allá de su galaxia natal. Propuestas por John Von Neumann en 1966,[8] las sondas Von Neumann serían máquinas inteligentes artificiales (IA) diseñadas para explorar el universo. Estas sondas podrían autoreplicarse utilizando recursos obtenidos de planetas, satélites, asteroides e incluso material del medio interestelar. Las sondas "madres" permanecerían en un sistema planetario determinado o en una región del espacio, tratando de aprender todo lo posible, mientras que las sondas "hijas" se desplazarían al siguiente objetivo en la galaxia de origen o más allá.

Fig. 7.3 Una sonda de IA Von Neumann "madre" supervisa una flota de sondas "hijas" en medio de la exploración de un sistema planetario. Créditos: Imagen generada por DALL-E de OpenAI. (Espero que se aprecie la ironía).

Dado el estado actual de la IA, es de esperar que una civilización que fuera dos mil millones de años más antigua que nosotros hubiera desarrollado tal tecnología. Aunque dichas sondas inteligentes viajaran a velocidades relativamente inferiores a la de la luz, estas sondas habrían tenido tiempo suficiente —del orden de millones de años—[9] para propagarse a todas las estrellas de nuestra galaxia natal, la Vía Láctea. Sin embargo, no observamos pruebas de su existencia. Por ejemplo, sus métodos de propulsión y las comunicaciones electrónicas con su planeta de origen.

Miembros de la comunidad astronómica y científica, e incluso el público en general, han propuesto ideas para explicar por qué no observamos dichas pruebas de la existencia de civilizaciones extraterrestres.

Estas ideas se conocen colectivamente como las *soluciones a la paradoja de Fermi*. Stephen Webb, un notable físico y escritor prolífico, ha publicado un libro maravilloso que recopila varias de estas soluciones.

En numerosas entrevistas, conferencias y charlas, Webb ha manifestado que recopilar y documentar estas soluciones se ha convertido para él en un pasatiempo. La primera edición de su libro *If the Universe is Teeming with Aliens... Where is Everybody?* (Si el Universo está repleto de extraterrestres… ¿dónde están todos?)" se publicó en el 2002, [10] y contiene 50 soluciones. La segunda versión, publicada en 2015, contiene 75 soluciones. [11]

Sin embargo, Webb no es la única persona que ha escrito sobre la paradoja de Fermi. Innumerables libros, artículos científicos, historias de ciencia ficción y películas se han centrado en este tema. La discusión llama la atención porque explora lo que podría ocurrirnos a nosotros los seres humanos como civilización.

Muchas de las soluciones propuestas a la Paradoja de Fermi pueden relacionarse con la ecuación de Drake, ampliamente considerada como una de las más famosas o la segunda más famosa de la historia, junto con la ecuación de Einstein que describe la relación matemática entre energía y masa.

La ecuación de Drake

En su libro *A Brief History of Time* (Una breve historia del tiempo),[12] Stephen Hawking (1942-2018) menciona: "cada ecuación que incluyo en un libro reduce las ventas a la mitad". Hawking era un hombre brillante y, por lo tanto, he intentado conscientemente de seguir su consejo y no incluir ninguna ecuación en este libro.

Para muchos, la ecuación de Drake y la ecuación de Seager, de las que hablaremos enseguida, no son ecuaciones, sino argumentos probabilísticos. Por lo tanto, se podría argumentar que he tenido éxito en mi propósito de escribir un libro sin ecuaciones (espero que Hawking haya tenido razón, y que esto se vea reflejado en las ventas de este libro). Sin embargo, en aras de la coherencia con el conocimiento popular, seguiré refiriéndome a las ecuaciones de Drake y Seager como tales.

Frank Drake (1930-2022) fue un astrofísico estadounidense, astrobiólogo y figura notable en el ámbito del SETI. Drake nunca pretendió que su "ecuación", se volviera "viral" usando términos modernos. El objetivo de Drake era estimular el diálogo científico en la primera reunión científica formal sobre el tema de SETI en 1961.

La ecuación resume los conceptos clave que los científicos tienen en cuenta a la hora de estimar, *N*, o el número potencial de civilizaciones alienígenas tecnológicamente avanzadas en el universo o en nuestra propia galaxia.

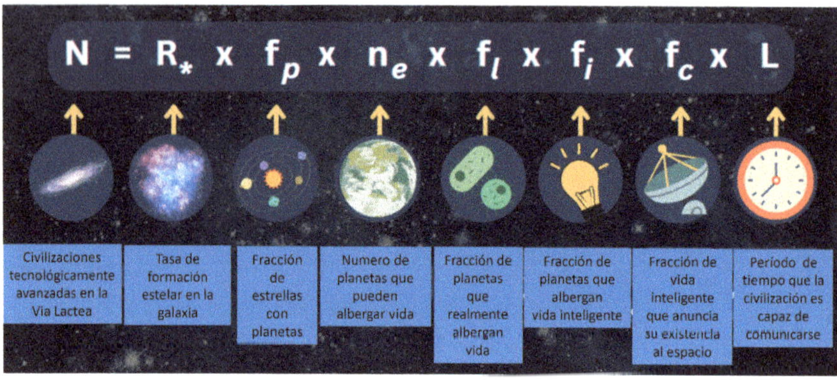

Fig. 7.4 La ecuación de Drake. Una forma de estimular el diálogo científico sobre el número potencial de civilizaciones tecnológicamente avanzadas en el Universo. Créditos: Anne Helmenstine (sciencenotes.org).

Exploremos los términos de la ecuación y veamos cómo se relacionan con las posibles soluciones a la paradoja de Fermi. Como de costumbre, enfocarnos en lo que conocemos nos ayuda a centrar el debate. Por lo tanto, un buen punto de partida es limitar estos conceptos a la vida tal y como la conocemos y centrarnos en nuestra galaxia, estrellas similares al Sol y planetas similares a la Tierra. Mientras exploramos estos términos de la ecuación de Drake, hagamos también un ejercicio en el que les asignemos algunos números.

Tasa media de formación estelar anual (R^*)

Los astrónomos han estado redefiniendo los métodos utilizados para calcular la tasa de formación estelar. Una forma de hacerlo es centrarse en el universo local. Los métodos implican el análisis de espectros recogidos de galaxias cercanas. Se deben tener en cuenta dos efectos: *el enrojecimiento* y *la metalicidad*. En este contexto, el enrojecimiento se refiere al efecto que sufre la luz procedente de las estrellas de una galaxia por su interacción con el polvo interestelar. Debido al tamaño de las partículas de polvo, las ondas de luz azul se absorben más que las rojas y por lo tanto esa luz azul no llega a los instrumentos, lo que hace que las estrellas parezcan más rojas de lo que son. El otro aspecto a considerar es la metalicidad, que se refiere a la fracción de elementos más pesados que están presentes en una estrella.

El enrojecimiento influye en la estimación de la luminosidad de las estrellas, por lo que los astrónomos deben tener en cuenta estos efectos a la hora de calcular esta luminosidad. Sumando las luminosidades de todas las estrellas de una región determinada, es posible estimar la tasa de formación estelar en esa región.

Por otro lado, tal y como se exploró en el Capítulo 1, la metalicidad proporciona una alternativa para medir cuándo se formó una estrella. Una metalicidad baja, es decir, una mayor abundancia de hidrógeno y helio indica que la estrella se formó hace mucho tiempo. Por el contrario, una metalicidad más alta indica una edad más joven de la estrella. Las regiones con mayor metalicidad pueden haber tenido más formación estelar en el pasado, mientras que metalicidades más bajas pueden indicar una formación estelar más reciente. Una vez establecidos los niveles de metalicidad, los astrónomos utilizan modelos teóricos y simulaciones que relacionan esos niveles con las tasas de formación estelar.

Dada la cantidad de investigación en este campo, R^*, o la tasa de formación estelar para una región o el universo, es un número relativamente conocido hoy en día. Este número se da en términos de masas solares. Por ejemplo, se ha calculado que, en promedio, la Vía Láctea produce entre una y dos masas solares de estrellas al año,[13] y éste es el número que utilizaremos para nuestro ejercicio. Sin embargo, las estrellas más comunes en la Vía Láctea son las enanas rojas, estrellas más pequeñas que el Sol. En promedio, los astrónomos estiman la formación de entre seis y siete nuevas enanas rojas en la Vía Láctea cada año.

Volviendo a la paradoja de Fermi, ciertas regiones del universo pueden verse favorecidas por tener una gran tasa de formación estelar, mientras que en otras esto puede no ser así. Una gran tasa de formación estelar aumenta la probabilidad de que esas estrellas alberguen planetas, lo que puede ser crucial para el desarrollo de la vida. Una solución a el por qué no oímos a nadie ahí afuera sería que no hay suficientes estrellas en el universo, pero sabemos que este no es el caso. Sin embargo, podríamos decir que hay regiones del universo que podrían albergar más estrellas que otras y, por lo tanto, esas regiones podrían albergar más civilizaciones extraterrestres.

Fracción de estrellas que albergan planetas (f_p)

Cuando Frank Drake planteó su ecuación, los astrónomos de ese entonces no sabían si los sistemas planetarios eran algo común en todo el universo. Si su existencia no era común, la falta de planetas sería una solución muy convincente para la paradoja de Fermi. Después de todo, si los planetas fueran escasos, eso explicaría muchas cosas. Sin embargo, ahora sabemos que esto no es así. En el capítulo 3 explicamos ampliamente cómo los astrónomos no obtuvieron pruebas de la existencia de otros planetas fuera del sistema solar hasta 1992. Desde entonces, se han detectado muchos. Cuando se formuló la ecuación en 1961, los astrónomos sólo podían hacer conjeturas para determinar la fracción de estrellas que podrían albergar planetas. Sin embargo, en este momento se estima que, estadísticamente hablando, todas las estrellas albergan su propio sistema planetario. Es decir, el 100% de las estrellas del universo tienen planetas girando a su alrededor. La Vía Láctea contiene aproximadamente 100 billones de estrellas y, si sólo tenemos en cuenta las estrellas similares al Sol, la fracción de estrellas que pueden albergar planetas en nuestra galaxia se reducirá a "sólo" el 10%. Esto nos deja con aproximadamente 10 billones de estrellas similares al Sol. Para nuestro ejercicio, supondremos que la fracción de estrellas que tienen planetas es del 10%.

El número promedio de planetas que pueden albergar Vida (n_e)

Una solución muy válida para la paradoja de Fermi es simplemente que la vida no existe en ningún otro lugar. Esto podría ocurrir por varias razones, y tener planetas que están demasiado cerca (demasiado calientes) o demasiado lejos (demasiado fríos) de su estrella lo que impediría que la vida floreciera, es definitivamente una muy buena razón. Este número promedio de planetas que pueden albergar vida se refiere esencialmente al concepto de planetas en la *zona habitable* de una estrella. La zona habitable es la zona a una distancia determinada de la estrella en la que puede existir agua líquida en la superficie de un planeta. Aplicando de nuevo el principio copernicano, en el sistema solar hay dos planetas en la zona habitable del Sol: La Tierra y Marte. Sin embargo, Marte está situado en el borde de la zona habitable y no disfruta del buen clima que tenemos aquí en la Tierra, lo que impide que el agua fluya en su forma líquida. Sin embargo, existen pruebas fehacientes de que agua fluyó en algún momento del pasado,[14] e incluso podría estar presente en algunas zonas del planeta en la actualidad[15] , lo que aumenta la posibilidad de encontrar fósiles de cualquier posible forma de vida que pudiera haber existido en el planeta rojo.[16]

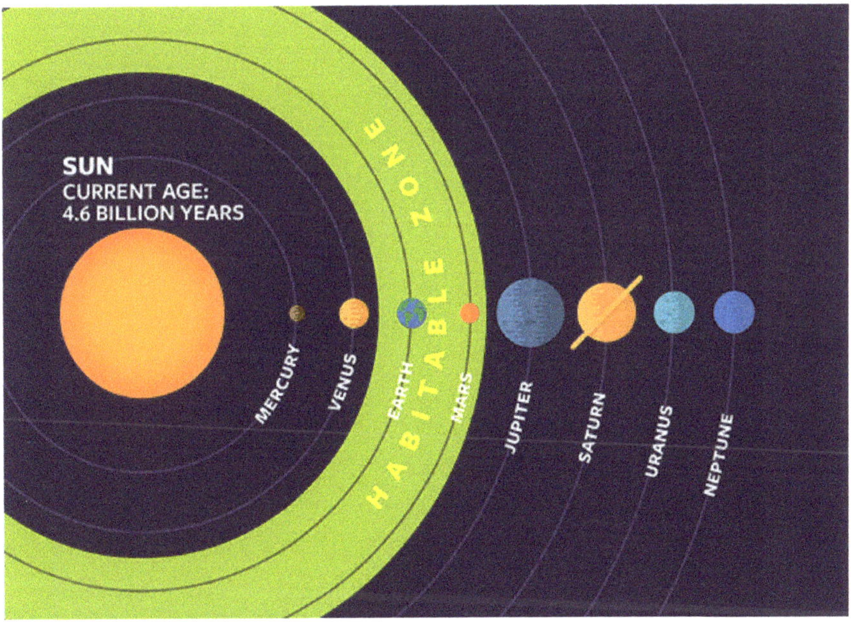

Fig. 7.5 La zona habitable del Sol. La Tierra y Marte se encuentran en una zona donde podría existir agua en estado líquido en la superficie. Créditos: Astrobiology.

Por lo tanto, y sólo teniendo en cuenta nuestra definición de zona habitable, podemos extrapolar esta cifra y establecer que el número medio de planetas del sistema solar que pueden albergar vida es de dos.

Fracción de planetas en los que realmente puede aparecer vida (f_l)

Estamos absolutamente seguros (hasta ahora. Pregúnteme de nuevo dentro de 10 años), de que de los dos planetas que se encuentran en la zona habitable del Sol, sólo la Tierra es la que actualmente alberga vida. Marte pudo haber tenido las condiciones adecuadas en algún momento (e incluso Venus), pero este ya no es el caso. Por lo tanto, sólo en la mitad, o el 50%, de esos planetas surgió y se mantuvo la vida. Esto, de nuevo, nos da algunas soluciones a la paradoja de Fermi. La vida en la Tierra parece haber florecido debido a una combinación muy afortunada de acontecimientos: las placas tectónicas, el tamaño de nuestra Luna, la naturaleza de la formación del sistema solar. No obstante, en otros lugares podría no haber sido así. Por lo tanto, otros sistemas planetarios pueden tener potencialmente muchos planetas en la zona habitable de la estrella central, pero las condiciones pueden no haber sido favorables para el desarrollo de la vida.

Ahora bien, este parámetro de la ecuación de Drake sólo tiene en cuenta los planetas y si se encuentran a la distancia adecuada de las estrellas que orbitan. Sin embargo, las condiciones para que exista vida son más complicadas. Aparte de agua líquida y elementos químicos básicos para la vida, también es necesario disponer de energía suficiente para que los organismos puedan realizar procesos metabólicos. Además, esas condiciones deben mantenerse durante un tiempo considerable para permitir que los sistemas y la vida evolucionen. En el sistema solar, los lugares rocosos donde es más que probable que se cumplan estas condiciones —además de la Tierra, por supuesto— no son planetas, sino lunas.

Puede que el lector recuerde la película Avatar estrenada en el 2009 y su secuela en el 2022, que presentaban a una raza de alienígenas altos y azules. El mundo representado en estas películas era la hipotética luna Pandora, una de las cinco lunas que orbitaban el gigante gaseoso Polifemo en el sistema Alfa Centauri.

Fig. 7.6 La luna Pandora en la película Avatar. El gigante gaseoso que orbita puede verse al fondo. Créditos: Avatar Wiki - Fandom.

Como en las películas de Avatar, lunas reales también orbitan alrededor de gigantes de gas y de hielo en nuestro sistema solar. Se trata de mundos en los que la posibilidad de que exista vida es real. Echemos un vistazo a estas lunas.

Júpiter

Europa

Las pruebas indican que Europa, una luna de Júpiter y la más pequeña de las cuatro lunas galileanas, tiene un océano salado bajo su superficie helada. En 1996, la nave espacial Galileo de la NASA descubrió que se expulsaban al espacio delgados chorros de agua. Además, la superficie de Europa es la más lisa del sistema solar, lo que sugiere que procesos activos reciclan material de su interior a la superficie, creando un ciclo potencial de material orgánico. Por último, en septiembre de 2023, los científicos, utilizando datos recogidos por el JWST, informaron de la detección de dióxido de carbono en la superficie de Europa. Análisis posteriores indican que este carbono probablemente se originó en el océano subsuperficial y no como resultado de ninguna fuente externa.

Se espera que la misión europea Clipper,[17]cuyo lanzamiento está previsto para octubre de 2024, arroje algo de luz sobre la habitabilidad de la luna y proporcione datos iniciales que ayuden a seleccionar un lugar de aterrizaje para futuras misiones.

Fig. 7.7 En la superficie de Europa pueden observarse una serie de líneas oscuras (linae). Estas líneas son potencialmente el resultado de una serie de erupciones de hielo caliente. Créditos: NASA.

Ganímedes

La luna más grande de nuestro sistema solar. Se trata de un mundo que podría contener múltiples capas de roca, agua y hielos a alta presión. Este objeto es la única luna conocida que posee un campo magnético, similar al de la Tierra, que repele las partículas de radiación peligrosas, protegiendo cualquier vida que pudiese existir allí. Por esta razón, también experimenta auroras fluctuantes al igual que la Tierra. La fluctuación de estas auroras se considera una prueba parcial de la presencia de un gran océano de agua salada. Pero no un océano cualquiera, ya que se ha estimado que su volumen es de casi 38 veces el de todos los océanos de la Tierra.[18]

Fig. 7.8 Imagen de Ganímedes captada por la nave Juno en junio de 2021. Créditos: NASA.

Calisto

La luna menos densa de Júpiter. Calisto orbita lo suficientemente lejos como para estar a salvo de los cinturones de radiación extrema de Júpiter. Los científicos aún no están seguros de la existencia de un océano en esta luna, ni de la profundidad de dicho océano. La superficie fuertemente craterizada es un indicio de que no hay actividad geológica, pero la distancia a Júpiter, permite a Calisto experimentar menos fricción de marea que las otras lunas. Sin embargo, debido a los bajos niveles de radiación, Calisto se ha considerado durante mucho tiempo el lugar más adecuado para enviar posibles futuras misiones tripuladas que establezcan una base permanente para estudiar el resto del sistema joviano.

Fig. 7.9 La luna Calisto es el objeto que presenta el mayor número de cráteres del sistema solar. Créditos: NASA.

Saturno

Encélado

Alejándonos aún más del Sol, tenemos el diminuto Encélado orbitando Saturno con un radio de sólo 252,1 kilómetros. En este mundo, columnas de neblina emanan de la capa exterior helada y caen a la superficie, haciendo que ésta sea extremadamente lisa. Encélado es el objeto más reflectante del sistema solar y se asemeja a una gran bola de nieve. La actividad geológica, de la que se han ido acumulando pruebas recientemente, junto con un posible océano líquido subsuperficial, son las características principales que han llevado a los investigadores a creer que se trata de un buen lugar para encontrar vida.

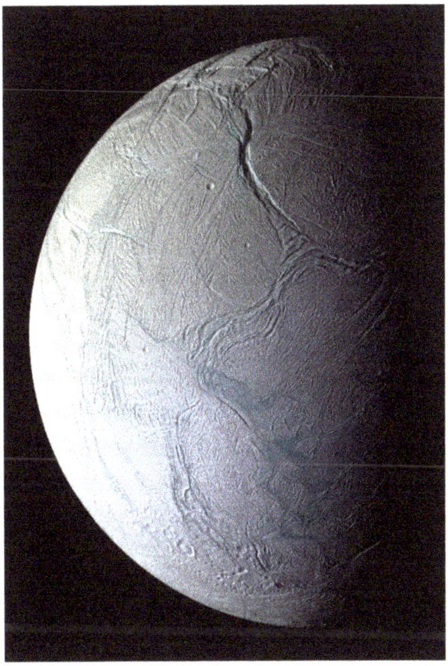

Fig. 7.10 Imagen de Encélado tomada por la nave espacial Cassini a sólo 25 kilómetros de la superficie. Créditos: NASA.

Titán

La mayor luna de Saturno y un lugar que parece prometedor para la existencia de vida. Esta luna es el único mundo, aparte de la Tierra (que sepamos), que tiene un líquido fluyendo por su superficie. Titán tiene un aspecto muy similar al de la Tierra, con vastas llanuras, cañones, lagos, lluvia y nubes. Sin embargo, el líquido de Titán no es agua, sino metano y etano, elementos que siguen un ciclo de circulación que se hace eco de los ciclos del agua en la Tierra. La atmósfera de Titán es similar a la de la Tierra, con mayoría de nitrógeno, pero sin oxígeno. A pesar de la probabilidad de que exista un océano subsuperficial formado principalmente por agua bajo la gruesa corteza de hielo de Titán, los investigadores plantean la hipótesis de que Titán podría albergar vida que utilice una química diferente de la vida basada en el carbono a la que estamos acostumbrados: vida basada en el metano.[19]

Fig. 7.11 Una densa atmósfera azul oscuro rodea Titán en esta imagen en falso color captada por la nave espacial Cassini. Créditos: NASA/JPL-Caltech/Space Science Institute.

Neptuno

Tritón

En órbita alrededor del planeta más alejado del Sol, Neptuno, se encuentra Tritón, que gira alrededor de su planeta en movimiento retrógrado. Esta característica indica que es más que probable que esta luna sea un objeto capturado del helado Cinturón de Kuiper. El Voyager 2 observó géiseres y flujos de lava en la superficie de Tritón. Esto sugiere fuertemente la presencia de un océano bajo una corteza helada geológicamente activa e indica los procesos de intercambio entre la superficie y el subsuelo de Tritón. Las observaciones telescópicas de la superficie y la atmósfera de Tritón han indicado la existencia de abundantes elementos constitutivos de la vida, en particular carbono, hidrógeno, oxígeno y nitrógeno.[20] Por todas estas razones, Tritón se considera uno de los lugares más atractivos en la búsqueda de vida en el sistema solar.

Fig. 7.12 Mosaico de colores de Tritón, tomada por Voyager durante su sobrevuelo del sistema de Neptuno en 1989. Créditos: NASA/JPL/USGS.

Una buena pregunta sería: ¿Cómo es posible que estas lunas, tan alejadas del Sol, puedan albergar océanos de agua líquida? Al igual que ocurre con los planetas que orbitan alrededor de sus estrellas, las órbitas de estas lunas alrededor de sus planetas también son elípticas, lo que significa que algunas veces se encuentran más cerca del planeta y otras veces más lejos. Cuando la luna está más cerca del planeta, la enorme gravedad de éste la estira (como un balón de rugby), y cuando se aleja, la fuerza gravitatoria es menos intensa, lo que le permite recuperar una forma más circular (como una pelota de baloncesto). Todo este estiramiento y liberación provoca un calentamiento debido a las fuerzas gravitatorias de marea, *el calor de marea*, que permite la existencia de océanos líquidos.[21]

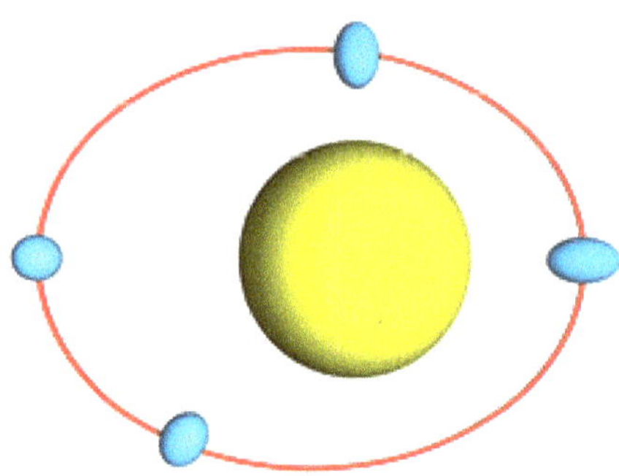

Fig. 7.13 Calentamiento por mareas. A medida que la luna orbita más cerca de su planeta, se estira, recuperando su forma circular cuando se aleja. Créditos: Astrobites. Imagen de Tony Smith.

Sin embargo, no en todos los casos, un océano de agua líquida es el resultado del calentamiento por mareas. Se sospecha que, en algunas lunas, como en el caso de Calisto, hay otros factores que contribuyen a su formación, como la desintegración radiactiva, que también genera calor. Una explicación alternativa es que Calisto podría haber sufrido antiguos impactos que derritieron el hielo formando un océano que aún no se ha vuelto a congelar. [22]

Dadas las características de estas lunas en el sistema solar, se podría argumentar que estos mundos también deberían considerarse en este parámetro que habla sobre la "fracción de planetas en los que realmente puede aparecer vida" en la ecuación de Drake. Las lunas en órbita alrededor de exoplanetas, o exolunas cómo se les conoce, podrían ser mundos capaces de albergar vida. Desgraciadamente, no se han encontrado evidencia de su existencia hasta la fecha. Sin embargo, es muy probable que sólo sea cuestión de tiempo para que se detecte la primera de estas exolunas. De hecho, el profesor David Kipping, gran divulgador científico y autoridad mundial en exolunas, y sus colaboradores del equipo Cool Worlds Lab de la Universidad de Columbia, han estado intentando confirmar la existencia de estos esquivos objetos.

En febrero de 2024, el Dr. Kipping anunció que se le había concedido a su equipo tiempo de observación en el telescopio JWST con el objetivo de identificar una posible exoluna orbitando alrededor del planeta Kepler-167 e, un gigante gaseoso que gira alrededor de la estrella de tipo K Kepler-167. Invito al lector a que indague más sobre exolunas y los intentos por encontrarlas en el canal de YouTube del Dr. Kipping, Cool Worlds,[23] que cuenta con más de 800k suscriptores hasta la fecha.

La fracción de planetas en los que se pudo haber desarrollado vida inteligente (f_i)

Este parámetro se refiere a la fracción de planetas que albergan vida inteligente. El término "inteligente" se refiere aquí a una inteligencia similar a la de los seres humanos. En la Tierra, hay muy pocos biólogos, si es que hay alguno, que consideran a los humanos como la única raza inteligente. Delfines, pulpos, ballenas, chimpancés, monos, mapaches, ratas, ratones, cuervos y palomas, por citar sólo algunos ejemplos, han demostrado distintos niveles de inteligencia. Estos animales han desarrollado sus propios lenguajes, pueden utilizar herramientas y parecen tener un concepto de sociedad.[24] Ciertos animales demuestran diferentes niveles de razonamiento, que es la capacidad de correlacionar experiencias no relacionadas, para encontrar una solución novedosa para un problema o situación ante la cual no se habían enfrentado antes. Se ha observado, por ejemplo, que los chimpancés resuelven problemas nuevos utilizando elementos que tengan a su disposición. Por ejemplo, apilar cajas y ponerse de pie sobre ellas para alcanzar un plátano suspendido, aunque el chimpancé nunca antes hubiera visto una caja ni hubiera observado que alguien usara cajas apiladas para alcanzar comida. A pesar de estos notables ejemplos, los animales siguen siendo incapaces de alterar su entorno en grandes proporciones como sí lo hacemos los seres humanos. Tampoco, ninguno ha desarrollado un programa espacial (que nosotros sepamos). Se calcula que los cantos de las ballenas jorobadas se oyen a distancias de hasta 20 kilómetros,[25] pero esto no se puede comparar con las tecnologías de telecomunicación desarrolladas por los humanos.

En resumen, en un planeta pueden coexistir multitud de especies inteligentes, pero, como en nuestro caso, sólo una especie ha sido capaz de aventurarse por fuera de su planeta.

Por lo tanto, este parámetro se refiere a la fracción de planetas que albergan especies que exhiben una inteligencia similar a la humana, y no tenemos ni idea de cómo calcular este número. Si se es optimista, se puede aducir que, dado que existen humanos en la Tierra, en todos los demás planetas similares a la Tierra debe haber alguna raza alienígena con inteligencia similar a la humana. Si se es pesimista, se podría decir que la inteligencia similar a la humana es rara, y que simplemente hemos tenido mucha suerte, y uno aquí puede introducir literalmente cualquier número que se le ocurra (incluido el cero). De nuevo, a partir de este parámetro, podemos inferir otra solución a la paradoja de Fermi. La vida, no necesariamente unicelular, podría estar allá afuera, pero quizás, la inteligencia no evolucionó hasta el punto en el que se encuentran los humanos en este momento. Si es así, no podríamos saber de su existencia, al menos no desde el punto de vista de tecnoseñales.

Si le decepciona el hecho de que no tengamos ni idea de qué valor utilizar para este parámetro, entonces tampoco estará muy contento con el siguiente.

Sin embargo, para evitar que tire este libro contra la pared, podemos argumentar que de todos los planetas del sistema solar que desarrollaron vida (la Tierra), el 100% de ellos desarrollaron inteligencia similar a la humana (nosotros). Ya está. Basándonos en esa suposición, ahora tenemos un valor para este término.

La fracción de vida inteligente que puede anunciar su existencia en el espacio (f_c)

No hay otros animales en la Tierra, de nuevo, que nosotros sepamos, que puedan manipular las ondas electromagnéticas para hacer una videollamada y comunicarse con un familiar o amigo al otro lado del planeta.

Si una raza extraterrestre hubiera estado observando la Tierra y buscando señales de vida inteligente por los últimos 4.500 millones de años, muy probablemente hubiera pasado de largo seleccionando un objetivo diferente en su búsqueda de vida. Esto se debe a que los humanos sólo hemos sido capaces de enviar mensajes a larga distancia en los últimos 200 años.

El 24 de mayo de 1844 se envió el primer mensaje a larga distancia mediante el sistema telegráfico. Treinta años más tarde, el 10 de marzo de 1876, se realizó la primera llamada telefónica. Si nos vamos hacia adelante, menos de 150 años después, encontramos que, en el 2023, los astronautas de la Estación Espacial Internacional pronto podrán disponer de una conexión a Internet de banda ancha de 1 Gbps[26] En otras palabras, tendrán una conexión a Internet mejor que la que la mayoría de nosotros tenemos aquí en tierra.

Así pues, las comunicaciones de largo alcance mediante la manipulación de ondas electromagnéticas sólo se desarrollaron en la Tierra en su historia más reciente. Esto presenta otra solución a la paradoja de Fermi: podría haber muchas civilizaciones ahí afuera, más, sin embargo, podrían no tener la capacidad, o la intención de enviar mensajes al espacio exterior.

O tal vez sea físicamente imposible el que algunas civilizaciones puedan incluso llegar a desarrollar tecnología. Por ejemplo, se ha propuesto el concepto de "cuello de botella de oxígeno" como un posible límite para el desarrollo de capacidades tecnológicas, también conocido como "tecnosfera". [27] Esta hipótesis parte del hecho de que la combustión en la Tierra sólo es posible debido a los niveles de concentración que existen de oxígeno en la atmósfera. En pocas palabras, en un planeta con insuficiente oxígeno atmosférico, la combustión no podría producirse en ambientes al aire libre. Esto impediría a los habitantes de ese planeta el utilizar fuego para forjar herramientas y, más ampliamente, desarrollar la metalurgia. Por ejemplo, los humanos no podrían haber fabricado radiotelescopios u otros métodos de comunicación avanzados sin esos procesos fundamentales. La misma limitación podría aplicarse a algunas civilizaciones extraterrestres.

Sin embargo, podrían haber civilizaciones que sí hayan desarrollado una tecnosfera similar a la nuestra, pero que no tengan intención de transmitir su presencia al universo. Este concepto se conoce como la hipótesis del *Bosque Oscuro*.

Imagine que alguien decide dar un paseo por en una región remota y, por la razón que sea, esa persona se pierde y no sabe muy bien donde está. Se acerca el anochecer y la luz del día se desvanece. Al acercarse a un bosque denso y oscuro, esta persona no tiene ni idea de lo que alberga ese bosque. El instinto de supervivencia le dicta ser precavido; al acecho podrían haber seres hostiles o depredadores. El no hacer ruido para no revelar donde uno está a ninguna posible criatura que quiera hacerle daño, o considerarlo su próxima comida, parece ser una actitud bastante razonable. Nos comportaríamos así porque esto está arraigado en nuestros genes, como una estrategia para poder sobrevivir. El bosque también puede ser silencioso, ya que sus habitantes podrían exhibir el mismo tipo de miedo, a menos que sean leones o tigres.

En el contexto de este parámetro de la ecuación de Drake, podrían existir muchas civilizaciones, pero, al igual que una persona perdida en un bosque oscuro, podrían tener miedo a ser descubiertas. En consecuencia, se abstienen de transmitir mensajes al espacio exterior o tienen mucho cuidado de cualquier comunicación involuntaria. Podrían pensar que, si se envía un mensaje al espacio exterior, el receptor de dicho mensaje, podría ser una raza hostil que disfruta de preparar comidas hechas con otras especies alienígenas. Aunque este escenario es bastante improbable, sigue siendo una posibilidad.

Fig. 7.14 La hipótesis del Bosque Oscuro. Las civilizaciones pueden hacer el esfuerzo de no anunciar su existencia por miedo a encontrarse con una civilización hostil. Créditos: Imagen de Stefan Keller de Pixabay.

Por otra parte, para que una civilización sea detectada, los mensajes electrónicos tendrían que dirigirse al espacio, ya sea por elección propia o como subproducto de sus comunicaciones internas. La primera señal de televisión fue emitida en 1927 por la entonces emisora de televisión W2XCW (ahora conocida como WRGB) desde sus instalaciones en Nueva York. Una parte de esa señal rebotó saliendo al espacio y ha estado viajando durante los últimos 100 años. Esto significa que cualquier civilización en un radio en una esfera de 100 años luz podría haber detectado esta señal si dispone del equipo adecuado. Pero eso es todo. Si alguna civilización extraterrestre hubiera estado escuchando antes, no habría detectado a los humanos porque nadie estaba transmitiendo. Los humanos estuvimos en silencio durante mucho tiempo.

Esa es otra solución a la paradoja de Fermi. ¿Y si hay muchas civilizaciones ahí afuera, pero todavía están en una era anterior a las comunicaciones? El equivalente a nuestra Edad de Piedra, por ejemplo. ¿Y si nunca desarrollaron los conocimientos necesarios sobre electromagnetismo, o ni siquiera pudieron captar los conceptos básicos de la física? Estarán callados, no porque quieran estar en silencio, sino porque no saben cómo hacer ruido. Así que, de nuevo, no tenemos ni idea de que valor asignarle a este parámetro, y cualquier número es tan bueno como cualquier otro. Sin embargo, una vez más, y de forma similar a lo que hicimos con el último parámetro, también se podría argumentar que el 100% de todos los planetas del sistema solar en los que se ha desarrollado vida inteligente (nosotros), los que habitan tal planeta (la Tierra) han sido capaces de anunciar su existencia al espacio.

El periodo de tiempo que una civilización es capaz comunicarse a través del espacio (*L*)

¿Cuánto tiempo puede sobrevivir una civilización? ¿Es suficiente el tiempo de vida de alguna civilización para desarrollar la comunicación interestelar?

En agosto de 1945, Estados Unidos detonó dos bombas atómicas en Japón. Los objetivos eran las ciudades de Hiroshima y Nagasaki. Las explosiones no sólo mataron instantáneamente a más de 140.000 personas, en su mayoría civiles, sino que los efectos posteriores de la radiactividad residual cobraron la vida de al menos otras 80.000 personas y dejaron muchos heridos.

Utilizando el mismo mecanismo responsable de la liberación de energía en el interior de las estrellas, el proceso de fusión (véase el capítulo 1), el mundo fue testigo de cómo los seres humanos habían desarrollado la capacidad de autodestruirse. Semejante poder no se había visto nunca en toda la historia de la humanidad.

Durante la Crisis de los Misiles en Cuba, el 27 de octubre de 1962, un submarino con armas nucleares de la extinta Unión Soviética (URSS) rondaba Cuba en aguas internacionales. La Marina de los Estados Unidos detectó el submarino y comenzó a lanzar cargas de señalización con la intención de que salieran a la superficie para su identificación.

El submarino de la URSS había perdido contacto con Moscú hacía ya varios días y no tenían ni idea de si una guerra con Estados Unidos estaba ocurriendo y tampoco sabían si debían responder a lo que consideraban en ese momento como ataques estadounidenses. El submarino de la URSS estaba armado con un torpedo nuclear T-5, que llevaba una carga destructiva de 5 kilotones. A modo de comparación, la bomba detonada en Hiroshima tenía una potencia de 16 kilotones, mientras que la detonada en Nagasaki tenía una carga explosiva de 21 kilotones.

A diferencia de otros submarinos de la URSS que portaban armas nucleares, en los que sólo el capitán tenía la autoridad de realizar un ataque, en este submarino eran necesarios tres oficiales para autorizarlo. Los documentos oficiales describen que estalló una discusión entre los tres oficiales, siendo el oficial ejecutivo Vasily Aleksandrovich Arkhipov el único en contra del lanzamiento. Afortunadamente, Arkhipov ganó la discusión. Habiendo evitado el ataque, Arkhipov convenció finalmente al comandante al mando para que saliera a la superficie y esperara órdenes de Moscú.[28] Las acciones de Arkhipov efectivamente evitaron una guerra nuclear, una guerra que podría haber resultado en millones de bajas en las regiones y ciudades objetivo y con muertes masivas posteriores debido a la radiación de las explosiones. Las consecuencias de una guerra nuclear incluyen devastación medioambiental que podría causar incendios masivos, la emisión de escombros a la atmósfera y un descenso significativo de las temperaturas globales debido a la reducción de la luz solar. Los sobrevivientes de tal guerra muy probablemente no podrían permanecer en la superficie y el mundo tal y como lo conocemos dejaría de existir.

Otras civilizaciones podrían estar enfrentándose, podrían haberse enfrentado o podrían enfrentarse a escenarios similares. Los científicos se refieren a este tipo de eventos capaces de destruir civilizaciones enteras como *filtros*. En concreto, hablan de *El Gran Filtro*, un mecanismo hipotético que impide que la vida alcance una inteligencia tecnológicamente avanzada.

El Gran Filtro

Hay muchos ejemplos de lo que podría ser el Gran Filtro. Un planeta podría ser estéril debido a la incapacidad de la vida de tener un mecanismo de reproducción sexual o asexual o la incapacidad de evolucionar más allá de una estructura unicelular. Un apocalipsis espacial también podría haber actuado como Gran Filtro. Acontecimientos como la explosión de una supernova cercana, estallidos de rayos gamma, un agujero negro cercano o el impacto de un asteroide de gran tamaño (como el que pudo acabar con los dinosaurios) bastan para eliminar todo rastro de vida en un planeta desafortunado. Los procesos inducidos localmente, como el calentamiento global, el invierno nuclear (debido a una guerra o accidente nuclear) o alguna Inteligencia Artificial bienintencionada, también podrían acabar con una civilización en un periodo de tiempo relativamente corto. Las posibilidades son infinitas, y cualquiera de esos filtros podría haber acabado con muchas civilizaciones y potencialmente podría acabar con nuestra propia civilización en el futuro. ¿Han superado la humanidad y la vida en la Tierra todos esos filtros? ¿Se encuentran en este momento los humanos en una trayectoria que les permitirá colonizar el resto del sistema solar y, finalmente, su galaxia natal? ¿O el gran filtro está aún por delante de nosotros?[29]

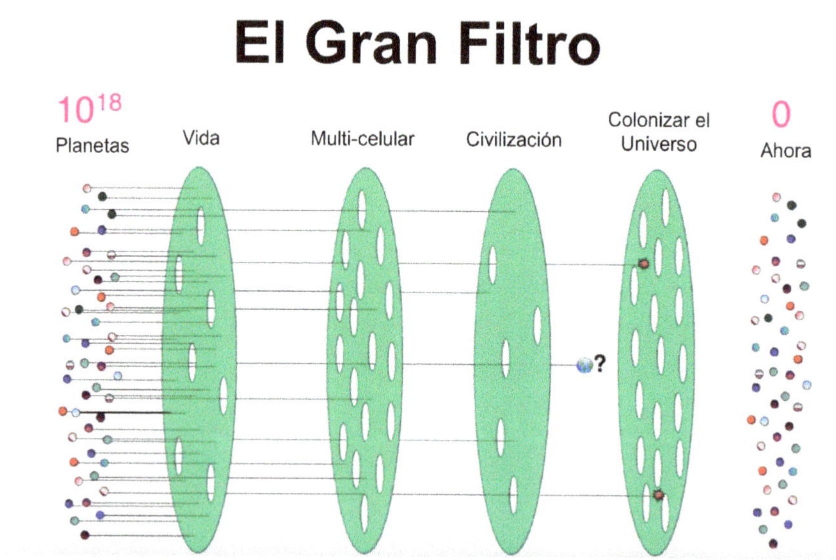

Fig. 7.15 El Gran Filtro. Importantes obstáculos que una civilización con inteligencia similar a la humana deberá superar para ser detectable. Créditos: ilustración de Robin Hanson (2014) The Great Filter, TEDxLimassol, 4:12.

El Gran Filtro ofrece entonces otra serie de soluciones a la paradoja de Fermi. ¿Y si, para una civilización dada, el filtro la extinguiera antes de progresar a la etapa de comunicación interestelar? ¿Y si, el filtro no los destruyera, pero impidiera a la civilización alcanzar la siguiente etapa de su trayectoria tecnológica? En la Tierra, por ejemplo, una gran tormenta solar podría dejar completamente fuera de servicio la red eléctrica y la Internet,[30] retrasando potencialmente nuestros avances tecnológicos durante un periodo de tiempo. ¿Y si una sucesión de tormentas solares, perturbara la tecnología de una civilización lo suficiente como para detener su camino hacia el progreso tecnológico? El Gran Filtro o un perturbador significativo podría estar todavía por delante en la trayectoria de los seres humanos, ya que no podemos estar seguros de que tal filtro ya haya sido superado.

Entonces, ¿qué valor de L deberíamos utilizar? De nuevo, ni idea. Para la humanidad, los científicos más pesimistas han sugerido 100 años, mientras que los más optimistas sugieren un millón de años. Me arriesgaré y utilizaré 10.000 años. Los lectores son más que bienvenidos de ajustar este número según sus creencias (y estado de ánimo).

Una estimación

Ahora podemos ofrecer una estimación aproximada del número de civilizaciones de nuestra galaxia. Recapitulando, estos son los valores que hemos asignado a todos los términos de la ecuación de Drake:

Tasa media de formación estelar cada año (R^*) = 2 estrellas, fracción de estrellas que albergan planetas (f_p) = 10% = 0,1, número medio de planetas que pueden albergar vida (n_e) = 2 planetas, fracción de planetas en los que realmente puede aparecer vida (f_l) = 50% = 0.5, la fracción de planetas que desarrollaron vida inteligente (f_i) = 100% = 1, la fracción de vida inteligente que puede anunciar su existencia en el espacio (f_c)=100% = 1, y el periodo que una civilización puede comunicarse a través del espacio (L) = 10.000 años.

Por lo tanto, el número de civilizaciones tecnológicamente avanzadas en la Vía Láctea, se puede calcular simplemente multiplicando los valores anteriores:

$$N = R^* \times f_p \times n_e \times f_l \times f_i \times f_c \times L$$

$$N = 2 \times 0.1 \times 2 \times 0.5 \times 1 \times 1 \times 10{,}000$$

$$N = 2{,}000$$

Así, para nuestro ejemplo, en nuestra galaxia deberían existir 2.000 civilizaciones capaces de comunicar su presencia al universo. Hemos discutido cómo este número puede aumentar o disminuir según su nivel de optimismo al establecer los valores de los términos.

En mi opinión, la ecuación de Drake cumple su propósito. Es sólo un mecanismo para estimular una discusión sobre la existencia —o no existencia— de vida en otros lugares. Sin embargo, no todo el mundo comparte el mismo entusiasmo por este planteamiento. Muchas personas suelen afirmar lo obvio, indicando que la ecuación de Drake no es una ecuación. Desde luego, estoy de acuerdo con esa afirmación, y no creo que ésa fuera nunca la intención de Frank Drake. Otros califican la "ecuación" de especulativa y engañosa, dada la incertidumbre de muchos de sus elementos. Estoy totalmente de acuerdo con esos comentarios. Algunos de los términos son tan desconocidos que me pregunto si alguna vez llegaremos a conocer sus valores reales. Por esta razón, se puede jugar con la ecuación e introducir cualquier número que se desee (por supuesto, existe una página web para hacer precisamente eso). [31] Por lo tanto, es prácticamente imposible obtener un número sólido y robusto para cualquiera de los términos.

Todas estas críticas han llevado a investigadores y científicos a crear sus propias versiones de la ecuación de Drake. Una de estas versiones es la ecuación de Seager.

La ecuación de Seager

La *ecuación de Drake de las bioseñales* o *ecuación de Seager*[32] es probablemente la nueva versión más aceptada de la ecuación de Drake. Propuesta por la profesora del MIT Sara Seager, la ecuación se centra en las bioseñales gaseosas en lugar de en las tecnoseñales, y refleja las capacidades actuales y futuras para detectar dichos gases. La ecuación de

Seager también amplía el descubrimiento potencial de formas de vida inteligentes y comunicativas, para incluir cualquier forma de vida que interactúe con la atmósfera de su planeta. La ecuación también se centra en los planetas que residen dentro de la zona habitable (ZH) de su estrella.

La ecuación tiene seis términos y pretende hallar N, el número de planetas con gases de bioseñales detectables.

Número de estrellas de la muestra (N^*)

En lugar de contemplar todo el conjunto de 10 sextillones de estrellas en el universo o todas las estrellas de una galaxia, la profesora Seager propone centrarse únicamente en un subconjunto de estrellas que los astrónomos puedan observar. Este subconjunto podría ser, por ejemplo, el número observable de estrellas enanas rojas o de estrellas similares al Sol. Estos subconjuntos son específicos de una observación dada, telescopio terrestre u observatorio espacial. Este enfoque reduce la magnitud del problema y proporciona un escenario realista basado en nuestras capacidades actuales y en los datos disponibles.

La fracción de estrellas tranquilas (F_Q)

Una vez identificado el conjunto de estrellas observables, tal y como se define en el parámetro anterior, el siguiente paso consiste en identificar la fracción de estas estrellas que tienen una actividad solar mínima. Las estrellas con gran actividad solar, como las manchas solares, presentan un problema para la identificación de planetas. Las manchas solares pueden confundirse con un planeta en tránsito, lo que puede resultar en una elevada tasa de falsos positivos.

Se sabe que las estrellas muy activas emiten grandes cantidades de luz ultravioleta (UV), que potencialmente puede destruir los gases de las bioseñales, mermando la capacidad de los astrónomos para detectarlos. Además, altas dosis de radiación UV pueden afectar a la vida a nivel celular, causando daños en el ADN. Este daño puede provocar mutaciones defectuosas y causar que las células pierdan su capacidad de dividirse y crecer. Tales condiciones no son, desde luego, propicias para que la vida prospere.

La fracción de estrellas con planetas rocosos en la zona habitable (F_{HZ})

Este término se refiere al número de posibles planetas terrestres que orbitan alrededor de las estrellas con baja actividad solar (tranquilas) identificadas en el parámetro anterior. Una vez más, los investigadores se centran en los planetas terrestres, ya que la única vida que conocemos habita en un mundo terrestre. Este parámetro también se centra en los planetas que existen dentro de la zona habitable(ZH) de una estrella, ya que, de nuevo, la vida que conocemos requiere agua líquida en la superficie de un planeta para existir.

La fracción de planetas rocosos en la ZH que pueden ser observados (F_O)

Podría haber muchos planetas que se encuentren efectivamente en la HZ de la muestra de estrellas seleccionada. Sin embargo, ¿serán capaces los astrónomos de detectar todos estos exoplanetas? En el capítulo 3 explicamos cómo, para el método de detección del tránsito, la orientación del sistema estrella-planeta determina su detectabilidad. Al contrario de lo que ocurre con los planetas orientados hacia el borde, que cruzan la línea de visión del observador durante su tránsito, si un planeta estuviera de cara al observador desde el punto de vista del instrumento, los astrónomos no podrían detectar la disminución en la luz que provoca el planeta al pasar por delante de su estrella.[33]

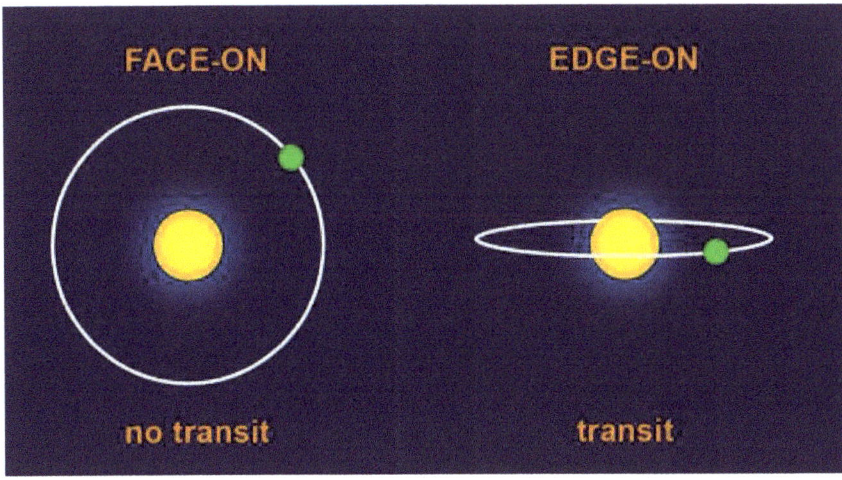

Fig. 7.16 Si un planeta no cruza la línea de visión del observador (izq.), los astrónomos no podrán detectar su tránsito y, por tanto, no sabrían de su existencia utilizando el método del tránsito. Créditos: Nora Eisner.

Como en el caso de la técnica de tránsito, cada método de detección de exoplanetas también tendrá puntos ciegos en los que no se detectarán varios planetas debido a la geometría orbital del planeta o a las capacidades técnicas.

La fracción de planetas que tienen vida (F_L)

De todos los planetas terrestres que orbitan dentro de la zona habitable de estrellas tranquilas en una muestra dada de estrellas, nos interesa ahora determinar la fracción de planetas que tienen vida. De forma similar al parámetro F_l de la ecuación de Drake (Fracción de planetas en los que realmente puede aparecer vida), podemos hablar del sistema solar. La Tierra y Marte se encuentran dentro de la zona habitable de su tranquila estrella, el Sol. De esos dos planetas, sólo uno, que sepamos, alberga vida. Esto significa que este parámetro para el sistema solar es del 50%. Como en la Ecuación de Drake, este parámetro es altamente especulativo, y sólo podemos inferir su valor a partir de nuestra propia experiencia.

La fracción de planetas con vida que produce una bioseñal de gas detectable mediante una firma espectroscópica (F_S)

Hemos comentado cómo el JWST ha mejorado la capacidad de los astrónomos para caracterizar las atmósferas de los exoplanetas, y cómo esto ha facilitado la detección de elementos químicos presentes en las atmósferas de ciertos mundos. Por primera vez en la historia, el ser humano dispone de las herramientas necesarias para buscar indicios de vida más allá del sistema solar. Para detectar vida en estos planetas, debe haber un gas producido inequívocamente por un proceso biótico. Además, los gases producidos por organismos vivos deben acumularse a un nivel que pueda detectarse en la atmósfera de un exoplaneta. Sin embargo, procesos abióticos también pueden generar muchos de los gases que la vida produce aquí en la Tierra. Un ejemplo destacado es el oxígeno, considerado una fuerte bioseñal. Sin embargo, el oxígeno también puede producirse a través del efecto de fotodisociación del agua. En esta reacción química, las moléculas de agua absorben la luz ultravioleta, lo que provoca la separación del hidrógeno y el oxígeno. Como el hidrógeno escapa al espacio, el oxígeno se acumula en la atmósfera a niveles detectables. Por lo tanto, es primordial determinar con absoluta certeza si un gas detectado es realmente una bioseñal. Sin embargo, vale destacar que los científicos nunca alcanzarán este 100% de certeza. No obstante, los modelos y técnicas utilizadas pueden perfeccionarse para aumentar tal nivel.

Otra estimación

Como vemos, la ecuación de Seager contiene menos términos desconocidos y especulativos que la ecuación de Drake. De hecho, el 71% de los términos de la ecuación de Drake son desconocidos, mientras que en la ecuación de Seager sólo el 33% son especulativos.

Como resultado, podemos calcular N, o el número de planetas con gases de bioseñales detectables, con un poco más de confianza. En su obra seminal, la profesora Seager habla de un par de estimaciones. La Dra. Seager aplica su ecuación a la configuración del Satélite de Exploración de Exoplanetas en Tránsito/Telescopio Espacial James Webb (TESS/JWST).

La profesora Seager se centra en el número de estrellas enanas M del sondeo TESS, que es de unas 30.000 estrellas (N^* = 30.000). De todas estas estrellas, se estima que alrededor del 60% de ellas presentan baja actividad solar y, por lo tanto, $F_Q = 0{,}6$.

Utilizando estimaciones realizadas por otros investigadores, la fracción de planetas rocosos en la zona habitable alrededor de estrellas M es de aproximadamente F_{HZ}= 24% o 0,24. El escenario más pesimista para las atmósferas que podemos observar en detalle para esos planetas rocosos en la HZ de sus estrellas es de alrededor del 0,1% (F_O = 0,1% o 0,001).

Por lo tanto, estos cuatro términos son bien conocidos. Los términos que no son bien conocidos y requieren especulación son, por supuesto, la fracción de planetas que tienen vida (F_L) y la fracción de planetas con vida que producen una bioseñal de gas detectable mediante una firma espectroscópica (F_S). Para el primero de estos términos, F_L, será necesaria una suposición. Según nuestra discusión anterior sobre el término equivalente de la ecuación de Drake, no todos los planetas de la zona habitable de una estrella albergarán vida. Aquí, en el sistema solar, sólo la Tierra puede albergar vida, a diferencia de Marte, un planeta que también se encuentra en la zona habitable del Sol. Esto significa que sólo el 50% de los planetas de la zona habitable del Sol albergan vida. Podemos asignar entonces a F_L un valor del 50%, basándonos únicamente en nuestra propia experiencia.

Para el último término, F_S, la profesora Seager recomienda utilizar también un valor del 50%. Esta especulación está apoyada, por el nivel de oxígeno que es potencialmente detectable a distancia presente en la atmósfera de nuestro planeta. El oxígeno detectable ha existido en la atmósfera de la Tierra durante al menos la mitad de su vida. Múltiples líneas de evidencia indican que los niveles de oxígeno en la atmósfera eran extremadamente bajos hasta hace 2.450 millones de años. Sin embargo, estos niveles de oxígeno se hicieron remotamente detectables hace unos 2.220 millones de años.[34]

Por lo tanto, ya tenemos valores para los seis parámetros. En resumen, estos son los valores asignados:

$N^* = 30.000$, $F_Q = 0,6$, $F_{HZ} = 0,24$, $F_O = 0,001$, $F_L = 0,5$ y $F_S = 0,5$. Ahora podemos multiplicar todos estos números para hallar ***N***, o el número de planetas con gases de bioseñales detectables para la configuración TESS/JWST.

$$N = N^* \times F_Q \times F_{HZ} \times F_O \times F_L \times F_S$$

$$N = 30{,}000 \times 0.6 \times 0.24 \times 0.001 \times 0.5 \times 0.5$$

$$N \sim 1$$

El símbolo matemático "~" significa "aproximadamente", ya que el resultado de nuestro cálculo está muy próximo a 1, pero no es exactamente 1.

El resultado obtenido significa que, analizando los datos recogidos para el conjunto de 30.000 estrellas utilizando la configuración TESS/JWST, el número de planetas con signos detectables de vida es uno.

La importancia de la Ecuación de Seager radica en su capacidad para servir de marco de cálculo de las probabilidades de detectar vida para una configuración u observación concretos. La profesora Seager también ha calculado las probabilidades para imágenes directas terrestres al combinar varios catálogos, llegando a un valor para ***N*** de aproximadamente tres planetas.

A la luz de estas estimaciones y al ritmo al que aumenta la tecnología, los expertos están convencidos de que el descubrimiento de vida fuera de la Tierra es sólo cuestión de tiempo, y algunos de ellos incluso indican que ocurrirá en esta década (2020-2030). El descubrimiento no se producirá necesariamente en un momento único, ya que requerirá el análisis y la clasificación de grandes cantidades de datos y el consenso general de la comunidad científica.

Por otra parte, algunos investigadores y científicos no son tan optimistas sobre el descubrimiento de vida extraterrestre basado en la detección de una bioseñal. Con el provocador título "*La futilidad de la bioseñalización de exoplanetas*",[35] los autores Harrison B. Smith y Cole Mathis argumentan en su trabajo de investigación que el ejercicio de detectar inequívocamente vida mediante una bioseñal es imposible. Al fin y al cabo, la propia definición de bioseñal no implica la existencia de vida en sí, sino la identificación de un proceso concreto asociado a los sistemas vivos. Los autores sostienen, que los científicos siguen indecisos sobre la definición de vida y que aún no existe una teoría completa de ella.

Como ya hemos dicho, las bioseñales son ambiguas por naturaleza. No existe una forma fácil (o difícil en ese sentido) de afirmar de forma concluyente el descubrimiento de vida extraterrestre debido a la detección de un gas relacionado con un proceso biótico. Por el contrario, la detección de una tecnoseñal, como la detección de una señal SETI, llevará directamente a los científicos a concluir la existencia de vida extraterrestre y, más concretamente, de vida inteligente.

¿Qué pasaría después de encontrar a ET?

¿Qué pasaría si se detectara una señal SETI? Contrario a lo que estamos acostumbrados de ver en las películas de Hollywood y las teorías conspirativas en la Internet, un acontecimiento así no sería algo que los científicos quisieran mantener en secreto. Desde un punto de vista científico, el descubridor o descubridores serían probablemente galardonados con un gran reconocimiento, incluido el Premio Nobel. Más allá de prepararse para el reconocimiento que supondría tal logro, el instituto SETI ha desarrollado la "Declaración de Principios sobre la Conducción de la Búsqueda de Inteligencia Extraterrestre", [36] un compendio de principios que describen el protocolo a seguir en caso de que se detecte una señal de inteligencia extraterrestre. Estos principios establecen que una vez que los miembros del equipo que hizo el descubrimiento hayan completado el proceso de verificación, el equipo "...informará de esta conclusión de forma abierta, y completa al público, a la comunidad científica y al secretario general de las Naciones Unidas". Esto significa que todos los datos científicos estarán a disposición de la comunidad científica internacional. Las acciones contempladas en el protocolo SETI son comunes entre los científicos a la hora de reproducir, validar y confirmar descubrimientos científicos.

Tras un descubrimiento tan fundamental, ya sea como resultado de un cúmulo de pruebas o en forma de detección de una señal SETI, nada cambiará en nuestra vida cotidiana. Es más que probable que esa vida (a menos que se detecte en nuestro sistema planetario) se encuentre muy lejos de nosotros, hasta el punto de que no podríamos llegar a ella en el lapso de una vida humana. Y lo que es más importante, tal descubrimiento implicaría un cambio de nuestra actual visión biogeocéntrica a una perspectiva *astrobiocéntrica*.

Astrobiocentrismo

A diferencia del biocentrismo, que considera la vida como algo exclusivo de la Tierra, *el astrobiocentrismo* es un concepto que tiene en cuenta las implicaciones para la ciencia y la humanidad si se confirmase la existencia de vida extraterrestre. Al tiempo que se producen avances y descubrimientos en las ciencias naturales con la tecnología que se desarrolla en astrobiología, también se desarrollan contenidos e ideas por el lado de las ciencias sociales y las humanidades. Exploremos brevemente lo que, en mi opinión, son algunas de las nociones más interesantes que se han introducido recientemente: [37, 38]

- **Astrobioética.** Se trata de una disciplina que estudia las implicaciones morales y aborda las cuestiones éticas relacionadas con el estudio y la exploración de la vida en el universo. Llevar humanos a Marte y la responsabilidad social de los astrobiólogos ante la sociedad son algunos de los ejemplos de los que trata esta disciplina.
- **Astrobiosemiótica.** Este concepto se deriva de *la semiótica*, que es el estudio de los signos y símbolos y su uso o interpretación. La astrobiosemiótica se centra en cómo los astrobiólogos, como intérpretes, establecen conexiones entre las cosas, entre la expresión o signo (la bioseñal) y el contenido (el organismo vivo). El objetivo de la astrobiosemiótica es poner orden en el estudio de las bioseñales, mejorando nuestra comprensión de la vida en el universo mediante la interpretación estructurada de estos signos.

- **Astroteología.** La mayor parte de la reflexión teológica es fundamentalmente geocéntrica. Es decir, independientemente de que las teologías consideren a menudo la inmensidad del universo, están intrínsecamente centradas en la aparición de la vida en la Tierra y conllevan una creación de sentido marcadamente humana. La astroteología explora cuestiones fundamentales como "¿Por qué existimos?" desde una perspectiva astrobiocéntrica, en la que los humanos ya no son el centro de la creación, y se tienen en cuenta sesgos antropocéntricos y geocéntricos para abordar esas cuestiones fundamentales.

Estos conceptos demuestran que académicos de diferentes disciplinas se están preparando para lo que viene. Más allá de la influencia en el trabajo de investigadores y científicos, el descubrimiento de vida extraterrestre tendría un profundo impacto en nuestra comprensión del universo y en cómo nos vemos a nosotros mismos como humanidad. Surgirán nuevos libros, películas de Hollywood, series de televisión y, posiblemente, nuevas religiones... seguro. Hasta que se detecte esa prueba definitiva, los entusiastas de la ciencia seguiremos disfrutando del viaje y prestando atención a las señales.

La existencia de vida más allá de la Tierra sigue siendo un enigma, y eso es lo que lo hace divertido, al menos para mí. Haciendo eco de las profundas reflexiones del notable escritor de ciencia ficción Arthur C. Clarke:

"Existen dos posibilidades: o estamos solos en el Universo, o no lo estamos. Ambas son igualmente aterradoras".

Discusión final

"Hay una parte muy grande de nuestra población que cree firmemente en los extraterrestres."

—Jeri Ryan actriz que interpreta al personaje de la ex zángana *Siete de Nueve* en Star Trek: Voyager (1997-2001).

Si ha llegado hasta aquí, muchas gracias por seguir conmigo. Es costumbre terminar un libro con una sección final en la que el autor llega a ciertas conclusiones sobre lo que se ha tratado. Por ello, estuve tentado de utilizar el título "Conclusiones" para esta parte final del libro.

Sin embargo, me temo que para la mayoría de los temas que hemos explorado no hay muchas conclusiones que podamos alcanzar por el momento. A pesar de todos los avances de la ciencia y la tecnología, encontrar vida más allá de la Tierra sigue pareciendo elusivo.

Cuando era niño, estaba absolutamente convencido de la existencia de civilizaciones extraterrestres y no dejaba de mirar al cielo y las noticias esperando el momento del ansiado primer contacto. Tales convicciones, se debían sobre todo a que no podía dejar de ver todas esas series y películas de ciencia ficción. En ellas, los alienígenas serían nuestros salvadores o nuestros verdugos. Seres que aparecían en nuestra puerta para darnos buenas o malas noticias (o muy malas, como en la adaptación cinematográfica de 2005 de la Guía de la autopista galáctica[1]). Sin embargo, tengo que decir que, después de todos estos años, no soy tan optimista respecto a que este primer encuentro se produzca en nuestra vida... o nunca. Las razones de mi cambio de opinión son principalmente tres: i) la inmensidad del Universo, ii) las condiciones para que florezca la vida en la Tierra, y iii) la probabilidad de que nuestros caminos se intercepten.

El universo es grande. Realmente grande

La inmensidad del universo es algo que todavía no me cabe bien en la cabeza, y es más que probable que nunca me quepa. Mi último viaje a Colombia desde Australia me llevó casi tres días. El viaje, que incluyó muchas escalas, gracias a la economía post-pandemia, incluyó un vuelo de 11 horas de Fiji a Los Ángeles, un vuelo de casi siete horas de Los Ángeles a Ciudad de Panamá, y un vuelo de casi dos horas a Santiago de Cali, mi ciudad natal. Esta "maravillosa" experiencia me hizo pensar en lo grande que es la Tierra. Pero la Tierra es tan pequeña comparada con otras estructuras del universo. Las distancias a las que estamos acostumbrados en nuestro planeta palidecen en comparación con la inmensidad del cosmos. Como hemos visto a lo largo del libro, estas distancias son tan grandes que los astrónomos han creado unidades como el año-luz y el pársec.

El objeto artificial humano que ha viajada más lejos es la sonda Voyager 1 de la NASA, lanzada en 1977. La sonda lleva viajando casi 47 años y su velocidad actual respecto al Sol es de 61.200 kilómetros por hora. En febrero de 2024, se encontraba a 163 veces la distancia de la Tierra al Sol

(163 AU). Lo increíble de esto es que, técnicamente hablando, la Voyager 1 ni siquiera ha abandonado aún el sistema solar.

A esta velocidad, la Voyager 1 alcanzaría Próxima Centauri, la estrella más cercana al Sol, en aproximadamente 75.000 años. Si queremos que la Voyager 1 se aventure fuera de la Vía Láctea, tardará unos 441 millones de años para que alcance el borde de la galaxia. Así que, sí, el universo es grande. Por lo tanto, la dificultad de lograr viajes interestelares o intergalácticos me hace preguntarme si los humanos, o cualquier civilización extraterrestre, podrían llegar a cubrir estas grandes distancias. Exploramos la paradoja de Fermi y cómo las máquinas autoreplicantes (máquinas de Von Neumann) podrían cubrir potencialmente distancias tan largas durante miles o millones de años. Si alguna vez entramos en contacto cara a cara con alguna civilización extraterrestre, lo más probable es que sea con una de estas entidades artificiales.

¿Sobrevivirá la humanidad lo suficiente para recibir a uno de estos exploradores? ¿O será nuestra propia versión de las máquinas de Von Neumann la que establezca ese contacto?

La improbabilidad de vida compleja en otros lugares

En la Tierra, la vida es omnipresente. La vida simple —microbiana y bacteriana— puede encontrarse en todas partes. Incluso en el subsuelo, en el fondo de los océanos, en condiciones extremas de frío, calor y toxicidad. Dada la afinidad de ciertos microorganismos con entornos extremos, se les ha apodado *extremófilos*, que significa literalmente "organismos que aman lo extremo". Los extremófilos prosperan a temperaturas tan bajas como menos 20 grados Celsius y tan altas como 120 grados Celsius; a presiones de hasta 110 Megapascales (MPa), y en condiciones de acidez extrema (pH 0). [2]

Esta resistencia de la vida en entornos que se asemejan a las condiciones extremas de muchos planetas del sistema solar y exoplanetas y el descubrimiento[3] de una gran presencia de moléculas en el espacio que contribuyen a la construcción de aminoácidos —la base del material genético aquí en la Tierra— han creado una atmósfera de optimismo entre los científicos respecto a encontrar vida simple en el universo en los próximos veinte años.[4] Sin embargo, la esperanza de que exista vida compleja —"vida animal" o "vida inteligente" — es una historia completamente diferente.

En el notable libro de 2003 *Tierra rara: Por qué la vida compleja es poco común en el Universo,* [5] los autores Peter D. Ward y Donald Brownlee, argumentan que la confluencia de muchas circunstancias afortunadas y acontecimientos raros han hecho de la Tierra un entorno excepcionalmente habitable para la vida compleja. Por ejemplo, el gran tamaño de nuestra luna contribuye a la estabilidad axial del planeta, evitando cambios climáticos drásticos. La existencia de placas tectónicas desempeña un papel fundamental en el ciclo del carbono, la regulación del clima y el mantenimiento de una atmósfera estable que sustenta la vida a lo largo de escalas de tiempo geológicas.

La posición del sistema solar en la Vía Láctea también podría haber contribuido al éxito de la vida en la Tierra. Este concepto, conocido como *zona galáctica habitable (ZGH)*, [6] o *zona estelar habitable*, explora cómo la posición de un sistema planetario, en nuestro caso, a 27.000 años luz del centro de la galaxia, puede haber desempeñado un papel crucial en el desarrollo de la vida compleja en la Tierra. El centro de la Vía Láctea presenta una mayor concentración de estrellas, lo que la convierte en una región donde las supernovas y los estallidos de rayos gamma, potencialmente mortales, pueden impedir el desarrollo de vida compleja. También se sabe que los centros de las galaxias albergan agujeros negros supermasivos y núcleos galácticos activos (véase el capítulo 1), peligrosas fuentes de alta energía que también son perjudiciales para la vida compleja.

Además, la Tierra se encuentra en el lugar de la galaxia donde la abundancia de elementos ha permitido la formación de planetas terrestres. La metalicidad de una estrella central podría desempeñar un papel crucial en la aparición de vida compleja en sus planetas, tal y como exploramos en el Capítulo 1. Además, se ha planteado la hipótesis de que Júpiter haya servido de escudo protector de la Tierra frente a los impactos de cometas y asteroides (este argumento no se ha resuelto del todo, ya que también se ha planteado la hipótesis de que Júpiter podría estar actuando más como un enemigo que como un amigo). [7] Por último, el Sol es una estrella muy estable con baja actividad en erupciones solares, una condición que permite una zona habitable muy estable donde el agua puede permanecer líquida. Unas condiciones atmosféricas adecuadas, un sistema planetario estable, la diversidad molecular y la evolución de las formas de vida han permitido que florezca en la Tierra una rica diversidad de vida animal.

Todo esto indica que la existencia de vida compleja en el universo, podría no ser tan común como pensamos. Es cierto que hay miles de millones de planetas ahí fuera, pero ¿y si la probabilidad de que exista vida compleja es tan baja que ni un solo planeta podría albergarla? No lo sabemos; ¿lo sabremos algún día?

Encontrándonos

Hace diez mil años, nuestros antepasados aún vivían en cuevas y su mayor logro tecnológico era encender el fuego para cocinar sus alimentos. ¿Y si alguna civilización extraterrestre envió una señal desde su planeta natal y nosotros no la recibimos porque no habíamos desarrollado la tecnología necesaria para recibirla? ¿Y si nosotros también estamos enviando señales u observando el planeta natal de una civilización que aún se encuentra en una edad equivalente a nuestra Edad de Piedra? ¿Y si somos la primera civilización del universo? Casi 14.000 millones de años desde el Big Bang, ¿y qué posibilidades hay de que las civilizaciones tecnológicas se crucen? Estar en el momento adecuado.

¿Qué posibilidades hay de que dos civilizaciones utilicen tecnologías equivalentes? Hemos explorado que algunas civilizaciones extraterrestres podrían estar utilizando neutrinos para comunicarse. ¿Y si, a estas alturas, ya han abandonado por completo las señales de radio como forma de comunicación interestelar? Muchas soluciones de la paradoja de Fermi también exploran la longevidad de las civilizaciones. Podrían haber estado transmitiendo, pero hace tiempo que desaparecieron, y nuestros dispositivos no volverán a alinearse con sus transmisores.

Todas estas razones me hacen pensar que, o bien estamos realmente solos, o las posibilidades de encontrarnos con otra raza de inteligencia similar a la humana que no sea de la Tierra son bastante reducidas. ¿Deberíamos dejar de buscar, entonces? Por supuesto que no. Es cierto que las posibilidades de encontrar vida ahí fuera son bastante reducidas, pero si no buscamos, las posibilidades se vuelven nulas.

En esta era dorada en la que vivimos, el anuncio de la detección de un nuevo planeta se ha convertido en algo normal, pero el descubrimiento de un nuevo mundo no tiene nada de trivial. Cada nuevo mundo trae consigo nuevas posibilidades, ideas frescas y esperanza. Cada mundo cuenta una nueva historia. Historias que, en conjunto, mejoran nuestra comprensión del universo y del lugar que ocupamos en él.

Mientras tanto, nosotros, los entusiastas del espacio, seguiremos consumiendo ciencia ficción y material científico y seguiremos mirando hacia el cielo nocturno. Como dice el póster que cuelga en la oficina de uno de los protagonistas dc una de mis series favoritas de los 90:

"Quiero creer (I want to believe)"

Agradecimientos

Escribir este libro me ha permitido cumplir un sueño de hace mucho tiempo y ha sido una experiencia memorable. Sólo tengo palabras de agradecimiento para todas las personas que me ayudaron en el camino.

Muchas gracias a los numerosos lectores por sus comentarios en las distintas etapas de este proyecto. Les estoy muy agradecido por todo su tiempo y sus valiosos comentarios.

Gracias a todos mis amigos que me apoyaron y animaron a seguir persiguiendo este sueño.

Tengo que expresar mi gratitud a Paige Lawson, mi editora de la versión en inglés. Su profesionalismo y sus acertadas correcciones contribuyeron a mejorar notablemente el texto final.

De igual manera quiero agradecer a Erica Van Boven, mi editora de la versión en español. Erica no solo hizo un fantástico trabajo de edición, sino que también fue increíble encontrando errores pequeños que nadie más había podido encontrar antes e incluso verificando la información plasmada en el texto.

También estoy muy agradecido con Alexa Eliza, la diseñadora gráfica que creó las increíbles cubiertas del libro. Alexa supo plasmar en imágenes lo que yo apenas podía expresar con palabras.

El gran formato tanto de la versión digital, así como de la versión impresa es el resultado del trabajo de Damian Jackson. Damian captó mis necesidades de forma asombrosa y las plasmó en el magnífico diseño final.

Muchas gracias a Sakhee Bhure, estudiante de posgrado de la USQ. Sakhee fue la primera persona que leyó el manuscrito completo. Sus habilidades de comunicación científica ayudaron enormemente a enriquecer el texto.

Muchas gracias a la Dra. Sarah Blunt, a quien conocí virtualmente durante Code/Astro 2022, y a la Dra. Luz Ángela García, por sus inestimables contribuciones en el capítulo dedicado a las estrellas.

Un agradecimiento especial al Dr. Phil Sutton, no sólo porque su canal de YouTube, AstroPhil, me ayudó a aclarar conceptos sobre la migración de los planetas, sino también por sus notables comentarios sobre el capítulo de los planetas.

Muy agradecido a mis antiguos profesores de la USQ, el Dr. Brett Addison y el Dr. Jake Clark, por sus extensas contribuciones en la revisión y verificación de los capítulos sobre Métodos de Detección de Exoplanetas y Clasificación de Exoplanetas.

Muchísimas gracias al Dr. Octavio A. Chon Torres, y al estudiante de posgrado de la Northwestern University Jonathan Roberts, por sus maravillosas ideas, opiniones y comentarios que mejoraron enormemente los capítulos relacionados con astrobiología y SETI.

Tengo que dar un reconocimiento muy especial a Vicki Anderson, parte del equipo directivo cuando trabajé en Catholic Education network (CEnet). Vicki no solo reviso el texto, sino que me dio maravillosos consejos, comentarios y opiniones que contribuyeron en gran medida a mejorar la legibilidad general del texto.

Por último, y, sobre todo, gracias a mi amada esposa Claudia, a mis padres Alejandro y Bertha, y a mi hermanito Julián, por nunca dejar de creer en mí y por su inmenso apoyo y aliento a lo largo de toda mi vida. Los amo demasiado.

Índice

Índice

Índice

Índice

Índice

Índice

Índice

Sobre el Autor

ALEJANDRO RUIZ RIVERA es un entusiasta de la ciencia y la tecnología que trabaja para el Gobierno de Queensland en Brisbane, Australia, y es miembro del grupo de investigación ASTROLUCA en Cali, Colombia. Obtuvo su título de Ingeniero Electrónico de la Universidad del Valle en Cali, Colombia, en el 2003, y sus títulos de Maestría y Doctorado en Ingeniería de Telecomunicaciones de la Universidad de Wollongong (UOW) en Australia en el 2008 y 2016 respectivamente. También se graduó con una Maestría en Ciencias en Astrofísica de la Universidad del Sur de Queensland (USQ) en el 2023.

Notas

Prefacio

1. Sagan, Carl. Cosmos. United States: Random House, 1983.
2. https://www.youtube.com/watch?v=uakLB7Eni2E

1. Estrellas

1. https://science.nasa.gov/sun/
2. https://imagine.gsfc.nasa.gov/science/objects/milkyway1.html
3. https://theuniversalstory.net/universe-you-here/
4. Hart, M.H., 1978. The evolution of the atmosphere of the Earth. Icarus, 33(1), pp.23-39.
5. Hamacher, D. and Anderson, G.M., 2022. The first astronomers. Allen & Unwin.
6. McKee, C.F. and Ostriker, E.C., 2007. Theory of star formation. *Annu. Rev. Astron. Astrophys.*, *45*, pp.565-687.
7. Weinberg, S. (1977). The First Three Minutes: A Modern View of the Origin of the Universe. New York: Basic Books.
8. Keating, B. (2019). Losing the Nobel Prize: A Story of Cosmology, Ambition, and the Perils of Science's Highest Honor. W. W. Norton & Company.
9. Heng, I. (2021, November 8). Hubble Tension Headache: Clashing Measurements Make the Universe's Expansion a Lingering Mystery. Scientific American. Retrieved from https://www.scientificamerican.com/article/hubble-tension-headache-clashing-measurements-make-the-universes-expansion-a-lingering-mystery/
10. Di Valentino, E., Mena, O., Pan, S., Visinelli, L., Yang, W., Melchiorri, A., Mota, D.F., Riess, A.G. and Silk, J., 2021. In the realm of the Hubble tension—a review of solutions. *Classical and Quantum Gravity*, *38*(15), p.153001.
11. Carroll, B. W., & Ostlie, D. A. (2007). An Introduction to Modern Astrophysics (2nd ed.). San Francisco, CA: Addison-Wesley.
12. https://helenthehare.org.uk/2017/03/19/the-physics-of-ballet/
13. Waters, L.B.F.M. and Waelkens, C., 1998. Herbig ae/be stars. Annual Review of Astronomy and Astrophysics, 36(1), pp.233-266.
14. Bennett, J.O., Donahue, M., Schneider, N. and Voit, M., 2014. *The cosmic perspective* (p. 832). Pearson.
15. http://www.physics.usyd.edu.au/~helenj/LS/LS5-star-birth.pdf
16. Carr, B.J., Bond, J.R. and Arnett, W.D., 1984. Cosmological consequences of Population III stars. Astrophysical Journal, Part 1 (ISSN 0004-637X), vol. 277, Feb. 15, 1984, p. 445-469., 277, pp.445-469.
17. Maiolino, R., Uebler, H., Perna, M., Scholtz, J., D'Eugenio, F., Witten, C., Laporte, N., Witstok, J., Carniani, S., Tacchella, S. and Baker, W., 2023. JWST-JADES. Possible Population III signatures at z= 10.6 in the halo of GN-z11. arXiv preprint arXiv:2306.00953.

18. Maio, U., Ciardi, B., Dolag, K., Tornatore, L. and Khochfar, S., 2010. The transition from population III to population II-I star formation. Monthly Notices of the Royal Astronomical Society, 407(2), pp.1003-1015.
19. https://www.eso.org/public/australia/news/eso0228/#3
20. Creevey, O.L., Thévenin, F., Boyajian, T.S., Kervella, P., Chiavassa, A., Bigot, L., Mérand, A., Heiter, U., Morel, P., Pichon, B. and Mc Alister, H.A., 2012. Fundamental properties of the Population II fiducial stars HD 122563 and Gmb 1830 from CHARA interferometric observations. Astronomy & Astrophysics, 545, p.A17.
21. Afşar, M., Sneden, C., Frebel, A., Kim, H., Mace, G.N., Kaplan, K.F., Lee, H.I., Oh, H., Oh, J.S., Pak, S. and Park, C., 2016. The Chemical Compositions of Very Metal-poor Stars HD 122563 and HD 140283: A View from the Infrared. The Astrophysical Journal, 819(2), p.103.
22. Fraknoi, A., Morrison, D. and Wolff, S.C., 2018. Astronomy (OpenStax).
23. Shapiro, A.V., Brühl, C., Klingmüller, K., Steil, B., Shapiro, A.I., Witzke, V., Kostogryz, N., Gizon, L., Solanki, S.K. and Lelieveld, J., 2023. Metal-rich stars are less suitable for the evolution of life on their planets. Nature communications, 14(1), p.1893.
24. Vecteezy.com
25. https://astronomy.com/magazine/glenn-chaple/2021/04/color-coding-stars
26. Tarter, J., 2014, Brown Is Not a Color: 'Introduction of the Term 'Brown Dwarf'', in V Joergens (ed.), *50 Years of Brown Dwarfs*, Astrophysics and Space Science Library, vol 401, Springer International Publishing.
27. Rodriguez, D.R., Zuckerman, B., Melis, C. and Song, I., 2011. The ultra cool brown dwarf companion of WD 0806–661B: age, mass, and formation mechanism. The Astrophysical Journal Letters, 732(2), p.L29.
28. Luhman, K.L., Burgasser, A.J. and Bochanski, J.J., 2011. Discovery of a candidate for the coolest known brown dwarf. The Astrophysical Journal Letters, 730(1), p.L9.
29. https://astrobiology.com/2016/05/hunting-for-hidden-life-on-worlds-orbiting-old-red-stars.html
30. Naoz, S., 2023. Planet swallowed after venturing too close to its star. Nature, 617(7959), pp.38-39.
31. De, K., MacLeod, M., Karambelkar, V., Jencson, J.E., Chakrabarty, D., Conroy, C., Dekany, R., Eilers, A.C., Graham, M.J., Hillenbrand, L.A. and Kara, E., 2023. An infrared transient from a star engulfing a planet. Nature, 617(7959), pp.55-60.
32. Nomoto, K.I., Iwamoto, K. and Kishimoto, N., 1997. Type Ia supernovae: their origin and possible applications in cosmology. Science, 276(5317), pp.1378-1382.
33. Perlmutter, S., 2000, "Supernovae, dark energy, and the accelerating universe: The status of the cosmological parameters", International Journal of Modern Physics A, vol. 15, pp. 715-739.
34. Riess, A.G., et. al., 1998, "Observational evidence from supernovae for an accelerating universe and a cosmological constant", The Astronomical Journal, vol. 116, no. 3, pp.1009-1045.
35. Thielemann, F.K., Eichler, M., Panov, I.V. and Wehmeyer, B., 2017. Neutron star mergers and nucleosynthesis of heavy elements. Annual Review of Nuclear and Particle Science, 67, pp.253-274.
36. https://svs.gsfc.nasa.gov/13873
37. https://science.nasa.gov/universe/neutron-stars-are-weird/
38. Proudfoot, B., 2021. She changed astronomy forever. He won the Nobel Prize for it. *The New York Times*, 27.

39. S. Sheikh, D. Pines, P. Ray, K. Wood, M. Lovellette, and M. Wolff, "Spacecraft navigation using x-ray pulsars," Journal of Guidance Control and Dynamics, vol. 29, no. 1, pp. 49–63, Jan 2006
40. Y. Wang, W. Zheng, S. Sun, and L. Li, "X-ray pulsar-based navigation using time-differenced measurement," Aerospace Science and Technology, vol. 36, pp. 27–35, Jul 2014.
41. Zhongming, Z., Linong, L., Xiaona, Y., Wangqiang, Z. and Wei, L., 2019. In-orbit Demonstration of X-Ray Pulsar Navigation with the Insight-HXMT Satellite.
42. The Neutron Star Interior Composition Explorer Mission: https://heasarc.gsfc.nasa.gov/docs/nicer/
43. Kaur, T., Blair, D., Moschilla, J., Stannard, W. and Zadnik, M., 2017. Teaching Einsteinian physics at schools: part 1, models and analogies for relativity. *Physics Education, 52*(6), p.065012.
44. Webster, B.L., Murdin, P. and Bolton, C.T., 1979. The Discovery of a Candidate Black Hole. In *A Source Book in Astronomy and Astrophysics, 1900–1975* (pp. 460-465). Harvard University Press.
45. El-Badry, K., Rix, H.W., Quataert, E., Howard, A.W., Isaacson, H., Fuller, J., Hawkins, K., Breivik, K., Wong, K.W., Rodriguez, A.C. and Conroy, C., 2023. A Sun-like star orbiting a black hole. *Monthly Notices of the Royal Astronomical Society, 518*(1), pp.1057-1085.
46. Patel, R., Roachell, B., Caino-Lores, S., Ketron, R., Leonard, J., Tan, N., Brown, D., Deelman, E. and Taufer, M., 2022. Reproducibility of the first image of a black hole in the galaxy M87 from the event horizon telescope (EHT) collaboration. arXiv preprint arXiv:2205.10267.
47. Pounds, K.A., Nixon, C.J., Lobban, A. and King, A.R., 2018. An ultrafast inflow in the luminous Seyfert PG1211+ 143. Monthly Notices of the Royal Astronomical Society, 481(2), pp.1832-1838.
48. Nightingale, J.W., Smith, R.J., He, Q., O'Riordan, C.M., Kegerreis, J.A., Amvrosiadis, A., Edge, A.C., Etherington, A., Hayes, R.G., Kelly, A. and Lucey, J.R., 2023. Abell 1201: detection of an ultramassive black hole in a strong gravitational lens. Monthly Notices of the Royal Astronomical Society, 521(3), pp.3298-3322.
49. Volonteri, M., Habouzit, M. and Colpi, M., 2021. The origins of massive black holes. Nature Reviews Physics, 3(11), pp.732-743.

2. Planetas

1. https://www.iau.org/public/themes/pluto/
2. Christophe, B., Spilker, L.J., Anderson, J.D., André, N., Asmar, S.W., Aurnou, J., Banfield, D., Barucci, A., Bertolami, O., Bingham, R. and Brown, P., 2012. OSS (Outer Solar System): a fundamental and planetary physics mission to Neptune, Triton and the Kuiper Belt. Experimental Astronomy, 34, pp.203-242.
3. New Horizons mission: https://science.nasa.gov/mission/new-horizons/
4. Stern, S.A., Bagenal, F., Ennico, K., Gladstone, G.R., Grundy, W.M., McKinnon, W.B., Moore, J.M., Olkin, C.B., Spencer, J.R., Weaver, H.A. and Young, L.A., 2015. The Pluto system: Initial results from its exploration by New Horizons. Science, 350(6258), p.aad1815.
5. Batygin, K. and Brown, M.E., 2016. Evidence for a distant giant planet in the solar system. The Astronomical Journal, 151(2), p.22.

6. Batygin, K., Morbidelli, A., Brown, M.E. and Nesvorny, D., 2024. Generation of Low-Inclination, Neptune-Crossing TNOs by Planet Nine. arXiv preprint arXiv:2404.11594.
7. Disk Substructures at High Angular Resolution Project (DSHARP): https://almascience.eso.org/almadata/lp/DSHARP/
8. Andrews, S.M., Huang, J., Pérez, L.M., Isella, A., Dullemond, C.P., Kurtovic, N.T., Guzmán, V.V., Carpenter, J.M., Wilner, D.J., Zhang, S. and Zhu, Z., 2018. The disk substructures at high angular resolution project (DSHARP). I. Motivation, sample, calibration, and overview. *The Astrophysical Journal Letters*, *869*(2), p.L41.
9. How old is it -The Solar System: https://www.youtube.com/watch?v=8N7VzHScNsE
10. Spencer, J.R., Stern, S.A., Moore, J.M., Weaver, H.A., Singer, K.N., Olkin, C.B., Verbiscer, A.J., McKinnon, W.B., Parker, J.W., Beyer, R.A. and Keane, J.T., 2020. The geology and geophysics of Kuiper Belt object (486958) Arrokoth. Science, 367(6481), p.eaay3999.
11. Klahr, H. and Bodenheimer, P., 2006. Formation of giant planets by concurrent accretion of solids and gas inside an anticyclonic vortex. The Astrophysical Journal, 639(1), p.432.
12. https://www.youtube.com/watch?v=BGPBNeTFXZk&t=2s
13. https://youtu.be/6AcakIR7MRk?si=HKxJ1CsidQrYH2T-
14. Plavchan, P. and Bilinski, C., 2013. Stars do not Eat Their Young Migrating Planets: Empirical Constraints on Planet Migration Halting Mechanisms. The Astrophysical Journal, 769(2), p.86.
15. Gáspár, A., Wolff, S.G., Rieke, G.H. et al. Spatially resolved imaging of the inner Fomalhaut disk using JWST/MIRI. Nat Astron (2023). https://doi.org/10.1038/s41550-023-01962-6
16. https://astronomy.swin.edu.au/cosmos/c/Cometary+Gas+Tail
17. https://www.wired.com/2013/03/why-does-a-comet-have-a-tail/
18. https://solarsystem.nasa.gov/stardust/comets/hb.html
19. Strøm, P.A., Bodewits, D., Knight, M.M., Kiefer, F., Jones, G.H., Kral, Q., Matrà, L., Bodman, E., Capria, M.T., Cleeves, I. and Fitzsimmons, A., 2020. Exocomets from a solar system perspective. Publications of the Astronomical Society of the Pacific, 132(1016), p.101001.
20. Janson, M., Patel, J., Ringqvist, S.C., Lu, C., Rebollido, I., Lichtenberg, T., Brandeker, A., Angerhausen, D. and Noack, L., 2023. Imaging of exocomets with infrared interferometry. Astronomy & Astrophysics, 671, p.A114.
21. Hartmann, W.K., and Davis, D.L., *Satellite-sized Planetesimals and Lunar Origin, Icarus 24 (1975), pp.* 504-515
22. Mackenzie, D., 2003, 'The big splat or how our Moon came to be', John Wiley & Sons, Inc, Hoboken, New Jersey.
23. The Hoba Meteorite: https://www.info-namibia.com/activities-and-places-of-interest/otavi/hoba-meteorite
24. Chiarenza, A.A., Farnsworth, A., Mannion, P.D., Lunt, D.J., Valdes, P.J., Morgan, J.V. and Allison, P.A., 2020. Asteroid impact, not volcanism, caused the end-Cretaceous dinosaur extinction. Proceedings of the National
25. Schulte, P., Alegret, L., Arenillas, I., Arz, J.A., Barton, P.J., Bown, P.R., Bralower, T.J., Christeson, G.L., Claeys, P., Cockell, C.S. and Collins, G.S., 2010. The Chicxulub asteroid impact and mass extinction at the Cretaceous-Paleogene boundary. Science, 327(5970), pp.1214-1218.
26. Longo, G., 2007. The Tunguska event. In Comet/Asteroid Impacts and Human

Society: An Interdisciplinary Approach (pp. 303-330). Berlin, Heidelberg: Springer Berlin Heidelberg.
27. https://www.un.org/en/observances/asteroid-day
28. https://science.nasa.gov/mission/dart/

3. Métodos de detección de exoplanetas – Primera parte

1. Bruno, G., The Heroic Enthusiasts, translated by Williams, L., London, 1887 (1548).
2. Urone, P.P., and Hinrichs, R., 1998, 'College Physics', openstax, Houston, Texas.
3. Struve, O., 1952. Proposal for a project of high-precision stellar radial velocity work. The Observatory,72, pp.199-200.
4. Wolszczan, A., 1994. Confirmation of Earth-mass planets orbiting the millisecond pulsar PSR B1257+ 12. Science, 264(5158), pp.538-542.
5. https://exoplanetarchive.ipac.caltech.edu/docs/counts_detail.html
6. https://spaceplace.nasa.gov/barycenter/en/
7. https://www.eso.org/public/teles-instr/lasilla/36/nirps/
8. https://www.cfa.harvard.edu/facilities-technology/telescopes-instruments/high-accuracy-radial-velocity-planet-searcher
9. https://lowell.edu/research/telescopes-and-facilities/ldt/extreme-precision-spectrometer-expres/
10. https://cafeytech.substack.com/p/el-efecto-doppler
11. https://www.anisotropela.dk/encyclo/redshift.html
12. https://exoplanetarchive.ipac.caltech.edu/docs/counts_detail.html
13. Zeilik, M. and Gregory, S., 1998. Introductory astronomy and astrophysics.
14. Baranne, A., Queloz, D., Mayor, M., Adrianzyk, G., Knispel, G., Kohler, D., Lacroix, D., Meunier, J.P., Rim-
baud, G. and Vin, A., 1996, 'ELODIE: A spectrograph for accurate radial velocity measurements', Astronomy
and Astrophysics Supplement Series, vol. 119, no. 2, pp. 373-390.
15. Wei, J., 2018, 'A Survey of Exoplanetary Detection Techniques', arXiv e-prints, pp. arXiv-1805.
16. Fischer, D.A., Howard, A.W., Laughlin, G.P., Macintosh, B., Mahadevan, S., Sahlmann, J. and Yee, J.C., 2015,
'Exoplanet detection techniques', arXiv preprint arXiv:1505.06869.
17. Fischer, D.A., Howard, A.W., Laughlin, G.P., Macintosh, B., Mahadevan, S., Sahlmann, J. and Yee, J.C., 2015,
'Exoplanet detection techniques', arXiv preprint arXiv:1505.06869.
18. Fabian, S.T., Sondhi, Y., Allen, P.E., Theobald, J.C. and Lin, H.T., 2024. Why flying insects gather at artificial light. Nature Communications, 15(1), p.689.
19. https://spacemath.gsfc.nasa.gov/earth/4Page28.pdf
20. Jara-Maldonado, M., Alarcon-Aquino, V., Rosas-Romero, R., Starostenko, O. and Ramirez-Cortes, J.M., 2020.
'Transiting exoplanet discovery using machine learning techniques: a survey'. Earth Science Informatics, vol.
13, no. 3, pp. 573-600.
21. Pollacco, D.L., Skillen, I., Cameron, A.C., Christian, D.J., Hellier, C., Irwin, J., Lister, T.A., Street, R.A., West, R.G., Anderson, D. ,Clarkson, W.I., Deeg, H., Enoch, B., Evans, A., Fitzsimmons, A., Haswell, C.A., Hodgkin, S., Horne, K., Kane, S.R.,

Keenan, F.P., Maxted, P.F.L., Norton, A.J., Osborne, J., Parley, N.R., Ryans, R.S.I., Smalley, B., Wheatley, P.J. and Wilson, D.M., 2006, 'The WASP project and the SuperWASP cameras', Publications of the Astronomical Society of the Pacific, vol. 118, no. 848, pp. 1407-1418
22. https://cfa.harvard.edu/facilities-technology/telescopes-instruments/hungarian-made-automated-telescope-network
23. Jenkins, J.M., Caldwell, D.A., Chandrasekaran, H., Twicken, J.D., Bryson, S.T., Quintana, E.V., Clarke, B.D.,
Li, J., Allen, C., Tenenbaum, P. and Wu, H., 2010, 'Overview of the Kepler science processing pipeline', The Astrophysical Journal Letters, vol. 713, no. 2, pp. L87-L91.
24. Howard, A.W., 2015, 'Transiting Exoplanet Survey Satellite', Journal of Astronomical Telescopes, Instruments, and Systems, vol. 1, no. 1, pp. 0140031-01400310.
25. Howell, S.B., Sobeck, C., Haas, M., Still, M., Barclay, T., Mullally, F., Troeltzsch, J., Aigrain, S., Bryson, S.T., Caldwell, D. and Chaplin, W.J., 2014, 'The K2 mission: characterization and early results', Publications of the astronomical Society of the Pacific, vol. 126, no. 938, pp. 398-408.
26. Perryman, M., 2018, 'the exoplanet handbook', 2nd edn, Cambridge University Press, Cambridge.
27. Reipurth, B., Jewitt, D. and Keil, K. eds., 2007. Protostars and planets V. University of Arizona Press.
28. https://exoplanetarchive.ipac.caltech.edu/index.html

4. Métodos de detección de exoplanetas – Segunda parte

1. https://exoplanetarchive.ipac.caltech.edu/docs/counts_detail.html
2. Seidelmann, P. Kenneth., Kovalevsky, Jean. Fundamentals of Astrometry. N.p.:Cambridge University Press, 2004.
3. https://www.cupix.com/news-info/how-to-take-360deg-photos-at-a-fixed-npp-and-manually-stitch-them
4. Fischer, D.A., Howard, A.W., Laughlin, G.P., Macintosh, B., Mahadevan, S., Sahlmann, J. and Yee, J.C., 2015. Exoplanet detection techniques. arXiv preprint arXiv:1505.06869.
5. Sahlmann, J., Lazorenko, P.F., Ségransan, D., Martín, E.L., Queloz, D., Mayor, M. and Udry, S., 2013. Astrometric orbit of a low-mass companion to an ultracool dwarf. *Astronomy & Astrophysics*, *556*, p.A133.
6. Curiel, S., Ortiz-León, G.N., Mioduszewski, A.J. and Sanchez-Bermudez, J., 2022. 3D orbital architecture of a dwarf binary system and its planetary companion. *The Astronomical Journal*, *164*(3), p.93.
7. Currie, T., Brandt, G.M., Brandt, T.D., Lacy, B., Burrows, A., Guyon, O., Tamura, M., Liu, R.Y., Sagynbayeva, S., Tobin, T. and Chilcote, J., 2022. Direct Imaging and Astrometric Discovery of a Superjovian Planet Orbiting an Accelerating Star. arXiv preprint arXiv:2212.00034.
8. Perryman, M., 2018. The exoplanet handbook. Cambridge university press.
9. https://www.youtube.com/watch?v=6viGNvZiscc&list=PLzgLe2CcYDfJILbYLNJBopeX1V0UXLmTG&index=1&t=24s
10. Chauvin, G., Lagrange, A.M., Dumas, C., Zuckerman, B., Mouillet, D., Song, I., Beuzit, J.L. and Lowrance, P., 2004. A giant planet candidate near a young Brown

Dwarf-direct vlt/naco observations using ir wavefront sensing. Astronomy & Astrophysics, 425(2), pp.L29-L32.
11. https://www.eso.org/public/spain/news/eso0428/
12. https://www.nasa.gov/image-feature/goddard/2022/hubble-spies-sparkling-spray-of-stars-in-ngc-2660
13. Carter, A.L., Hinkley, S., Kammerer, J., Skemer, A., Biller, B.A., Leisenring, J.M., Millar-Blanchaer, M.A., Petrus, S., Stone, J.M., Ward-Duong, K. and Wang, J.J., 2022. The JWST Early Release Science Program for Direct Observations of Exoplanetary Systems I: High Contrast Imaging of the Exoplanet HIP 65426 b from 2-16_mu m. arXiv preprint arXiv:2208.14990.
14. https://webbtelescope.org/contents/media/images/01GBT1E93YV7YND5MF S1603FWJ
15. https://www.jpl.nasa.gov/missions/the-nancy-grace-roman-space-telescope
16. Spitzer, L., 1962. The beginnings and future of space astronomy. American Scientist, 50(3), pp.473-484.
17. Cash, W., Hyde, T., Polidan, R. and Glassman, T., Starshade Technology Development.
18. Seager, S., Turnbull, M., Sparks, W., Thomson, M., Shaklan, S.B., Roberge, A., Kuchner, M., Kasdin, N.J., Domagal-Goldman, S., Cash, W. and Warfield, K., 2015, September. The Exo-S probe class starshade mission. In Techniques and Instrumentation for Detection of Exoplanets VII (Vol. 9605, pp. 273-290). SPIE.
19. Janson, M., Henning, T., Quanz, S.P., Asensio-Torres, R., Buchhave, L., Krause, O., Palle, E. and Brandeker, A., 2021. Occulter to earth: prospects for studying earth-like planets with the E-ELT and a space-based occulter. Experimental Astronomy, pp.1-14.
20. Hewitt, J.N., Turner, E.L., Schneider, D.P., Burke, B.F., Langston, G.I. and Lawrence, C.R., 1988. Unusual radio source MG1131+ 0456: a possible Einstein ring. *Nature, 333*(6173), pp.537-540.
21. Bennett, D.P., Anderson, J., Bond, I.A., Udalski, A. and Gould, A., 2006. Identification of the OGLE-2003-BLG-235/MOA-2003-BLG-53 planetary host star. *The Astrophysical Journal, 647*(2), p.L171.
22. http://ogle.astrouw.edu.pl/
23. https://www.daviddarling.info/encyclopedia/P/PLANET.html
24. https://kmtnet.kasi.re.kr/kmtnet-eng/
25. https://www.universetoday.com/138141/gravitational-microlensing-method/
26. Turyshev, S.G., 2017. Wave-theoretical description of the solar gravitational lens. *Physical Review D, 95*(8), p.084041.
27. arXiv:2303.14917 [astro-ph.EP]
28. Tomiki, A., Mimasu, Y., Ogawa, N., Matsumoto, J. and ITO, T., Orbit Determination for Long-term Prediction of Solar Power Sail Demonstrator IKAROS.
29. https://en.wikipedia.org/wiki/IKAROS#/media/File:IKAROS_IAC_2010.jpg
30. Silvotti, R., Schuh, S., Janulis, R., Solheim, J.E., Bernabei, S., Østensen, R., Oswalt, T.D., Bruni, I., Gualandi, R., Bonanno, A. and Vauclair, G., 2007. A giant planet orbiting the 'extreme horizontal branch'star V 391 Pegasi. Nature, 449(7159), pp.189-191.
31. Murphy, S.J., Bedding, T.R. and Shibahashi, H., 2016. A planet in an 840 day orbit around a Kepler main-sequence A star found from phase modulation of its pulsations. The Astrophysical Journal Letters, 827(1), p.L17.
32. https://www.youtube.com/watch?v=rqQ1xKsNIQE
33. Heller, R., Hippke, M., Placek, B., Angerhausen, D. and Agol, E., 2016. Predictable patterns in planetary transit timing variations and transit duration variations due to exomoons. Astronomy & Astrophysics, 591, p.A67.

34. Adibekyan, V., De Laverny, P., Recio-Blanco, A., Sousa, S.G., Delgado-Mena, E., Kordopatis, G., Ferreira, A.C.S., Santos, N.C., Hakobyan, A.A. and Tsantaki, M., 2018. The AMBRE project: searching for the closest solar siblings. Astronomy & Astrophysics, 619, p.A130.
35. Potter, S.B., Romero-Colmenero, E., Ramsay, G., Crawford, S., Gulbis, A., Barway, S., Zietsman, E., Kotze, M., Buckley, D.A., O'Donoghue, D. and Siegmund, O.H.W., 2011. Possible detection of two giant extrasolar planets orbiting the eclipsing polar UZ Fornacis. Monthly Notices of the Royal Astronomical Society, 416(3), pp.2202-2211.
36. Applegate, J.H., 1992. A mechanism for orbital period modulation in close binaries. Astrophysical Journal, Part 1 (ISSN 0004-637X), vol. 385, Feb. 1, 1992, p. 621-629., 385, pp.621-629.
37. https://www.diferenciador.com/fases-de-la-luna/
38. https://www.instagram.com/seanorphoto/?hl=en
39. Kimball, Donald Stevens. "A study of the aurora of 1859." (1960).
40. Vida, K., Seli, B., Szklenár, T., Kriskovics, L., Görgei, A. and Kővári, Z., 2024. Detecting coronal mass ejections with machine learning methods. arXiv preprint arXiv:2401.07588.
41. Faigler, S., Tal-Or, L., Mazeh, T., Latham, D.W. and Buchhave, L.A., 2013. Beer analysis of kepler and corot light curves. i. discovery of kepler-76b: A hot jupiter with evidence for superrotation. The Astrophysical Journal, 771(1), p.26.
42. Pinte, C., van Der Plas, G., Ménard, F., Price, D.J., Christiaens, V., Hill, T., Mentiplay, D., Ginski, C., Choquet, E., Boehler, Y. and Duchêne, G., 2019. Kinematic detection of a planet carving a gap in a protoplanetary disk. *Nature Astronomy*, *3*(12), pp.1109-1114.

5. Clasificación de exoplanetas

1. Latham, D.W., Mazeh, T., Stefanik, R.P., Mayor, M. and Burki, G., 1989. The unseen companion of HD114762: a probable Brown Dwarf. Nature, 339(6219), pp.38-40.
2. Kiefer, F., 2019. Determining the mass of the planetary candidate HD 114762 b using Gaia. Astronomy & Astrophysics, 632, p.L9.
3. Gaudi, B.S., Stassun, K.G., Collins, K.A., Beatty, T.G., Zhou, G., Latham, D.W., Bieryla, A., Eastman, J.D., Siverd, R.J., Crepp, J.R. and Gonzales, E.J., 2017. A giant planet undergoing extreme-ultraviolet irradiation by its hot massive-star host. Nature, 546(7659), pp.514-518.
4. Mankovich, C.R. and Fuller, J., 2021. A diffuse core in Saturn revealed by ring seismology. Nature Astronomy, 5(11), pp.1103-1109.
5. Meyer, M.R., Hillenbrand, L.A., Backman, D., Beckwith, S., Bouwman, J., Brooke, T., Carpenter, J., Cohen, M., Cortes, S., Crockett, N. and Gorti, U., 2006. The formation and evolution of planetary systems: Placing our solar system in context with Spitzer. Publications of the Astronomical Society of the Pacific, 118(850), p.1690.
6. Sánchez-Lavega, A., García-Melendo, E., Legarreta, J., Miró, A., Soria, M. and Ahrens-Velásquez, K., 2024. The Origin of Jupiter's Great Red Spot. Geophysical Research Letters, 51(12), p.e2024GL108993.
7. Irwin, P.G., Teanby, N.A., Fletcher, L.N., Toledo, D., Orton, G.S., Wong, M.H., Roman, M.T., Pérez-Hoyos, S., James, A. and Dobinson, J., 2022. Hazy blue worlds: A holistic aerosol model for Uranus and Neptune, including dark spots. Journal of Geophysical Research: Planets, 127(6), p.e2022JE007189.

8. Frelikh, R. and Murray-Clay, R.A., 2017. The formation of Uranus and Neptune: fine-tuning in core accretion. The Astronomical Journal, 154(3), p.98.
9. Haywood, R.D., Vanderburg, A., Mortier, A., Giles, H.A., Lopez-Morales, M., Lopez, E.D., Malavolta, L., Charbonneau, D., Cameron, A.C., Coughlin, J.L. and Dressing, C.D., 2018. An Accurate Mass Determination for Kepler-1655b, a Moderately Irradiated World with a Significant Volatile Envelope. The Astronomical Journal, 155(5), p.203.
10. Cassan, A., Kubas, D., Beaulieu, J.P., Dominik, M., Horne, K., Greenhill, J., Wambsganss, J., Menzies, J., Williams, A., Jørgensen, U.G. and Udalski, A., 2012. One or more bound planets per Milky Way star from microlensing observations. Nature, 481(7380), pp.167-169.
11. https://www.jpl.nasa.gov/news/study-shows-our-galaxy-has-at-least-100-billion-planets
12. https://exoplanets.nasa.gov/news/1419/nasa-telescope-reveals-largest-batch-of-earth-size-habitable-zone-planets-around-single-star/
13. Zieba, S., Kreidberg, L., Ducrot, E. et al. No thick carbon dioxide atmosphere on the rocky exoplanet TRAPPIST-1 c. Nature (2023). https://doi.org/10.1038/s41586-023-06232-z
14. Greene, T.P., Bell, T.J., Ducrot, E., Dyrek, A., Lagage, P.O. and Fortney, J.J., 2023. Thermal emission from the Earth-sized exoplanet TRAPPIST-1 b using JWST. Nature, 618(7963), pp.39-42.
15. Rivera, E.J., Lissauer, J.J., Butler, R.P., Marcy, G.W., Vogt, S.S., Fischer, D.A., Brown, T.M., Laughlin, G. and Henry, G.W., 2005. A~ 7.5 M⊕ planet orbiting the nearby star, GJ 876. The Astrophysical Journal, 634(1), p.625.
16. Jenkins, J.M., Twicken, J.D., Batalha, N.M., Caldwell, D.A., Cochran, W.D., Endl, M., Latham, D.W., Esquerdo, G.A., Seader, S., Bieryla, A. and Petigura, E., 2015. Discovery and validation of Kepler-452b: a 1.6 R⊕ super Earth exoplanet in the habitable zone of a G2 star. The Astronomical Journal, 150(2), p.56.
17. Mishra, L., Alibert, Y., Udry, S. and Mordasini, C., 2023. Framework for the architecture of exoplanetary systems-I. Four classes of planetary system architecture. Astronomy & Astrophysics, 670, p.A68.
18. https://www.youtube.com/watch?v=bv_hWreRJDU
19. https://exodashboard.streamlit.app/
20. https://streamlit.io/
21. Hebb, L., Collier-Cameron, A., Triaud, A.H.M.J., Lister, T.A., Smalley, B., Maxted, P.F.L., Hellier, C., Anderson, D.R., Pollacco, D., Gillon, M. and Queloz, D., 2009. WASP-19b: the shortest period transiting exoplanet yet discovered. The Astrophysical Journal, 708(1), p.224.
22. Charnoz, S., Dones, L., Esposito, L.W., Estrada, P.R. and Hedman, M.M., 2009. Origin and evolution of Saturn's ring system. Saturn from Cassini-Huygens, pp.537-575.
23. Teodoro, Luís FA, Jacob A. Kegerreis, Paul R. Estrada, Matija Ćuk, Vincent R. Eke, Jeffrey N. Cuzzi, Richard J. Massey, and Thomas D. Sandnes. "A recent impact origin of Saturn's rings and mid-sized moons."*The Astrophysical Journal* 955, no. 2 (2023): 137.
24. Black, B.A. and Mittal, T., 2015. The demise of Phobos and development of a Martian ring system. *Nature Geoscience*, *8*(12), pp.913-917.
25. https://www.flickr.com/photos/192271236@N03/53635851891/
26. Anglada-Escudé, G., Amado, P.J., Barnes, J., Berdiñas, Z.M., Butler, R.P., Coleman, G.A., de La Cueva, I., Dreizler, S., Endl, M., Giesers, B. and Jeffers, S.V., 2016. A

terrestrial planet candidate in a temperate orbit around Proxima Centauri. nature, 536(7617), pp.437-440.

27. Anglada-Escudé, G., Amado, P.J., Barnes, J., Berdiñas, Z.M., Butler, R.P., Coleman, G.A., de La Cueva, I., Dreizler, S., Endl, M., Giesers, B. and Jeffers, S.V., 2016. A terrestrial planet candidate in a temperate orbit around Proxima Centauri. Nature, 536(7617), pp.437-440.
28. Optical Gravitational Lensing Experiment (OGLE) Collaboration Udalski A. 13 Szymański MK 13 Kubiak M. 13 Pietrzyński G. 13 14 Poleski R. 13 Soszyński I. 13 Wyrzykowski Ł. 15 Ulaczyk K. 13, 2011. Unbound or distant planetary mass population detected by gravitational microlensing. Nature, 473(7347), pp.349-352.
29. Miret-Roig, N., Bouy, H., Raymond, S.N., Tamura, M., Bertin, E., Barrado, D., Olivares, J., Galli, P.A., Cuillandre, J.C., Sarro, L.M. and Berihuete, A., 2022. A rich population of free-floating planets in the Upper Scorpius young stellar association. Nature Astronomy, 6(1), pp.89-97.
30. Pearson, S.G. and McCaughrean, M.J., 2023. Jupiter Mass Binary Objects in the Trapezium Cluster. *arXiv preprint arXiv:2310.01231*. URL: https://arxiv.org/pdf/2310.01231.pdf
31. Di Stefano, R., Berndtsson, J., Urquhart, R., Soria, R., Kashyap, V.L., Carmichael, T.W. and Imara, N., 2021. A possible planet candidate in an external galaxy detected through X-ray transit. Nature Astronomy, 5(12), pp.1297-1307.

6. Buscando señales de vida

1. https://www.theguardian.com/film/2005/jun/17/sciencefictionfantasyandhorror.margaretatwood
2. Chela-Flores, J., 2012. The new science of astrobiology: from genesis of the living cell to evolution of intelligent behaviour in the universe (Vol. 3). Springer Science & Business Media.
3. Benner, S.A., 2010. Defining life. Astrobiology, 10(10), pp.1021-1030. https://doi.org/10.1089/ast.2010.0524.
4. Popa, R., 2004. Between necessity and probability: searching for the definition and origin of life. Springer Science & Business Media. https://doi.org/10.1007/s11084-005-2042-z.
5. Greaves, J.S., Richards, A., Bains, W., Rimmer, P.B., Sagawa, H., Clements, D.L., Seager, S., Petkowski, J.J., Sousa-Silva, C., Ranjan, S. and Drabek-Maunder, E., 2021. Phosphine gas in the cloud decks of Venus. Nature Astronomy, 5(7), pp.655-664.
6. Snellen, I.A.G., Guzman-Ramirez, L., Hogerheijde, M.R., Hygate, A.P.S. and Van der Tak, F.F.S., 2020. Re-analysis of the 267 GHz ALMA observations of Venus-No statistically significant detection of phosphine. Astronomy & Astrophysics, 644, p.L2.
7. https://science.nasa.gov/mission/mars-2020-perseverance/
8. Ahrer, E.M., Stevenson, K.B., Mansfield, M., Moran, S.E., Brande, J., Morello, G., Murray, C.A., Nikolov, N.K., Petit Dit de la Roche, D.J., Schlawin, E. and Wheatley, P.J., 2023. Early Release Science of the exoplanet WASP-39b with JWST NIRCam. Nature, 614(7949), pp.653-658.
9. Madhusudhan, N., Sarkar, S., Constantinou, S., Holmberg, M., Piette, A. and Moses, J.I., 2023. Carbon-bearing Molecules in a Possible Hycean Atmosphere. arXiv preprint arXiv:2309.05566.
10. Schwieterman, E.W., Cockell, C.S. and Meadows, V.S., 2015. Nonphotosynthetic pigments as potential biosignatures. Astrobiology, 15(5), pp.341-361.

Notas

11. Board, S.S. and National Academies of Sciences, Engineering, and Medicine, 2019. An Astrobiology Strategy for the Search for Life in the Universe. National Academies Press.
12. Krissansen-Totton, J., Bergsman, D.S. and Catling, D.C., 2016. On detecting biospheres from chemical thermodynamic disequilibrium in planetary atmospheres. Astrobiology, 16(1), pp.39-67.
13. Marshall, S.M., Mathis, C., Carrick, E., Keenan, G., Cooper, G.J., Graham, H., Craven, M., Gromski, P.S., Moore, D.G., Walker, S.I. and Cronin, L., 2021. Identifying molecules as biosignatures with assembly theory and mass spectrometry. Nature communications, 12(1), p.3033.
14. McKay, D.S., Gibson Jr, E.K., Thomas-Keprta, K.L., Vali, H., Romanek, C.S., Clemett, S.J., Chillier, X.D., Maechling, C.R. and Zare, R.N., 1996. Search for past life on Mars: possible relic biogenic activity in Martian meteorite ALH84001. Science, 273(5277), pp.924-930.
15. Steele, A., Benning, L.G., Wirth, R., Schreiber, A., Araki, T., McCubbin, F.M., Fries, M.D., Nittler, L.R., Wang, J., Hallis, L.J. and Conrad, P.G., 2022. Organic synthesis associated with serpentinization and carbonation on early Mars. Science, 375(6577), pp.172-177.
16. Tarter, J.C., 2006. The evolution of life in the Universe: are we alone? Proceedings of the International Astronomical Union, 2(14), pp.14-29.
17. Dick, S.J., 1993. The search for extraterrestrial intelligence and the NASA High Resolution Microwave Survey (HRMS): Historical perspectives. Space science reviews, 64(1-2), pp.93-139.
18. Sheikh, S.Z., 2020. Nine axes of merit for technosignature searches. International Journal of Astrobiology, 19(3), pp.237-243.
19. https://sofiazsheikh.com/
20. Boyajian, T.S., Alonso, R., Ammerman, A., Armstrong, D., Ramos, A.A., Barkaoui, K., Beatty, T.G., Benkhaldoun, Z., Benni, P., Bentley, R.O. and Berdyugin, A., 2018. The first post-Kepler brightness dips of KIC 8462852. The Astrophysical Journal Letters, 853(1), p.L8.
21. Participants, N.A.S.A., 2018. NASA and the Search for Technosignatures: A Report from the NASA Technosignatures Workshop. arXiv preprint arXiv:1812.08681.
22. https://aleruriphd-axes-of-merit-aom-k1tpkw.streamlit.app/
23. Beatty, T.G., 2022. The detectability of nightside city lights on exoplanets. Monthly Notices of the Royal Astronomical Society, 513(2), pp.2652-2662.
24. Kardashev, N.S., 1964. Transmission of Information by Extraterrestrial Civilizations. Soviet Astronomy, Vol. 8, p. 217, 8, p.217.
25. BP (2020) Statistical Review of World Energy 72th edition.
26. Lemarchand, G., 1994. Detectability of extraterrestrial technological activities. The Columbus Optical SETI Observatory.–1992. URL: http://www.coseti.org/lemarch1.htm
27. Sagan, C. The Cosmic Connection: An Extraterrestrial Perspective; Cambridge University Press: Cambridge, UK, 1973; ISBN 13:978-0440133018.
28. Ruiz Rivera, A., 2015. Green traffic engineering techniques for current and next generation networks. URL: https://ro.uow.edu.au/cgi/viewcontent.cgi?article=5582&context=theses
29. Dyson, F.J., 1960. Search for artificial stellar sources of infrared radiation. Science, 131(3414), pp.1667-1668.

30. Timofeev, M.Y., Kardashev, N.S. and Promyslov, V.G., 2000. A search of the IRAS database for evidence of Dyson Spheres. Acta Astronáutica, 46(10-12), pp.655-659.
31. Віщун, CC BY-SA 4.0 <https://commons.wikimedia.org/wiki/File:Dyson_Swarm_realistic_representation_cropped.jpg>
32. Griffith, R.L., Wright, J.T., Maldonado, J., Povich, M.S., Sigurđsson, S. and Mullan, B., 2015. The Ĝ infrared search for extraterrestrial civilizations with large energy supplies. III. The reddest extended sources in WISE. The Astrophysical Journal Supplement Series, 217(2), p.25.
33. Garrett, M.A., 2015. Application of the mid-IR radio correlation to the Ĝ sample and the search for advanced extraterrestrial civilisations. Astronomy & Astrophysics, 581, p.L5.
34. Loeb, A., 2021. Extraterrestrial: The first sign of intelligent life beyond earth. Houghton Mifflin.
35. Seligman, D. and Laughlin, G., 2020. Evidence that 1I/2017 U1 ('Oumuamua) was composed of molecular hydrogen ice. The Astrophysical Journal Letters, 896(1), p.L8.
36. Guzik, P., Drahus, M., Rusek, K., Waniak, W., Cannizzaro, G. and Pastor-Marazuela, I., 2020. Initial characterization of interstellar comet 2I/Borisov. Nature Astronomy, 4(1), pp.53-57.
37. Seager, S., Petkowski, J.J., Huang, J., Zhan, Z., Ravela, S. and Bains, W., 2023. Fully fluorinated non-carbon compounds NF3 and SF6 as ideal technosignature gases. Scientific Reports, 13(1), p.13576.
38. Wright, J.T., Kanodia, S. and Lubar, E., 2018. How much SETI has been done? Finding needles in the n-dimensional cosmic haystack. The Astronomical Journal, 156(6), p.260.
39. Gray, R.H., 2012. *The elusive wow: searching for extraterrestrial intelligence*. Palmer Square Press.
40. https://www.sparkfun.com/news/4664
41. Paris, A. and Davies, E., 2015. Hydrogen Clouds from Comets 266/P Christensen and P/2008 Y2 (Gibbs) are Candidates for the Source of the 1977 "WOW" Signal. Journal of the Washington Academy of Sciences, 101(4), pp.25-32.
42. Przybylski, A., 1961. HD 101065—a G 0 Star with High Metal Content. Nature, 189(4766), pp.739-739.
43. Przybylski, A., 1961. HD 101065—a G 0 Star with High Metal Content. Nature, 189(4766), pp.739-739.
44. Xiangyuan Ma, P., Ng, C., Rizk, L., Croft, S., Siemion, A.P., Brzycki, B., Czech, D., Drew, J., Gajjar, V., Hoang, J. and Isaacson, H., 2023. A deep-learning search for technosignatures of 820 nearby stars. arXiv e-prints, pp.arXiv-2301.
45. Petroff, E., Keane, E.F., Barr, E.D., Reynolds, J.E., Sarkissian, J., Edwards, P.G., Stevens, J., Brem, C., Jameson, A., Burke-Spolaor, S. and Johnston, S., 2015. Identifying the source of perytons at the Parkes radio telescope. Monthly Notices of the Royal Astronomical Society, 451(4), pp.3933-3940.
46. Lesnikowski, A., Bickel, V.T. and Angerhausen, D., 2020. Unsupervised distribution learning for lunar surface anomaly detection. arXiv preprint arXiv:2001.04634.
47. Liu, C., 2016. Death's end (Vol. 3). The three-body problem trilogy. Macmillan.
48. Stancil, D.D., Adamson, P., Alania, M., Aliaga, L., Andrews, M., Del Castillo, C.A., Bagby, L., Bazo Alba, J.L., Bodek, A., Boehnlein, D. and Bradford, R., 2012. Demonstration of communication using neutrinos. Modern Physics Letters A, 27(12), p.1250077.

49. IceCube Collaboration* †, Abbasi, R., Ackermann, M., Adams, J., Aguilar, J.A., Ahlers, M., Ahrens, M., Alameddine, J.M., Alves Jr, A.A., Amin, N.M. and Andeen, K., 2023. Observation of high-energy neutrinos from the Galactic plane. Science, 380(6652), pp.1338-1343.

7. El Gran Silencio – ¿Estamos solos?

1. https://www.nasa.gov/wp-content/uploads/2015/01/archaeology_anthropology_and_interstellar_communication_tagged.pdf
2. Garber, S.J., 1999. Searching for good science-the cancellation of NASA's SETI program. Journal of the British Interplanetary Society, 52(1), pp.3-12.
3. Worden, S.P., Drew, J., Siemion, A., Werthimer, D., DeBoer, D., Croft, S., MacMahon, D., Lebofsky, M., Isaacson, H., Hickish, J. and Price, D., 2017. Breakthrough listen–a new search for life in the universe. Acta Astronautica, 139, pp.98-101.
4. https://breakthroughinitiatives.org/initiative/1
5. van Dokkum, P., 2023. An exciting era of exploration. Nature Astronomy, 7(5), pp.514-515.
6. Lineweaver, C.H., 2001. An estimate of the age distribution of terrestrial planets in the universe: quantifying metallicity as a selection effect. Icarus, 151(2), pp.307-313.
7. MacKenzie, S.M., Neveu, M., Davila, A.F., Lunine, J.I., Craft, K.L., Cable, M.L., Phillips-Lander, C.M., Hofgartner, J.D., Eigenbrode, J.L., Waite, J.H. and Glein, C.R., 2021. The Enceladus Orbilander mission concept: Balancing return and resources in the search for life. The Planetary Science Journal, 2(2), p.77.
8. Neumann, J.V., 1966. Theory of self-reproducing automata. Edited by Arthur W. Burks.
9. Cirkovic, M.M., 2009. Fermi's paradox-The last challenge for copernicanism?. arXiv preprint arXiv:0907.3432.
10. Webb, S., 2002. If the universe is teeming with aliens... where is everybody?: fifty solutions to the Fermi paradox and the problem of extraterrestrial life (p. 112). New York, NY: Copernicus Books.
11. Webb, S., 2015. If the universe is teeming with aliens... where is everybody?: seventy-five solutions to the fermi paradox and the problem of extraterrestrial life. Heidelberg: Springer International Publishing.
12. Hawking, S., 2009. *A brief history of time: from big bang to black holes*. Random House.
13. Robitaille, T.P. and Whitney, B.A., 2010. The present-day star formation rate of the milky way determined from spitzer-detected young stellar objects. The Astrophysical Journal Letters, 710(1), p.L11.
14. Nazari-Sharabian, M., Aghababaei, M., Karakouzian, M. and Karami, M., 2020. Water on Mars—a literature review. Galaxies, 8(2), p.40.
15. Martínez, G. and Renno, N.O., 2013. Water and brines on Mars: current evidence and implications for MSL. Space Science Reviews, 175, pp.29-51.
16. https://astrobiology.com/2016/05/hunting-for-hidden-life-on-worlds-orbiting-old-red-stars.html
17. Brown, David W..The Mission: A True Story. United States: Custom House, 2021.
18. Saur, J., Duling, S., Roth, L., Jia, X., Strobel, D.F., Feldman, P.D., Christensen, U.R., Retherford, K.D., McGrath, M.A., Musacchio, F. and Wennmacher, A., 2015. The search for a subsurface ocean in Ganymede with Hubble Space Telescope observations

of its auroral ovals. Journal of Geophysical Research: Space Physics, 120(3), pp.1715-1737.

19. McKay, C.P., 2016. Titan as the abode of life. Life, 6(1), p.8.
20. Hansen, C.J., Castillo-Rogez, J., Grundy, W., Hofgartner, J.D., Martin, E.S., Mitchell, K., Nimmo, F., Nordheim, T.A., Paty, C., Quick, L.C. and Roberts, J.H., 2021. Triton: fascinating moon, likely ocean world, compelling destination!. The Planetary Science Journal, 2(4), p.137.
21. https://astrobites.org/2014/01/17/how-to-keep-warm-outside-the-habitable-zone/
22. Spohn, T. and Schubert, G., 2003. Oceans in the icy Galilean satellites of Jupiter? Icarus, 161(2), pp.456-467.
23. https://www.youtube.com/channel/UCGHZpIpAWJQ-Jy_CeCdXhMA
24. Mann, J. and Patterson, E.M., 2013. Tool use by aquatic animals. Philosophical Transactions of the Royal Society B: Biological Sciences, 368(1630), p.20120424.
25. Mercado III, E., Green, S.R. and Schneider, J.N., 2008. Understanding auditory distance estimation by humpback whales: a computational approach. Behavioural processes, 77(2), pp.231-242.
26. https://www.universetoday.com/162980/the-space-station-is-getting-gigabit-internet/
27. Balbi, A. and Frank, A., 2023. The Oxygen Bottleneck for Technospheres. arXiv preprint arXiv:2308.01160.
28. Olga, L. (2022) *Who Was Vasili Arkhipov?: A Biography and Story of the Russian That Saved the World from Nuclear War in 1962*. Amazon Digital Services LLC - Kdp Print Us.
29. https://www.youtube.com/watch?v=aspMV6ERqpo
30. Hapgood, M., 2012. Prepare for the coming space weather storm. Nature, 484(7394), pp.311-313.
31. https://www.spacecentre.nz/resources/tools/drake-equation-calculator.html
32. Seager, S., 2018. The search for habitable planets with biosignature gases framed by a 'Biosignature Drake Equation'. International Journal of Astrobiology, 17(4), pp.294-302.
33. https://www.zooniverse.org/projects/nora-dot-eisner/planet-hunters-tess/about/research
34. Bekker, A., Holland, H.D., Wang, P.L., Rumble Iii, D., Stein, H.J., Hannah, J.L., Coetzee, L.L. and Beukes, N.J., 2004. Dating the rise of atmospheric oxygen. Nature, 427(6970), pp.117-120.
35. Smith, H.B. and Mathis, C., 2022. The Futility of Exoplanet Biosignatures. arXiv preprint arXiv:2205.07921.
36. https://iaaspace.org/wp-content/uploads/iaa/Scientific%20Activity/setideclaration.pdf
37. Chon-Torres, O.A., Chela-Flores, J., Dunér, D., Persson, E., Milligan, T., Martínez-Frías, J., Losch, A., Pryor, A. and Murga-Moreno, C.A., 2024. Astrobiocentrism: reflections on challenges in the transition to a vision of life and humanity in space. International Journal of Astrobiology, 23, p.e6.
38. Chon-Torres, O.A., 2018. Astrobioethics. International Journal of Astrobiology, 17(1), pp.51-56.

Discusión final

1. Adams, D., 1995. The Hitch Hiker's Guide to the Galaxy Omnibus. Random House.
2. Rampelotto, P.H., 2013. Extremophiles and extreme environments. Life, 3(3), pp.482-485.

Notas

3. Iglesias-Groth, S. and Marin-Dobrincic, M., 2023. A rich molecular chemistry in the gas of the IC 348 star cluster of the Perseus Molecular Cloud. Monthly Notices of the Royal Astronomical Society, 521(2), pp.2248-2269.
4. https://www.space.com/finding-life-outside-solar-system-in-25-years
5. Ellery, A., 2004. Rare Earth–why complex life is uncommon in the universe Peter Ward and Donald Brownlee Copernicus Publishers, New York, USA (2000) 335 pages· ISBN 0-387-95289-6. International Journal of Astrobiology, 3(1), pp.70-70.
6. Prantzos, N., 2008. On the "galactic habitable zone". Strategies of Life Detection, pp.313-322.
7. Horner, J. and Jones, B.W., 2010. Jupiter: friend or foe? An answer. Astronomy & Geophysics, 51(6), pp.6-16.

www.ingramcontent.com/pod-product-compliance
Lightning Source LLC
LaVergne TN
LVHW052135041026
849558LV00010B/254
* 9 7 8 1 7 6 3 5 6 5 4 5 6 *